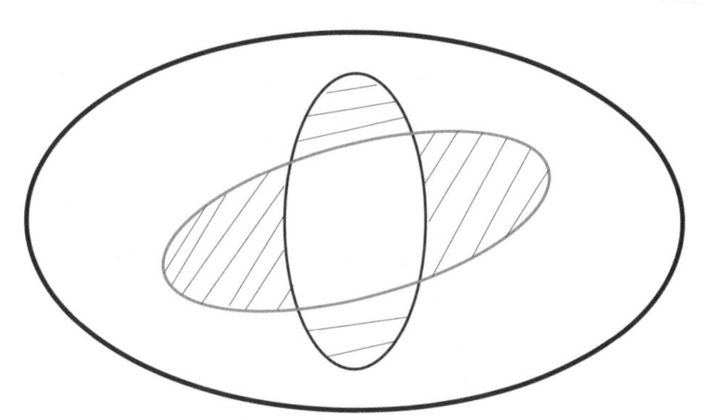

图 3-1　误差风险示意图

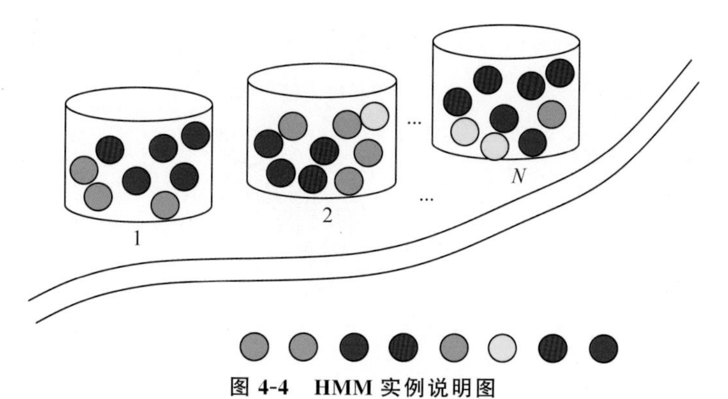

图 4-4　HMM 实例说明图

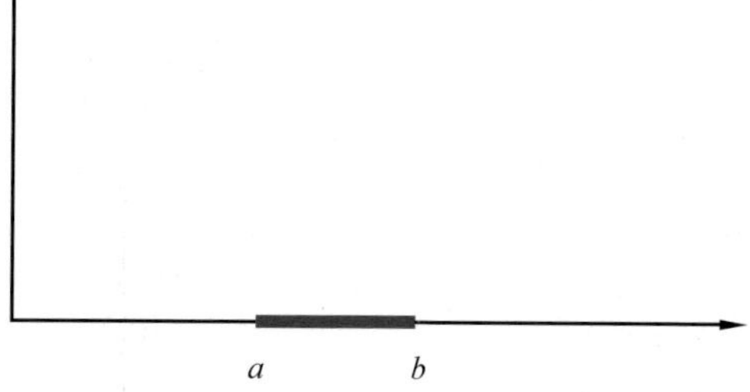

图 5-2　二维空间线性不可分的例子

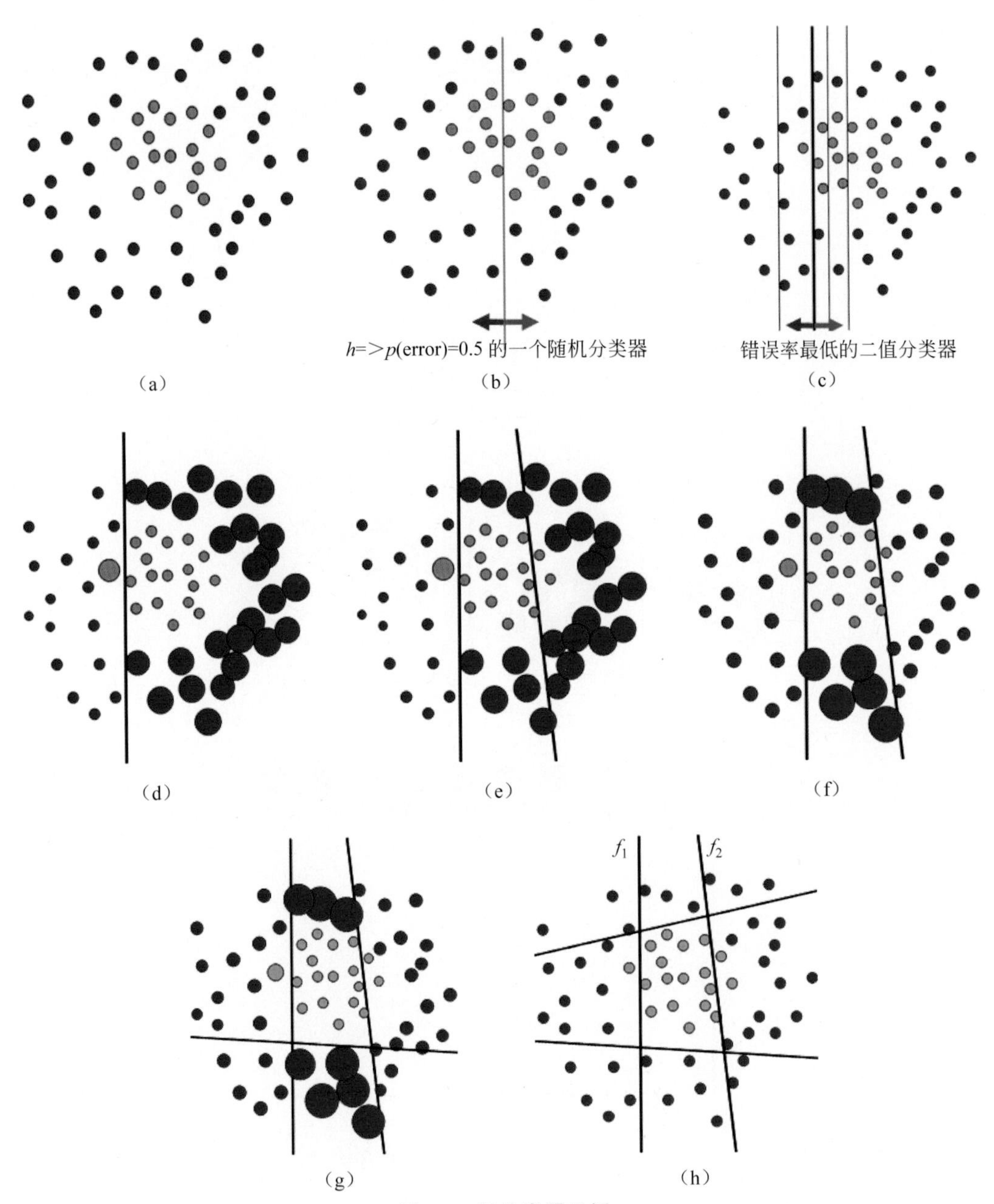

图 6-1　强分类器示例

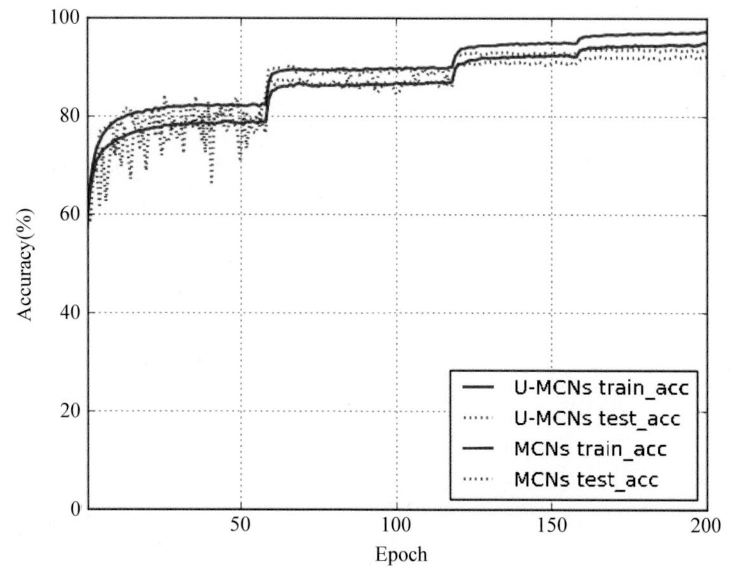

图 10-9　训练和测试曲线图

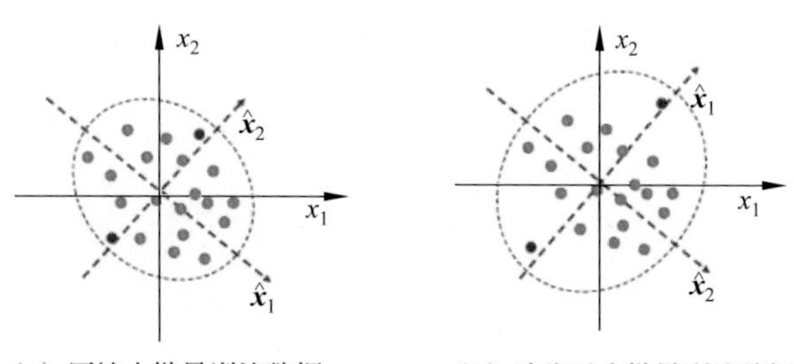

（a）原始小批量训练数据　　（b）迭代后小批量训练数据

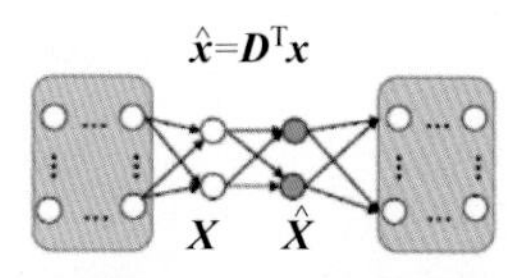

（c）神经节点间的神经连接

图 11-1　PCA 白化引起随机坐标交换

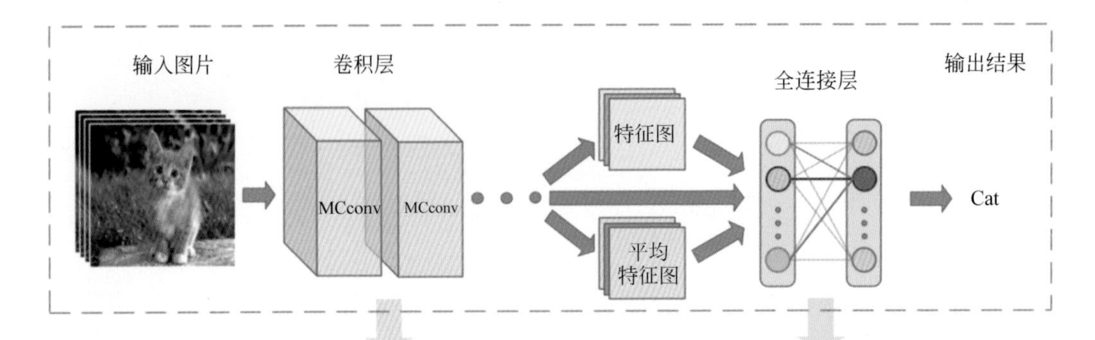

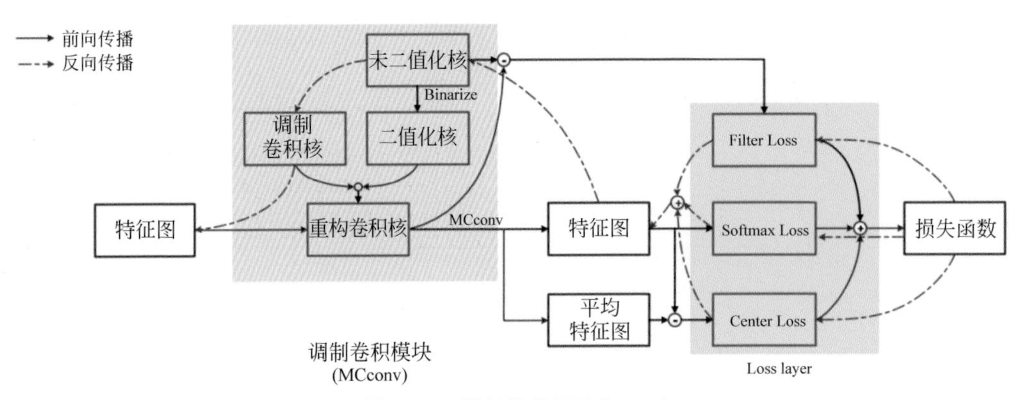

图 10-2 调制卷积网络(MCN)

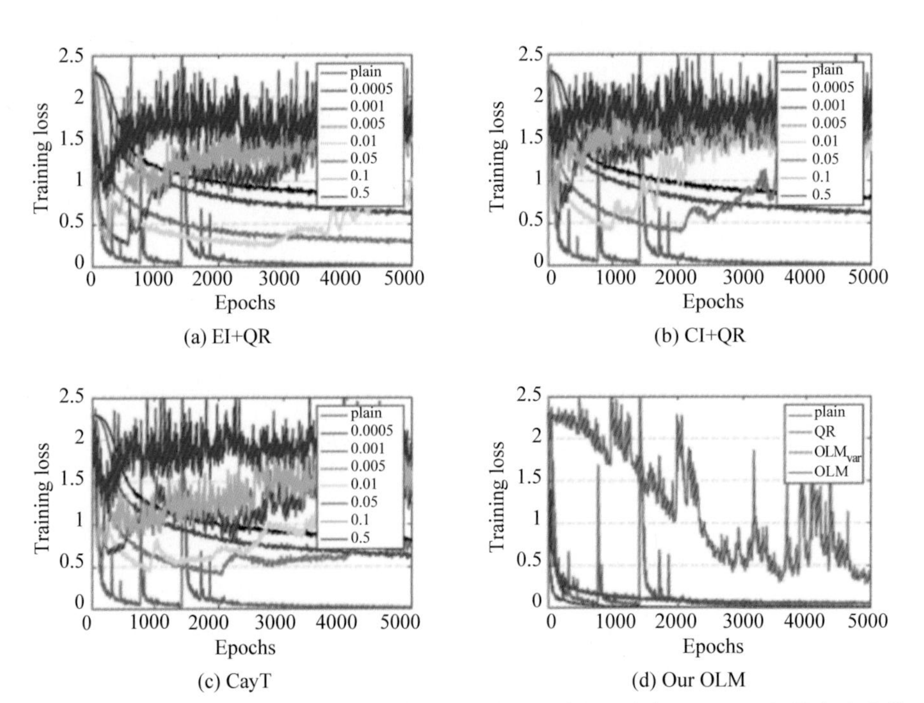

图 12-2 MNIST 数据集上基于含有 4 个隐藏层的多层感知机求解 OMDSM 问题方法比较

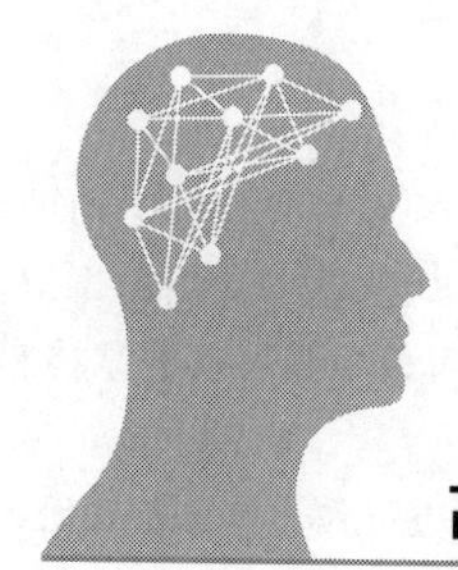

高等学校智能科学与技术/人工智能专业教材

机器学习与智能感知

张宝昌 黄雷 丁嵘 王田 编著

清華大学出版社
北京

内 容 简 介

本书旨在通过对机器学习主要原理和方法的介绍，并且结合作者多年来在智能感知方面的研究成果，对其他书籍未涉及的一些前沿研究进行补充阐述。通过对基础理论循序渐进、深入浅出的讲解，读者能够更快速地掌握机器学习的基本方法，在此基础上每章内容由易到难，读者可以根据自己的掌握程度以及兴趣，选择特定的方向进行更深入的学习。

本书可作为有一定数学基础的人工智能专业的本科生和研究生教材，也可作为有志于钻研人工智能相关领域（包括机器学习和智能感知等方向）的读者的参考书。

本书封面贴有清华大学出版社防伪标签，无标签者不得销售。

版权所有，侵权必究。举报：010-62782989，beiqinquan@tup.tsinghua.edu.cn。

图书在版编目（CIP）数据

机器学习与智能感知/张宝昌等编著. —北京：清华大学出版社，2023.8
高等学校智能科学与技术/人工智能专业教材
ISBN 978-7-302-64170-4

Ⅰ. ①机… Ⅱ. ①张… Ⅲ. ①机器学习－高等学校－教材②人工智能－高等学校－教材 Ⅳ. ①TP18

中国国家版本馆 CIP 数据核字（2023）第 131183 号

责任编辑：张　玥　常建丽
封面设计：常雪影
责任校对：韩天竹
责任印制：曹婉颖

出版发行：清华大学出版社
网　　址：http://www.tup.com.cn，http://www.wqbook.com
地　　址：北京清华大学学研大厦 A 座　　**邮　　编**：100084
社 总 机：010-83470000　　**邮　　购**：010-62786544
投稿与读者服务：010-62776969，c-service@tup.tsinghua.edu.cn
质量反馈：010-62772015，zhiliang@tup.tsinghua.edu.cn
课件下载：http://www.tup.com.cn，010-83470236
印 装 者：三河市少明印务有限公司
经　　销：全国新华书店
开　　本：185mm×260mm　**印　　张**：10.75　**插　页**：2　**字　　数**：264 千字
版　　次：2023 年 9 月第 1 版　　**印　　次**：2023 年 9 月第1次印刷
定　　价：49.80 元

产品编号：094606-01

高等学校智能科学与技术/人工智能专业教材

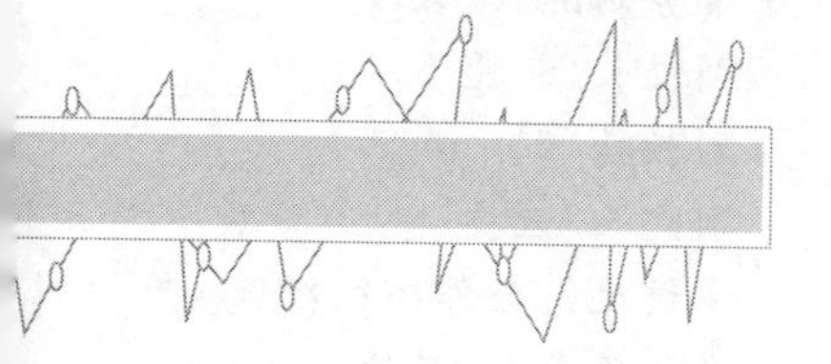

编审委员会

主　任：

陆建华	清华大学电子工程系	教授 中国科学院院士

副主任：（按照姓氏拼音排序）

邓志鸿	北京大学信息学院智能科学系	副主任/教授
黄河燕	北京理工大学人工智能研究院	院长/特聘教授
焦李成	西安电子科技大学计算机科学与技术学部	主任/华山领军教授
卢先和	清华大学出版社	常务副总编辑、副社长/编审
孙茂松	清华大学人工智能研究院	常务副院长/教授
王海峰	百度公司	首席技术官
王巨宏	腾讯公司	副总裁
曾伟胜	华为云与计算 BG 高校科研与人才发展部	部长
周志华	南京大学人工智能学院	院长/教授
庄越挺	浙江大学计算机学院	教授

委　员：（按照姓氏拼音排序）

曹治国	华中科技大学人工智能与自动化学院学术委员会	主任/教授
陈恩红	中国科学技术大学大数据学院	执行院长/教授
陈雯柏	北京信息科技大学自动化学院	副院长/教授
陈竹敏	山东大学计算机科学与技术学院	院长助理/教授
程　洪	电子科技大学机器人研究中心	主任/教授
杜　博	武汉大学计算机学院	副院长/教授
杜彦辉	中国人民公安大学信息网络安全学院	教授
方勇纯	南开大学研究生院	常务副院长/教授
韩　韬	上海交通大学电子信息与电气工程学院	副院长/教授
侯　彪	西安电子科技大学人工智能学院	执行院长/教授
侯宏旭	内蒙古大学计算机学院	副院长/教授
胡　斌	北京理工大学	教授
胡清华	天津大学人工智能学院	院长/教授
李　波	北京航空航天大学人工智能研究院	常务副院长/教授
李绍滋	厦门大学信息学院	教授
李晓东	中山大学智能工程学院	教授

李轩涯	百度公司	高校合作部总监
李智勇	湖南大学机器人学院	常务副院长/教授
梁吉业	山西大学	副校长/教授
刘冀伟	北京科技大学智能科学与技术系	副教授
刘振丙	桂林电子科技大学计算机与信息安全学院	副院长/教授
孙海峰	华为技术有限公司	高校生态合作高级经理
唐 琎	中南大学自动化学院智能科学与技术专业	专业负责人/教授
汪 卫	复旦大学计算机科学技术学院	教授
王国胤	重庆邮电大学	副校长/教授
王科俊	哈尔滨工程大学智能科学与工程学院	教授
王 瑞	首都师范大学人工智能系	教授
王 挺	国防科技大学计算机学院	教授
王万良	浙江工业大学计算机科学与技术学院	教授
王文庆	西安邮电大学自动化学院	院长/教授
王小捷	北京邮电大学智能科学与技术中心	主任/教授
王玉皞	南昌大学信息工程学院	院长/教授
文继荣	中国人民大学高瓴人工智能学院	执行院长/教授
文俊浩	重庆大学大数据与软件学院	党委书记/教授
辛景民	西安交通大学人工智能学院	常务副院长/教授
杨金柱	东北大学计算机科学与工程学院	常务副院长/教授
于 剑	北京交通大学人工智能研究院	院长/教授
余正涛	昆明理工大学信息工程与自动化学院	院长/教授
俞祝良	华南理工大学自动化科学与工程学院	副院长/教授
岳 昆	云南大学信息学院	副院长/教授
张博锋	上海大学计算机工程与科学学院智能科学系	副院长/研究员
张 俊	大连海事大学信息科学技术学院	副院长/教授
张 磊	河北工业大学人工智能与数据科学学院	教授
张盛兵	西北工业大学网络空间安全学院	常务副院长/教授
张 伟	同济大学电信学院控制科学与工程系	副系主任/副教授
张文生	中国科学院大学人工智能学院	首席教授
	海南大学人工智能与大数据研究院	院长
张彦铎	武汉工程大学	副校长/教授
张永刚	吉林大学计算机科学与技术学院	副院长/教授
章 毅	四川大学计算机学院	学术院长/教授
庄 雷	郑州大学信息工程学院、计算机与人工智能学院	教授

秘书长：

朱 军	清华大学人工智能研究院基础研究中心	主任/教授

秘书处：

陶晓明	清华大学电子工程系	教授
张 玥	清华大学出版社	副编审

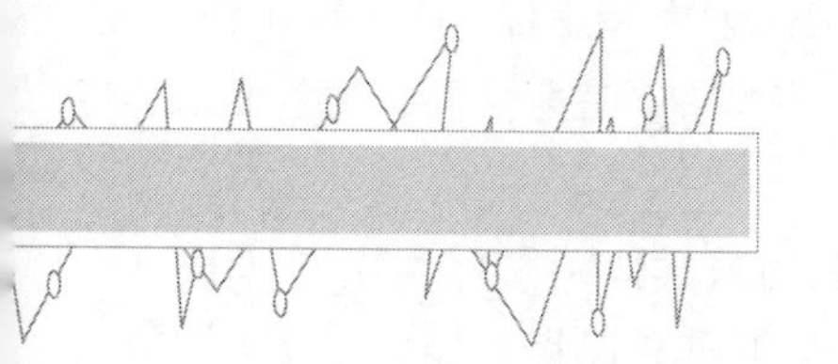

出版说明

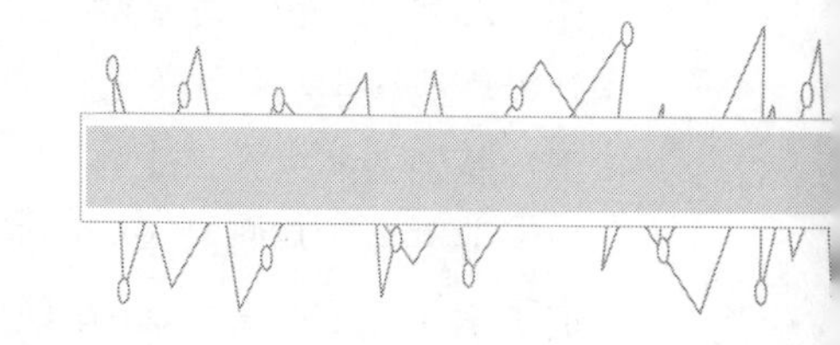

当今时代，以互联网、云计算、大数据、物联网、新一代器件、超级计算机等，特别是新一代人工智能为代表的信息技术飞速发展，正深刻地影响着我们的工作、学习与生活。

随着人工智能成为引领新一轮科技革命和产业变革的战略性技术，世界主要发达国家纷纷制定了人工智能国家发展计划。2017 年 7 月，国务院正式发布《新一代人工智能发展规划》(以下简称《规划》)，将人工智能技术与产业的发展上升为国家重大发展战略。《规划》要求"牢牢把握人工智能发展的重大历史机遇，带动国家竞争力整体跃升和跨越式发展"，提出要"开展跨学科探索性研究"，并强调"完善人工智能领域学科布局，设立人工智能专业，推动人工智能领域一级学科建设"。

为贯彻落实《规划》，2018 年 4 月，教育部印发了《高等学校人工智能创新行动计划》，强调了"优化高校人工智能领域科技创新体系，完善人工智能领域人才培养体系"的重点任务，提出高校要不断推动人工智能与实体经济(产业)深度融合，鼓励建立人工智能学院/研究院，开展高层次人才培养。早在 2004 年，北京大学就率先设立了智能科学与技术本科专业。为了加快人工智能高层次人才培养，教育部又于 2018 年增设了"人工智能"本科专业。2020 年 2 月，教育部、国家发展改革委、财政部联合印发了《关于"双一流"建设高校促进学科融合，加快人工智能领域研究生培养的若干意见》的通知，提出依托"双一流"建设，深化人工智能内涵，构建基础理论人才与"人工智能＋X"复合型人才并重的培养体系，探索深度融合的学科建设和人才培养新模式，着力提升人工智能领域研究生培养水平，为我国抢占世界科技前沿，实现引领性原创成果的重大突破提供更加充分的人才支撑。至今，全国共有超过 400 所高校获批智能科学与技术或人工智能本科专业，我国正在建立人工智能类本科和研究生层次人才培养体系。

教材建设是人才培养体系工作的重要基础环节。近年来，为了满足智能专业的人才培养和教学需要，国内一些学者或高校教师在总结科研和教学成果的基础上编写了一系列教材，其中有些教材已成为该专业必选的优秀教材，在一定程度上缓解了专业人才培养对教材的需求，如由南京大学周志华教授编写、我社出版的《机器学习》就是其中的佼佼者。同时，我们应该看到，目前市场上的教材还不能完全满足智能专业的教学需要，突出的问题主要表现在内容比较陈旧，不能反映理论前沿、技术热点和产业应用与趋势等；缺乏系统性，基础教材多、专业教材少，理论教材多、技术或实践教材少。

为了满足智能专业人才培养和教学需要，编写反映最新理论与技术且系统化、系列化的教材势在必行。早在 2013 年，北京邮电大学钟义信教授就受邀担任第一届"全国高等学校智能科学与技术/人工智能专业规划教材编委会"主任，组织和指导教材的编写工作。2019年，第二届编委会成立，清华大学陆建华院士受邀担任编委会主任，全国各省市开设智能科学与技术/人工智能专业的院系负责人担任编委会成员，在第一届编委会的工作基础上继续开展工作。

编委会认真研讨了国内外高等院校智能科学与技术专业的教学体系和课程设置，制定了编委会工作简章、编写规则和注意事项，规划了核心课程和自选课程。经过编委会全体委员及专家的推荐和审定，本套丛书的作者应运而生，他们大多是在本专业领域有深厚造诣的骨干教师，同时从事一线教学工作，有丰富的教学经验和研究功底。

本套教材是我社针对智能科学与技术/人工智能专业策划的第一套规划教材，遵循以下编写原则：

（1）智能科学技术/人工智能既具有十分深刻的基础科学特性（智能科学），又具有极其广泛的应用技术特性（智能技术）。因此，本专业教材面向理科或工科，鼓励理工融通。

（2）处理好本学科与其他学科的共生关系。要考虑智能科学与技术/人工智能与计算机、自动控制、电子信息等相关学科的关系问题，考虑把"互联网＋"与智能科学联系起来，体现新理念和新内容。

（3）处理好国外和国内的关系。在教材的内容、案例、实验等方面，除了体现国外先进的研究成果，一定要体现我国科研人员在智能领域的创新和成果，优先出版具有自己特色的教材。

（4）处理好理论学习与技能培养的关系。对理科学生，注重对思维方式的培养；对工科学生，注重对实践能力的培养。各有侧重。鼓励各校根据本校的智能专业特色编写教材。

（5）根据新时代教学和学习的需要，在纸质教材的基础上融合多种形式的教学辅助材料。鼓励包括纸质教材、微课视频、案例库、试题库等教学资源的多形态、多媒质、多层次的立体化教材建设。

（6）鉴于智能专业的特点和学科建设需求，鼓励高校教师联合编写，促进优质教材共建共享。鼓励校企合作教材编写，加速产学研深度融合。

本套教材具有以下出版特色：

（1）体系结构完整，内容具有开放性和先进性，结构合理。

（2）除满足智能科学与技术/人工智能专业的教学要求外，还能够满足计算机、自动化等相关专业对智能领域课程的教材需求。

（3）既引进国外优秀教材，也鼓励我国作者编写原创教材，内容丰富，特点突出。

（4）既有理论类教材，也有实践类教材，注重理论与实践相结合。

（5）根据学科建设和教学需要，优先出版多媒体、融媒体的新形态教材。

（6）紧跟科学技术的新发展，及时更新版本。

为了保证出版质量，满足教学需要，我们坚持成熟一本，出版一本的出版原则。在每本书的编写过程中，除作者积累的大量素材，还力求将智能科学与技术/人工智能领域的最新成果和成熟经验反映到教材中，本专业专家学者也反复提出宝贵意见和建议，进行审核定稿，以提高本套丛书的含金量。热切期望广大教师和科研工作者加入我们的队伍，并欢迎广大读者对本系列教材提出宝贵意见，以便我们不断改进策划、组织、编写与出版工作，为我国智能科学与技术/人工智能专业人才的培养做出更多的贡献。

联系人：张玥

联系电话：010-83470175

电子邮件：jsjjc_zhangy@126.com

清华大学出版社

2020 年夏

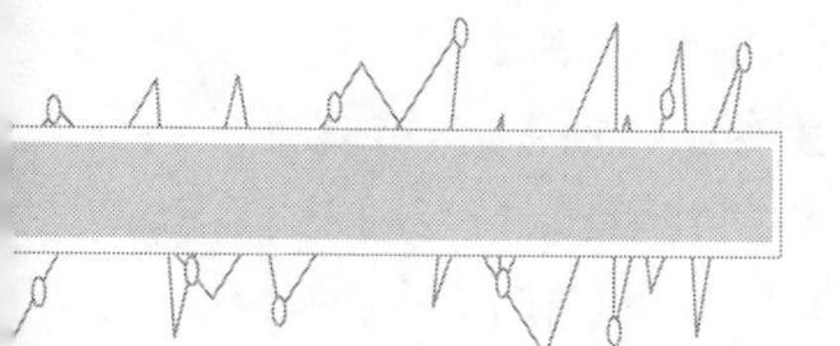

总 序

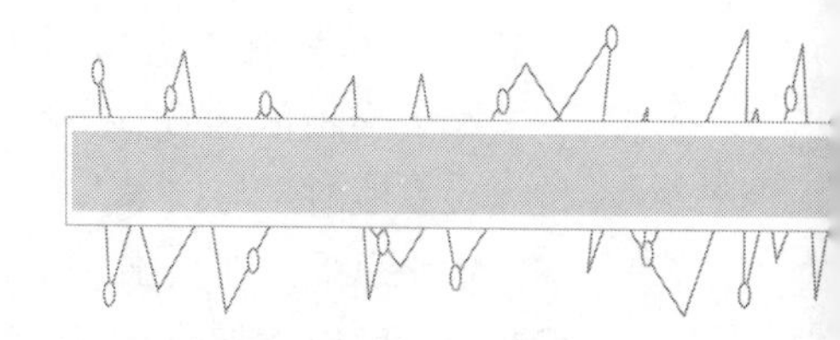

以智慧地球、智能驾驶、智慧城市为代表的人工智能技术与应用迎来了新的发展热潮，世界主要发达国家和我国都制定了人工智能国家发展计划，人工智能现已成为世界科技竞争新的制高点。然而，智能科技/人工智能的发展也面临新的挑战，首先是其理论基础有待进一步夯实，其次是其技术体系有待进一步完善。抓基础、抓教材、抓人才，稳妥推进智能科技的发展，已成为教育界、科技界的广泛共识。我国高校也积极行动、快速响应，陆续开设了智能科学与技术、人工智能、大数据等专业方向。截至2020年年底，全国共有超过400所高校获批智能科学与技术或人工智能本科专业，面向人工智能的本、硕、博人才培养体系正在形成。

教材乃基础之基础。2013年10月，"全国高等学校智能科学与技术/人工智能专业规划教材"第一届编委会成立。编委会在深入分析我国智能科学与技术专业的教学计划和课程设置的基础上，重点规划了《机器智能》等核心课程教材。南京大学、西安电子科技大学、西安交通大学等高校陆续出版了人工智能专业教育培养体系、本科专业知识体系与课程设置等专著，为相关高校开展全方位、立体化的智能科技人才培养起到了示范作用。

2019年10月，第二届(本届)编委会成立。在第一届编委会教材规划工作的基础上，编委会通过对斯坦福大学、麻省理工学院、加州大学伯克利分校、卡内基·梅隆大学、牛津大学、剑桥大学、东京大学等国外高校和国内相关高校人工智能相关的课程和教材的跟踪调研，进一步丰富和完善了本套专业规划教材。同时，本届编委会继续推进专业知识结构和课程体系的研究及教材的出版工作，期望编写出更具创新性和专业性的系列教材。

智能科学技术正处在迅速发展和不断创新的阶段，其综合性和交叉性特征鲜明，因而其人才培养宜分层次、分类型，且要与时俱进。本套教材的规划既注重学科的交叉融合，又兼顾不同学校、不同类型人才培养的需要，既有强化理论基础的，也有强化应用实践的。编委会为此将系列教材分为基础理论、实验实践和创新应用三大类，并按照课程体系将其分为数学与物理基础课程、计算机与电子信息基础课程、专业基础课程、专业实验课程、专业选修课程和"智能＋"课程。该规划得到了相关专业的院校骨干教师的共识和积极响应，不少教师/学者也开始组织编写各具特色的专业课程教材。

编委会希望，本套教材的编写，在取材范围上要符合人才培养定位和课程要求，体现学科交叉融合；在内容上要强调体系性、开放性和前瞻性，并注重理论和实践的结合；在章节安排上要遵循知识体系逻辑及其认知规律；在叙述方式上要能激发读者兴趣，引导读者积极思考；在文字风格上要规范严谨，语言格调要力求亲和、清新、简练。

编委会相信，通过广大教师/学者的共同努力，编写好本套专业规划教材，可以更好地满足智能科学与技术/人工智能专业的教学需要，更高质量地培养智能科技专门人才。

饮水思源。在全国高校智能科学与技术/人工智能专业规划教材陆续出版之际，我们对为此做出贡献的有关单位、学术团体、老师/专家表示崇高的敬意和衷心的感谢。

感谢中国人工智能学会及其教育工作委员会对推动设立我国高校智能科学与技术本科专业所做的积极努力；感谢清华大学、北京大学、南京大学、西安电子科技大学、北京邮电大学、南开大学等高校，以及华为、百度、腾讯等企业为发展智能科学与技术/人工智能专业所做出的实实在在的贡献。

特别感谢清华大学出版社对本系列教材的编辑、出版、发行给予高度重视和大力支持。清华大学出版社主动与中国人工智能学会教育工作委员会开展合作，并组织和支持了该套专业规划教材的策划、编审委员会的组建和日常工作。

编委会真诚希望，本套规划教材的出版不仅对我国高校智能科学与技术/人工智能专业的学科建设和人才培养发挥积极的作用，还将对世界智能科学与技术的研究与教育做出积极的贡献。

由于编委会对智能科学与技术的认识、认知的局限，本套系列教材难免存在错误和不足，恳切希望广大读者对本套教材存在的问题提出意见和建议，帮助我们不断改进，不断完善。

高等学校智能科学与技术/人工智能专业教材编委会主任

陆建华

2021年元月

前 言

FOREWORD

机器学习与智能感知是当前计算机与自动化领域的热门方向，也是未来的主要研究方向之一。各行各业都会应用机器学习方法解决问题。作者结合长期的科研经验完成本书。机器学习算法大多与线性代数和矩阵相关，在此认为读者已经掌握基础的数学知识。本书介绍了机器学习的主要原理和方法，以及最新进展，内容包括机器学习的发展史、决策树学习、PAC模型、贝叶斯学习、支持向量机、AdaBoost、压缩感知、子空间、神经网络与深度学习、调制压缩神经网络、批量白化技术、正交权重矩阵和强化学习。

本书在介绍其余书籍所涉及的基本知识的基础上，加入了许多前沿的算法和原理，希望读者不仅可以学习这些基础知识，更希望这些知识对读者的研究方向有所启发。基于此，我们在编写本书过程中做了两方面工作：一方面，从易于读者学习的角度逐步讲解诸如决策树学习、贝叶斯学习、支持向量机、压缩感知以及深度学习等知识，本书重点强调实用性，在书中加入了大量的例子来实现算法，使得读者可以在学习示例的基础上学习算法和理论；另一方面，本书每章都是比较独立的一个整体，不仅包括传统的理论和方法，也融入了作者的一些算法和最近比较流行的机器学习理论，读者从中可以知道机器学习的新方向和新进展。

本书对最新的机器学习领域的成果进行了介绍，并对作者多年来的研究成果进行了总结。由于作者在分类器设计、人脸识别、视频理解、掌纹识别、工业场景图像检测方面进行了多年的研究并积累了丰富的经验，因此本书对该领域的研究人员具有一定的启发作用。

丁嵘撰写了随机森林部分，并对相关章节进行了修订。黄雷撰写了深度学习中的批量白化技术以及正交权重矩阵章节，并对其他部分章节进行了修订。王田修订了调制压缩神经网络部分，概述了神经网络模型压缩方法，对全书进行了修订。张宝昌撰写了其余章节内容，并负责统稿工作。感谢王润琪、李宏、刘旭辉、刘博钰、耿书鹏、段晓玥、鲍宇翔和杨予光等对本书后期整理所做的大量工作。

由于时间仓促和能力有限，书中难免有纰漏，希望广大读者批评指正。

作 者

2022年11月

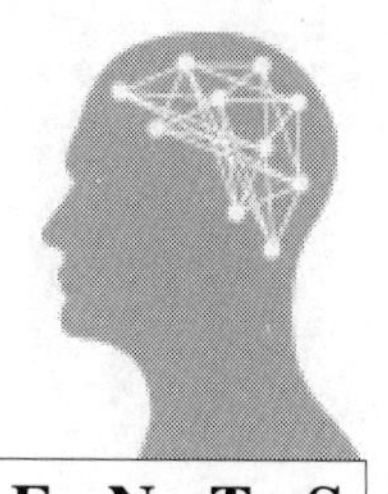

目　录

CONTENTS

目 录

目　录

CONTENTS

目 录

目 录

CONTENTS

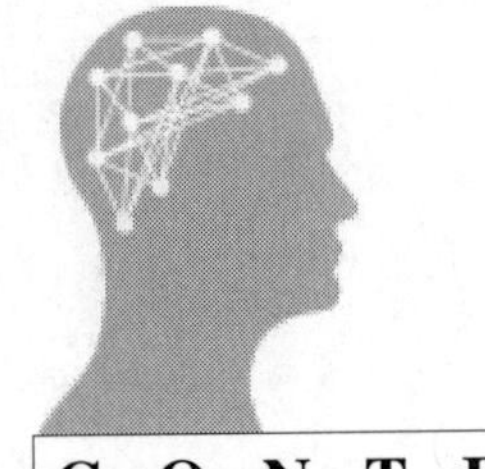

CONTENTS

目录

目 录

CONTENTS

第1章　机器学习的发展史

引　言

机器学习(machine learning)是研究使用计算机模拟或实现人类学习活动的方法,作为实现人工智能的途径,它是人工智能前沿的研究领域之一。机器学习是一门多领域交叉方法,涉及概率论、统计学、逼近理论、优化理论、计算复杂性理论等。机器学习算法从观测数据(样本)出发寻找规律,利用这些规律对未来数据或无法观测的数据进行预测。机器学习的研究主要分为两类:传统机器学习主要研究学习机制,注重探索模拟人的学习机制;大数据环境下的机器学习主要研究如何有效利用信息,注重从巨量数据中获取隐藏的、有效的、可理解的知识。机器学习研究和应用遍及人工智能的各个领域,包括专家系统、模式识别、自然语言理解、计算机视觉等。

1.1　机器学习

1.1.1　机器学习的定义和研究意义

机器学习的一个基本目标是研究可供选择的学习机制,包括发现不同的归纳算法、方法的适用范围和局限性、学习器可使用的信息、对不完善的实验数据以及适用于多个领域任务的通用技术的建立等。关于人类学习过程的研究具有重要的意义,但是我们没有任何理由认为只有人类的各种学习方法才是唯一可能的获取知识和技能的方法。事实上,人类的学习方法仅代表已经探明和尚未探明的无数种可能的学习方法之一,并通过不断的进化过程使之适应人类赖以生存的物理环境。机器学习研究中大部分理论性的工作集中在通用学习方法的建立、性能描述和分析上,重点在于分析这些方法的普遍性和执行上,而不在于心理学的似然合理上。

学习是人类具有的一种重要的智能行为,但究竟什么是学习,长期以来却众说纷纭。社会学家、逻辑学家和心理学家都各有其不同的看法。至今还没有统一的"机器学习"定义,而且也很难给出一个公认的、准确的定义。比如,机器学习领域的先驱 Arthur Samuel 在 1959 年给机器学习下的定义:"机器学习是这样一个研究领域,它能让计算机不依赖确定的编码指令自主地学习工作。"(Machine learning is a field of study that gives computers the ability to learn without being explicitly programmed.);Langley(1996 年)定义的机器学习是"机器学习是一门人工智能的科学，该领域的主要研究对象是人工智能，特别是如何在经验学习中改善具体算法的性能。"(Machine learning is a science of the artificial. The field's main objects of study are artifacts, specifically algorithms that improve their performance with experience.)；Mitchell(1997 年)在其著作 *Machine Learning* 中定义机器学习时提到，"机器学习是研究计算机算法，并通过经验提高其自动性。"(Machine learning is the study of computer algorithms that improve automatically through experience.)；Alpaydin(2004 年)提出自己对机器学习的定义，"机器学习是用数据或以往的经验，优化计算机程序的性能标准。"(Machine learning is programming computers to optimize a performance criterion using example data or past experience.) 这里所说的"机器"，指的就是计算机；现在是电子计算机，以后还可能是量子计算机、光子计算机或神经计算机等。

尽管如此，为了便于讨论和估计学科的进展，有必要对机器学习给出公认定义，即使这种定义是不完全的和不充分的。H.A.Simon 认为，学习就是系统在不断重复的工作中对本身能力的增强或者改进，使得系统在下一次执行同样任务或类似任务时，会比现在做得更好或效率更高，其认为学习的核心目的就是改善性能。Mitchell 给出了机器学习一个更形式化的定义：对于某类任务 T 和性能度量 P，如果一个计算机程序在 T 上以 P 衡量的性能随着经验 E 而自我完善，那么就称这个计算机程序从经验 E 中学习。

机器能否像人类一样具有学习能力呢？1959 年，美国的 Samuel 设计了一个下棋程序，这个程序具有学习能力，它可以在不断的对弈中改善自己的棋艺。4 年后，这个程序战胜了设计者本人。又过了 3 年，这个程序战胜了美国一个保持 8 年之久的常胜不败的冠军。这个程序向人们展示了机器学习的能力，提出了许多令人深思的社会问题与哲学问题。

对于机器的能力是否能超过人的能力，很多持否定意见的人的一个主要论据是：机器是人制造的，其性能和动作完全是由设计者规定的，因此无论其能力多高，都不会超过设计者本人。这种意见对不具备学习能力的机器来说的确是对的，可是对具备学习能力的机器来说就值得考虑了，因为这种机器的能力在应用中不断地提高，过一段时间之后，设计者本人也不知它的能力会到何种水平。机器学习与相关研究方向的关系如图 1-1 所示。

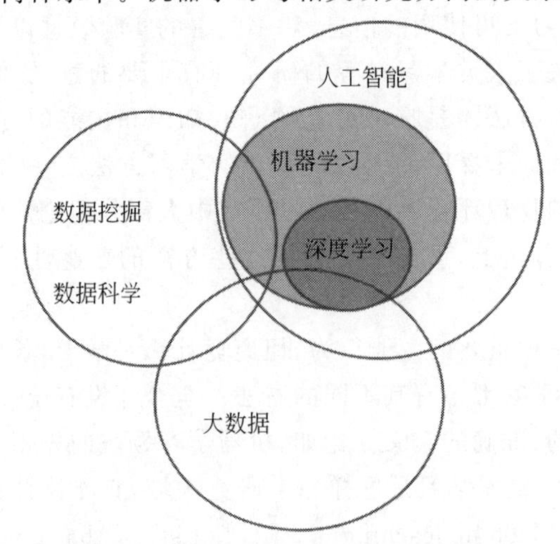

图 1-1　机器学习与相关研究方向的关系

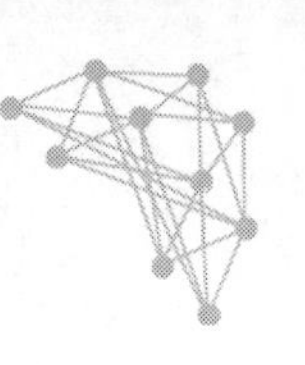

机器学习在人工智能研究中具有十分重要的地位。一个不具有学习能力的智能系统难以称得上是一个真正的智能系统,但是以往的智能系统普遍缺少学习和发现的能力。例如,它们遇到错误时不能自我校正;不会通过经验改善自身的性能;不会自动获取和发现所需要的知识。它们的推理仅限于归纳而缺少演绎,因此至多只能证明已存在的事实、定理,而不能发现新的定理、定律和规则等。随着人工智能的深入发展,这些局限性表现得愈加突出。机器学习的研究是根据生理学、认知科学等对人类学习机理的了解,基于概率论、统计学、逼近理论、优化理论、计算复杂性理论等多门学科,建立人类学习过程的计算模型或认识模型,发展各种学习理论和学习方法,研究通用的学习算法并进行理论上的分析,建立面向任务的具有特定应用的学习系统。这些研究目标相互影响、相互促进。自从1980年在卡内基-梅隆大学召开第一届机器学术研讨会以来,机器学习领域的研究工作发展很快,已成为人工智能研究的核心。

1.1.2　机器学习的发展史

机器学习是人工智能研究较为年轻的分支,自1950年阿兰·图灵提出图灵测试机,到21世纪有深度学习的实际应用,机器学习在不同时期的研究途径和目标并不相同。它的发展过程大体上可分为4个阶段。

1. 知识推理时期

20世纪50年代中期,人们认为只要能赋予机器逻辑推理能力,机器就能具有智能。这一阶段的代表性工作有A. Newell和H. Simon实现的自动定理证明系统Logic Theorist以及之后的通用问题求解(General Problem Solving)程序证明了著名数学家罗素和怀特海的名著——《数学原理》中的全部52条定理,并且其中一条定理甚至比罗素和怀特海证明得更巧妙。然而,随着研究向前发展,人们逐渐认识到,仅具有逻辑推理能力是实现不了人工智能的,要使机器具有智能,就必须设法使机器具有知识。

2. 知识工程时期

20世纪70年代中期开始,人工智能进入知识工程时期。这一时期,大量专家系统问世,在多个应用领域取得了大量成果,E. A. Feigenbaum作为知识工程之父在1994年获得了图灵奖。由人工将知识总结出来并教给计算机系统相当困难,该阶段的人工智能面临知识获取的瓶颈。在这一研究阶段,主要是用各种符号表示机器语言,采用图结构及其逻辑结构方面的知识进行系统描述。人们从学习单个概念扩展到学习多个概念,探索不同的学习策略和学习方法,把学习系统与各种应用结合起来,并取得了成功。同时,专家系统在知识获取方面的需求也极大地刺激了机器学习的研究和发展。

3. 归纳学习时期

20世纪80年代是机器学习成为一个独立的学科领域、各种机器学习技术百花初绽的时期。1980年,卡内基-梅隆大学举行了第一届机器学习研讨会(IWML);1983年,Tioga出版社出版了由R.S.Michalski、J.G.Carbonell和T.Mitchell主编的《机器学习:一种人工智能途径》,对当时的机器学习研究工作进行了总结;1986年,出版了第一本机器学习专业专刊*Machine Learning*创刊;1989年,人工智能领域的权威期刊*Artificial Intelligence*出版了机器学习专辑,刊发了当时一些比较活跃的研究工作。

20世纪80年代以来，研究最多、应用最广的是“从样例中学习”，即从训练样例中归纳出学习结果，也就是广义的归纳学习，它涵盖了监督学习和无监督学习等。“从样例中学习”的一大主流是符号主义学习，其代表包括决策树和基于逻辑的学习。典型的决策树学习以信息论为基础，以信息熵的最小化为目标，直接模拟了人类对概念进行判定的树状流程；基于逻辑的学习的著名代表是归纳逻辑程序设计，可以看作机器学习与逻辑程序设计的交叉，它使用一阶逻辑（即谓词逻辑）进行知识表示，通过修改和扩充逻辑表达式（如Prolog表达式）完成对数据的归纳。

20世纪90年代中期之前，“从样例中学习”的另一主流技术是基于神经网络的连接主义。连接主义学习虽在20世纪50年代取得了大发展，但早期的人工智能研究者对符号表示的偏好使得连接主义的研究未纳入当时人工智能主流研究范畴。1983年，J.J.Hopfield利用神经网络求解“流动推销员问题”这个著名的NP难题取得重大进展，连接主义重新被人们关注。1986年，著名的BP算法诞生，并产生了深远的影响。20世纪90年代中期，统计学习出现并迅速占据主流舞台，其代表性技术是支持向量机（SVM）以及“核方法”。统计学习理论在20世纪60年代已经打下基础，但直到20世纪90年代中期统计学习才开始成为机器学习的主流。因为统计学习具有优越的性能，以及当时连接主义学习技术的局限性，所以人们把以统计学习理论为直接支撑的统计学习技术作为机器学习重要的研究方向。

4. 深度学习时期

21世纪初，连接主义学习又卷土重来，以深度学习之名复兴。2006年，深度学习概念被提出，借诸学习多层次组合这一更普遍的原理，超越了之前机器学习模型的神经科学观点，神经科学被视为深度学习研究的一个重要灵感，但它已不再是该领域的指导。数字化时代与日俱增的数据量提供了机器学习应用的数据集。同时，云计算和GPU并行计算的发展为深度学习与日俱增的模型规模提供了训练所需要的资源。深度学习是机器学习的一类方法，在过去几十年的发展中，借鉴了大量关于人脑、统计学和应用数学的知识。近年来，机器学习在各个领域都取得了突飞猛进的发展，但是新的机器学习算法面临的主要问题更加复杂，机器学习的应用领域从广度向深度发展，这对模型训练和应用都提出了更高的要求和挑战。

深度学习虽然是目前机器学习领域研究的热点，但是仍然存在许多瓶颈问题需要攻克，比如，大量任务对数据或者标注数据需求量很大、基准测试数据集的设计主观随意且范围受限、模型具有领域依赖性而难以直接迁移、大型神经网络模型对资源要求很高、模型欠缺常识和推理能力、应用场景有限、可解释性不强、模型容易受到干扰等诸多问题需要进一步研究。

1.1.3 机器学习系统的基本结构

以H.A.Simon的学习定义作为出发点，建立如图1-2所示的机器学习的基本模型，该模型包括4个基本组成环节。下面对系统中的各个环节进行讨论。

环境向系统的学习环节提供某些信息，学习环节利用这些信息修改知识库，以提高系统执行环节完成任务的效能，执行环节根据知识库完成任务，同时把获得的信息反馈给学习环节。在具体应用中，环境、知识库和执行环节决定具体的工作内容，学习环节所需要解决的

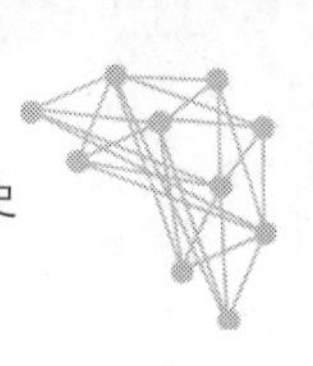

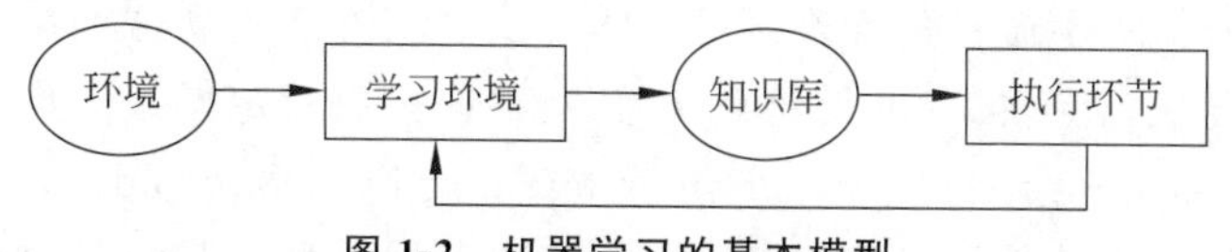

图 1-2　机器学习的基本模型

问题完全由上述 3 个环节确定。下面分别叙述这 3 个环节对设计学习系统的影响。

影响学习系统设计的最重要的因素是环境向系统提供的信息，或者更具体地说是信息的质量。知识库里存放的是指导执行部分动作的一般原则，但环境向学习系统提供的信息却是各种各样的。如果信息的质量比较高，与一般原则的差别比较小，则学习部分比较容易处理。如果向学习系统提供的是杂乱无章的指导执行具体动作的具体信息，则学习系统需要在获得足够数据之后删除不必要的细节，进行总结推广，形成指导动作的一般原则，放入知识库，这样学习环节的任务就比较繁重，设计起来也较为困难。因为学习系统获得的信息往往是不完全的，所以学习系统所进行的推理并不完全是可靠的，它总结出来的规则可能正确，也可能不正确。这要通过执行效果加以检验。正确的规则能使系统的效能提高，应予保留；不正确的规则应予修改或从数据库中删除。知识库是影响学习系统设计的第 2 个因素，知识的表示有多种形式，如特征向量、一阶逻辑语句、产生式规则、语义网络和框架等。这些表示方式各有其特点，在选择表示方式时要兼顾表达能力、易于推理、容易修改知识库和知识表示易于扩展。

对于知识库，还需要说明的一个问题是学习系统不能在全然没有任何知识的情况下凭空获取知识，每个学习系统都要具有某些知识理解环境提供的信息，分析比较，做出假设，检验并修改这些假设。因此，更确切地说，学习系统是对现有知识的扩展和改进。执行环节是整个学习系统的核心，因为执行环节的动作就是学习环节力求改进的动作。

1.1.4　机器学习的分类

1. 基于学习策略的分类

学习是一项复杂的智能活动，学习过程与推理过程二者紧密相连，学习策略是指学习过程中系统所采用的推理策略。学习系统中的推理过程实际上就是一种变换过程，它将系统外部提供的信息变换为符合系统内部表达的形式，以便对信息进行存储和使用。这种变换的性质决定了学习策略的类型为机械学习、通过传授学习、类比学习和通过事例学习。一个学习系统总是由学习环节和环境两部分组成。环境（如书本或教师等）提供信息，学习环节则实现信息转换，用能够理解的形式记忆下来，并从中获取有用的信息。在学习过程中，学生（学习环节）使用的推理越少，他对教师（环境）的依赖就越强，教师的负担也就越重。学习策略的分类标准就是根据学生实现信息转换所需的推理多少和难易程度分类的，以从简单到复杂、从少到多的次序分为以下 6 种基本类型。

1）机械学习（rote learning）

机械学习就是记忆，是最简单也最原始的学习策略。学习者无须进行任何推理或其他的知识转换，直接吸取环境所提供的信息，如塞缪尔的跳棋程序、纽厄尔和西蒙的 LT 系统。这类学习系统主要考虑的是如何索引存储的知识并加以利用。系统的学习方法是直接通过事先编好、构造好的程序学习，学习者不做任何工作，或者是通过直接接收既定的事实和数

据进行学习,对输入信息不做任何推理。机械学习虽然在方法上看似简单,但因为计算机存储容量大,检索速度快,且记忆精度无丝毫误差,所以在一些特定任务上具有较好的效果。

2) 示教学习(learning from instruction 或 learning by being told)

学生从环境(教师或其他信息源,如教科书等)中获取信息,把知识转换成内部可使用的表示形式,并将新的知识和原有知识有机地结合为一体。对于使用该种策略的系统来说,外界输入知识的表达方式与内部表达方式不完全一致,系统接受外部知识时需要进行推理和转化。教师以某种形式提出和组织知识,以使学生拥有的知识可以不断地增加。这种学习方法和人类社会的学校教学方式相似,学习的任务就是建立一个系统,使它能接受教导和建议,并有效地存储和应用学到的知识。目前,不少专家系统在建立知识库时使用这种方法实现知识获取。

3) 演绎学习(learning by deduction)

学生所用的推理形式为演绎推理。推理从公理出发,经过逻辑变换推导出结论。这种推理是"保真"变换和特化(specialization)的过程,使学生在推理过程中可以获取有用的知识。这种学习方法包含宏操作(macro-operation)学习、知识编辑和组块(chunking)技术。演绎推理的逆过程是归纳推理。

4) 类比学习(learning by analogy)

类比学习系统可以使一个已有的计算机应用系统转变为适应于新的领域的系统,来完成原先没有的相类似的功能。在遇到新问题时,利用 2 个不同领域(源域和目标域)中的知识相似性,可以通过类比,从源域的知识(包括相似的特征和其他性质)推导出目标域的相应知识,从而实现学习。类比学习需要比上述 3 种学习方式更多的推理,它一般要求先从知识源(源域)中检索出可用的知识,再将其转换成新的形式,用到新的状况(目标域)中。类比学习在人类科学技术发展史上起着重要作用,许多科学发现就是通过类比得到的。例如,著名的卢瑟福类比就是通过将原子结构(目标域)同太阳系(源域)进行类比,揭示了原子结构的奥秘。

5) 基于解释的学习(explanation-based learning,EBL)

学生根据教师提供的目标概念、该概念的一个例子、领域理论及可操作准则,首先构造一个解释来说明为什么该例子满足目标概念,然后将解释推广为目标概念的一个满足可操作准则的充分条件。EBL 已被广泛应用于知识库求精和系统性能改善。著名的 EBL 系统有迪乔恩(G.DeJong)的 GENESIS、米切尔(T.Mitchell)的 LEXII 和 LEAP、以及明顿(S.Minton)等的 PRODIGY。

6) 归纳学习(learning from induction)

归纳学习是由教师或环境提供某概念的一些实例或反例,让学生通过归纳推理得出该概念的一般描述。这种学习的推理工作量远大于示教学习和演绎学习,因为环境并不提供一般性概念描述(如公理)。从某种程度上说,归纳学习的推理量也比类比学习大,因为没有一个类似的概念可以作为"源概念"加以取用。归纳学习是最基本的,发展也较为成熟的学习方法,在人工智能领域中已经得到广泛的研究和应用。

机器学习按照有无标签以及标注信息是否完备,还可分为有监督学习、弱监督学习、无监督学习,以及最近比较热门的自监督学习等。本书的重点在于阐述有监督机器学习算法

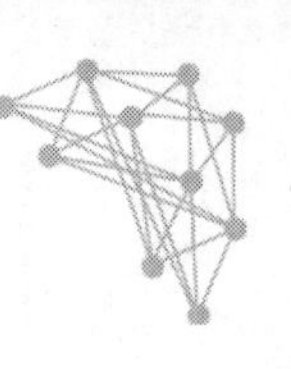

与应用,无监督机器学习算法与应用也在子空间学习部分进行了介绍。

2. 基于所获取知识的表示形式分类

学习系统获取的知识可能有行为规则、物理对象的描述、问题求解策略、各种分类及其他用于任务实现的知识类型。学习中获取的知识,主要有以下表示形式。

1) 代数表达式参数

学习的目标是调节一个固定函数形式的代数表达式参数或系数,来达到理想的性能。

2) 决策树

用决策树划分物体的类属,树中每个内部节点对应一个物体属性,而每条边对应这些属性的可选值,树的叶子节点则对应物体的基本分类。

3) 形式文法

在学习一门特定的语言时,从语言的表达式序列中归纳出其形式文法,这些文法可表示成正则表达式、有限自动机、上下文无关文法规则或转换规则。

4) 产生式规则

产生式规则表示为条件—动作对{$C \Rightarrow A$},C 是条件集,A 是动作序列。如果一条产生式规则中所有的条件都满足,则执行动作序列。学习系统中的学习行为主要是生成、泛化、特化(specialization)或合成产生式规则。

5) 形式逻辑表达式

形式逻辑表达式用于对输入学习系统的事务以及从学习系统输出的结果概念做形式化描述。采用形式逻辑表达式的形式,其基本成分是命题、谓词、变量、约束变量范围的语句,以及嵌入逻辑表达式。

6) 图神经网络

图神经网络(GNN)是在机器学习中利用图结构数据的强大工具。图是灵活的数据结构,提供了比逻辑表达式更方便、直观、有效的表示形式,可以对许多不同类型的关系进行建模,并已经用于各种应用,如交通预测、谣言和假新闻检测、疾病传播建模,以及计算机视觉等。

7) 神经网络

神经网络是人工智能联接主义的代表,其发展代表了人工智能的主流发展方向,其核心思想在于把从数据中所获取的知识存储到神经网络。

8) 多种表示形式的组合

实际应用中,一个学习系统中获取的知识需要综合应用上述几种知识表示形式。根据表示的精细程度,可将知识表示形式分为两大类:泛化程度高的粗粒度符号表示和泛化程度低的精粒度亚符号(sub-symbolic)表示。例如,决策树、形式文法、产生式规则、形式逻辑表达式等属于符号表示类;而代数表达式参数、图和网络、神经网络等则属于亚符号表示类。

3. 按应用领域分类

机器学习主要应用在专家系统、认知模拟、规划和问题求解、数据挖掘、网络信息服务、图像识别、故障诊断、自然语言理解、机器人和博弈等领域。从机器学习的执行环节所反映的任务类型上看,目前大部分应用研究领域基本上集中于分类和问题求解两个范畴。

(1) 分类任务要求系统依据已知的分类知识对输入的未知模式(该模式的描述)进行分

析,以确定输入模式的类属。相应的学习目标就是学习用于分类的准则(如分类规则)。

(2) 问题求解任务要求对于给定的目标状态,寻找一个将当前状态转换为目标状态的动作序列;机器学习在这一领域的研究工作大部分集中于通过学习获取能提高问题求解效率的知识(如搜索控制知识、启发式知识等)。

4. 综合分类

综合考虑各种学习方法出现的历史渊源、知识表示、推理策略、结果评估的相似性、研究人员交流的相对集中性,以及应用领域等诸因素,将机器学习方法分为以下6类。

1) 经验性归纳学习(empirical inductive learning)

经验性归纳学习采用一些数据密集的经验方法(如版本空间法、ID3法、定律发现方法)对实例进行归纳学习。实例和学习结果一般都采用属性、谓词、关系等符号表示。它相当于基于学习策略分类中的归纳学习。

2) 分析学习(analytic learning)

分析学习方法是从一个或少数几个实例出发,运用领域知识进行分析,其主要特征如下。

(1) 推理策略主要是演绎,而非归纳。

(2) 使用过去的问题求解经验(实例)指导新的问题求解,或产生能更有效地运用领域知识的搜索控制规则。

分析学习的目标是改善系统的性能,而不是新的概念描述。分析学习包括应用解释学习、演绎学习、多级结构组块,以及宏操作学习等技术。

3) 类比学习(analogical learning)

类比学习相当于基于学习策略分类中的类比学习。目前,在这一类型的学习中比较引人注目的研究是通过与过去经历的具体事例进行类比来学习,也称为基于范例的学习(case based learning),简称为范例学习。

4) 遗传算法(genetic algorithm)

遗传算法模拟生物繁殖的突变、交换和达尔文的自然选择(即在每一生态环境中适者生存)。它把问题可能的解编码为一个向量,并称之为个体,向量的每一个元素称为基因,并利用目标函数(相应于自然选择标准)对群体(个体的集合)中的每一个个体进行评价,根据评价值(适应度)对个体进行选择、交换、变异等遗传操作,从而得到新的群体。遗传算法适用于非常复杂和困难的环境,比如,带有大量噪声和无关数据、事物不断更新、问题目标不能明显和精确地定义,以及通过很长的执行过程才能确定当前行为的价值等。

5) 联接学习

典型的联接模型实现为人工神经网络,其由称为神经元的一些简单计算单元以及单元间的加权联接组成。深度学习中,卷积神经网络是典型的联接学习的例子,是人工智能领域的里程碑方法,在计算机视觉领域ImageNet图像识别任务上获得突破性结果。

6) 强化学习(reinforcement learning)

强化学习的特点是通过与环境的试探性(trial and error)交互确定和优化动作的选择,以实现所谓的序列决策任务。在这种任务中,学习机制通过选择并执行动作,导致系统状态的变化,并有可能得到某种强化信号(立即回报),从而实现与环境的交互。强化信号就是对

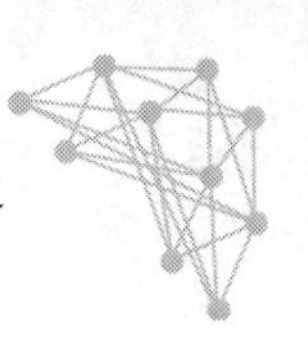

系统行为的一种标量化的奖惩。系统学习的目标是寻找一个合适的动作选择策略,即在任一给定的状态下选择哪种动作的方法,使产生的动作序列可获得某种最优的结果(如累计立即回报最大)。

在综合分类中,经验性归纳学习、遗传算法、联接学习和强化学习均属于归纳学习,其中经验性归纳学习采用符号表示方式,而遗传算法、联接学习和增强学习则采用亚符号表示方式;分析学习属于演绎学习。实际上,类比策略可看作归纳和演绎策略的综合。因此,最基本的学习策略只有归纳和演绎。从学习内容的角度看,采用归纳策略的学习由于是对输入进行归纳,所学习的知识显然超过原有系统知识库所能蕴涵的范围,所学结果改变了系统的知识演绎闭包,因而这种类型的学习又可称为知识级学习;而采用演绎策略的学习尽管所学的知识能提高系统的效率,但仍能被原有系统的知识库所蕴涵,即所学的知识未能改变系统的演绎闭包,因而这种类型的学习又称为符号级学习。

1.1.5 目前研究领域

目前,机器学习领域的研究主要围绕以下3方面工作进行。

(1) 面向任务的研究:研究和分析改进一组预定任务的执行性能的学习系统。

(2) 认知模型:研究人类学习过程并进行计算机模拟。

(3) 理论分析:从理论上探索各种可能的学习方法和独立于应用领域的算法。

近年来,很多新型的机器学习技术受到人们的广泛关注,在解决实际问题中提供了有效的方案,如深度学习、强化学习、对抗学习、对偶学习、迁移学习、分布式学习,以及元学习等。机器学习虽然取得了长足的进步,也解决了很多实际问题,但是客观地讲,机器学习领域仍然存在巨大的挑战。目前,以深度学习为代表的机器学习领域的研究与应用取得巨大进展,有力地推动了人工智能的发展。但是也应该看到,它还是一个新生事物(多数结论是通过实验或经验获得的),还有待于理论的深入研究与支持。机器学习作为人工智能的一个重要分支,展示出强大的发展潜力。但是更应该看到,机器学习的发展仍然处于初级阶段,目前机器学习算法无法从根本上解决机器学习所面临的瓶颈,机器学习仍然主要依赖监督学习,还没有跨越弱人工智能。因此,机器学习的研究和发展还有很长的路要走。

1.2 统计模式识别问题

统计模式识别问题可以看作一个更广义的问题的特例,就是基于数据驱动的机器学习问题。基于数据驱动的机器学习是现代智能技术中十分重要的一个方面,主要研究如何从一些观测数据(样本)出发得出目前尚不能通过原理分析得到的规律,利用这些规律分析客观对象,对未来数据或无法观测的数据进行预测。现实世界中存在大量尚无法准确认识但可以进行观测的事物,因此这种机器学习在现代科学、技术到社会、经济等各领域中都有十分重要的应用。当把要研究的规律抽象成分类关系时,这种机器学习问题就是模式识别。本章将在基于数据驱动的机器学习这个更大的框架下讨论模式识别问题,并将其简称为机器学习。

统计是面对数据而又缺乏理论模型时最基本的分析手段,也是本章所介绍的各种方法的基础。传统统计学所研究的是渐进理论，即当样本数目趋于无穷大时的极限特性，统计学中关于估计的一致性、无偏性和估计方差的界等，以及关于分类错误率的诸多结论，都属于这种渐进特性。但在实际应用中，这种前提条件却往往得不到满足，当问题处在高维空间时尤其如此，这实际上是包括模式识别和神经网络等的现有机器学习理论和方法中的一个根本问题。

Vladimir N. Vapnik 等早在 20 世纪 60 年代就开始研究有限样本情况下的机器学习问题，本章中介绍的就是在这一方向上较早期的研究成果。由于当时这些研究不十分完善，在解决模式识别问题中往往趋于保守，且数学上比较艰涩，直到 20 世纪 90 年代以前也没有提出能够将其理论付诸实践的较好的方法。加之当时正处在其他学习方法飞速发展的时期，因此这些研究一直没有充分得到重视。直到 20 世纪 90 年代中期，有限样本情况下的机器学习理论研究逐渐成熟，形成了一个较完善的理论体系——统计学习理论（statistical learning theory，SLT）。同时，神经网络等较新兴的机器学习方法的研究遇到一些困难，比如如何确定网络结构的问题、过学习与欠学习问题、局部极小点问题等。在这种情况下，试图本质上研究机器学习问题的统计学习理论逐步得到重视。

1992—1995 年，在统计学习理论的基础上发展出一种新的模式识别方法——支持向量机，它在解决小样本、非线性及高维模式识别问题中表现出许多特有的优势，并能够推广应用到函数拟合等其他机器学习问题中。虽然统计学习理论和支持向量机方法中尚有很多问题需要进一步研究，但很多学者认为，它们成为了继模式识别和神经网络研究之后机器学习领域新的研究热点，并将推动机器学习理论和技术快速发展。

1.2.1 机器学习问题的表示

机器学习问题的基本模型如图 1-3 表示。其中，系统（S）是我们研究的对象，它在给定一定输入 x 下得到一定的输出 y，学习机（LM）是我们所求的学习机，输出为 $\hat{y}$。机器学习的目的是根据给定的已知训练样本求取对系统输入与输出之间依赖关系的估计，使它能够对未知输出做出尽可能准确的预测。

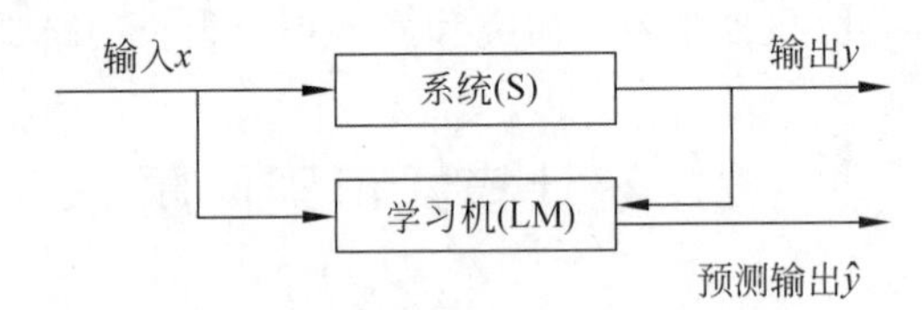

图 1-3 机器学习问题的基本模型

机器学习问题可以形式化地表示为：已知变量 y 与输入 x 之间存在一定的未知依赖关系，即存在一个未知的联合概率 $F(x,y)$（x 和 y 之间的确定性关系可以看作一个特例），机器学习就是根据 n 个独立同分布观测样本，即

$$(x_1,y_1),(x_2,y_2),\cdots,(x_n,y_n) \tag{1-1}$$

在一组函数 $\{f(x,w)\}$ 中求一个最优的函数 $f(x,w_\Omega)$，使预测的期望风险最小化，期望/真实风险定义为

$$R(w)=\int L(y,f(x,w))\mathrm{d}F(x,y) \tag{1-2}$$

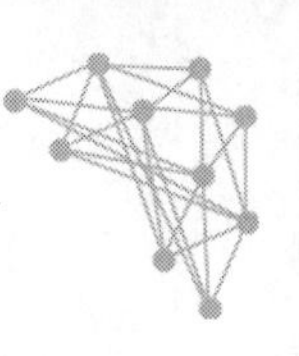

其中$\{f(x,w)\}$称作预测函数集，$w \in \Omega$ 为函数的广义参数，故$\{f(x,w)\}$可以表示任何函数集；$L(y,f(x,w))$为由于用 $f(x,w)$ 对 y 进行预测而造成的损失。不同类型的学习问题有不同形式的损失函数。预测函数通常也称作学习函数、学习模型或学习机器。有 3 类基本的机器学习问题，它们是模式识别、函数拟合和概率密度估计。

对于模式识别问题(这里仅讨论监督模式识别问题)，系统输出就是类别标号。在两类情况下，$y \in \{0,1\}$或$\{-1,1\}$是二值函数，这时预测函数称作指示函数(indicator function)。模式识别问题中，损失函数的基本定义可以是

$$L(y,f(x,w)) = \begin{cases} 0, & y = f(x,w) \\ 1, & y \neq f(x,w) \end{cases} \tag{1-3}$$

在这个损失函数定义下，使期望风险(即平均错误率)最小的模式识别方法就是贝叶斯决策。当然，也可以根据需要定义其他的损失函数，得到其他决策方法。

类似地，在函数拟合问题中，y 是连续变量(这里假设为单值函数)，它是 x 的函数，这时损失函数可以定义为

$$L(y,f(x,w)) = (y - f(x,w))^2 \tag{1-4}$$

实际上，只要把函数的输出通过一个阈值转化为二值函数，函数拟合问题就变成模式识别问题了。对概率密度估计问题，学习的目的是根据训练样本确定 x 的概率分布。若估计的密度函数为 $p(x,w)$，则损失函数可以定义为

$$L(p(x,w)) = -\log p(x,w) \tag{1-5}$$

1.2.2　经验风险最小化

显然，要使式(1-2)定义的期望风险最小化，必须依赖关于联合概率 $F(x,y)$的信息，在模式识别问题中就是必须已知类先验概率和类条件概率密度。但是，在实际的机器学习问题中，只能利用已知样本，即式(1-1)的信息，因此期望风险无法直接计算和最小化。

根据概率论中大数定理的思想，人们自然想到用算术平均代替式(1-2)中的数学期望，于是定义经验风险

$$R_{\text{emp}}(w) = \frac{1}{n}\sum_{i=1}^{n} L(y_i, f(x_i, w)) \tag{1-6}$$

来逼近式(1-2)定义的期望风险。$R_{\text{emp}}(w)$由于是用已知的训练样本(即经验数据)定义的，因此称作经验风险。用对参数 w 求经验风险 $R_{\text{emp}}(w)$的最小值代替求期望风险 $R(w)$的最小值，就是所谓的经验风险最小化(ERM)原则。回顾前面介绍的各种基于数据的分类器设计方法，它们实际上都是在经验风险最小化原则下提出的。

在函数拟合问题中，将式(1-4)定义的损失函数代入式(1-6)中，并使经验风险最小化，就得到了传统的最小二乘方法；而在概率密度估计中，采用式(1-5)的损失函数的经验风险最小化方法就是最大似然方法。

仔细研究经验风险最小化原则和机器学习问题中的期望风险最小化要求，可以发现，从期望风险最小化到经验风险最小化并没有可靠的理论依据，只是直观上合理的想当然做法。

首先，$R_{\text{emp}}(w)$和 $R(w)$都是 w 的函数，概率论中的大数定理只说明了(在一定条件下)当样本趋于无穷多时，$R_{\text{emp}}(w)$将在概率意义上趋近于 $R(w)$，并没有保证使 $R_{\text{emp}}(w)$最小

的 w^* 与使 $R(w)$ 最小的 w'^* 是同一个点，更不能保证 $R_{emp}(w^*)$ 能够趋近于 $R(w'^*)$。其次，即使有办法使这些条件在样本数无穷大时得到保证，也无法认定在这些前提下得到的经验风险最小化方法在样本数有限时仍能得到好的结果。

尽管有这些未知的问题，经验风险最小化作为解决模式识别等机器学习问题基本的思想仍统治了这一领域的大多数研究，人们多年来一直将大部分注意力集中到如何更好地求取最小经验风险上。与此相反，统计学习理论则对用经验风险最小化原则解决期望风险最小化问题的前提是什么，当这些前提不成立时经验风险最小化方法的性能如何，以及是否可以找到更合理的原则等基本问题进行深入研究。

1.2.3 复杂性与推广能力

在早期的神经网络研究中，人们总是把注意力集中在如何使 $R_{emp}(w)$ 更小，但很快便发现，一味追求训练误差小并不总能达到好的预测效果。人们将学习机器对未来输出进行正确预测的能力称作推广性。某些情况下，训练误差过小，反而会导致推广能力下降，这就是几乎所有神经网络研究者都曾遇到的所谓过学习/过拟合(overfitting)问题。理论上，模式识别中也存在同样的问题，但因为通常使用的分类器模型都相对比较简单(如线性分类器)，因此过学习问题并不像神经网络中那样突出。

之所以出现过学习问题，一是因为学习样本不充分，二是学习机器设计不合理，这两个问题是互相关联的。只要设想一个很简单的例子，假设有一组训练样本 (x,y)，x 分布在实数范围内，而 y 取值在 $[0,1]$ 区间。那么，不论这些样本是依据什么函数模型产生的，只要用一个函数 $f(x,a)=\sin(ax)$ 拟合这些样本点，其中 a 是待定参数，总能找到一个 a 使训练误差为零，但得到的这个“最优函数”显然不能正确代表原来的函数模型。出现这种现象的原因，就是试图用一个复杂的模型拟合有限的样本，结果导致丧失了推广能力。在神经网络中，如果对于有限的训练样本来说，网络的学习能力过强，足以记住每个训练样本，此时经验风险很快就可以收敛到很小，甚至为零，但却无法保证它对未来新的样本能够得到好的预测。这就是有限样本下学习机器的复杂性与推广性之间的矛盾。

在很多情况下，即使已知问题中的样本来自某个比较复杂的模型，但由于训练样本有限，用复杂的预测函数对样本进行学习的效果通常也不如用相对简单的预测函数去学习，当有噪声存在时，更是如此。例如，在有噪声条件下用二次模型 $y=x^2$ 产生 10 个样本，分别用一个一次函数和一个二次函数根据经验风险最小化的原则去拟合。虽然真实模型是二次多项式，但由于样本数目有限，且受到噪声的影响，用一次多项式预测的结果更接近真实模型。同样的实验进行 100 次，71%的实验结果是一次拟合好于二次拟合。同样的现象在模式识别问题中也很容易看到。

从这些讨论可以得出以下基本结论：在有限样本情况下，经验风险最小并不一定意味着期望风险最小；学习机器的复杂性不但与所研究的系统有关，而且要和有限的学习样本相适应。有限样本情况下学习精度和推广性之间的矛盾似乎是不可调和的，采用复杂的学习机器容易使学习误差更小，但往往丧失推广性。因此，人们研究了很多弥补办法，比如在训练误差中对学习函数的复杂性进行惩罚；或者通过交叉验证等方法进行模型选择，以控制复杂度等，使一些原有方法得到改进。但是，这些方法多带有经验性质，缺乏完善的理论基础。

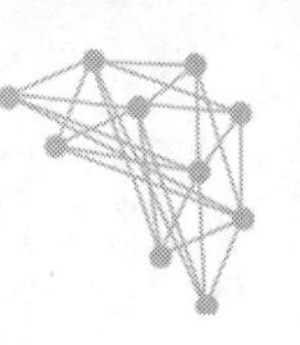

在神经网络研究中，对具体问题可以通过合理设计网络结构和学习算法达到学习精度和推广性的兼顾，但没有任何理论指导人们如何做。而在模式识别中，人们更趋向采用线性或分段线性等较简单的分类器模型。

1.3　统计机器学习理论的核心内容

统计机器学习理论被认为是目前针对小样本统计估计和预测学习的较佳理论。它从理论上较系统地研究了经验风险最小化原则成立的条件、有限样本下经验风险与期望风险的关系，以及如何利用这些理论找到新的学习原则和方法等问题。其主要内容包括以下 4 个方面。

(1) 经验风险最小化原则下统计学习一致性的条件。

(2) 在这些条件下关于统计学习方法推广性的界的结论。

(3) 在这些界的基础上建立的小样本归纳推理原则。

(4) 实现这些新的原则的实际方法(算法)。

1.3.1　学习过程一致性的条件

关于学习过程一致性的结论是统计学习理论的基础，也是它与传统渐进统计学的基本联系所在。所谓学习过程的一致性(consistency)，是指当训练样本数目趋于无穷大时，经验风险的最优值能够收敛到真实风险的最优值。只有满足一致性条件，才能保证在经验风险最小化原则下得到的方法最优，当样本无穷大时，趋近于使期望风险最小的最优结果。

1.3.2　推广性的界

通过前面的讨论，我们得出关于学习机器一致收敛和收敛速度的一系列条件。它们在理论上有重要的意义，但在实践中一般无法直接应用。这里将讨论统计学习理论中关于经验风险和实际风险之间的关系的重要结论，称作推广性的界，它们是分析学习机器性能和发展新的学习算法的重要基础。

因为函数集具有有限 VC 维是学习过程一致收敛的充分必要条件，因此，除非特别注明，这里只讨论 VC 维有限的函数。根据统计学习理论中关于函数集的推广性的界的结论，对于指示函数集 $f(x,w)$，如果损失函数 $Q(x,w)=L(y,f(x,w))$ 的取值为 0 或 1，则有定理 1.1。

定理 1.1　对于前面定义的两类分类问题，对指示函数集中的所有函数(当然，也包括使经验风险最小的函数)，经验风险和实际风险之间至少以概率 $1-\eta$ 满足如下关系：

$$R(w) \leqslant R_{\text{emp}}(w) + \frac{1}{2}\sqrt{\varepsilon} \tag{1-7}$$

其中，当函数集中包含无穷多个元素(即参数 w 有无穷多个取值可能)时，有

$$\varepsilon = \varepsilon\left(\frac{n}{h}, \frac{-\ln\eta}{n}\right) = a_1 \frac{h\left(\ln\frac{a_2 n}{h}+1\right)-\ln(\eta/4)}{n} \tag{1-8}$$

而当函数集中包含有限个(N 个)元素时,有

$$\varepsilon = 2\,\frac{\ln N - \ln \eta}{n} \tag{1-9}$$

其中,h 为函数集的 VC 维。通常,分类器都是有无穷多种可能的,因此使用式(1-8),其中的 a_1 和 a_2 是两个常数,满足 $0<a_1\leqslant 4$,$0<a_2\leqslant 2$。在最坏的分布情况下,有 $a_1=4$,$a_2=2$,此时这个关系可以进一步简化为

$$R(w) \leqslant R_{\mathrm{emp}}(w) + \sqrt{\left(\frac{h(\ln(2n/h)+1)-\ln(\eta/4)}{n}\right)} \tag{1-10}$$

如果损失函数 $Q(x,w)$为一般的有界非负实函数,即 $0\leqslant Q(x,w)\leqslant B$,则有定理 1.2。

定理 1.2 对于函数集中的所有函数(包括使经验风险最小化的函数),下列关系至少以概率 $1-\eta$ 成立:

$$R(w) \leqslant R_{\mathrm{emp}}(w) + \frac{B\varepsilon}{2}\left(1+\sqrt{1+\frac{4R_{\mathrm{emp}}(w)}{B\varepsilon}}\right) \tag{1-11}$$

其中的 ε 仍然由式(1-9)定义。对于损失函数为无界函数的情况,也有相应的结论,这里不做介绍。

由定理 1.1 和定理 1.2 可知,经验风险最小化原则下学习机器的实际风险是由两部分组成的,式(1-10)可以写作

$$R(w) \leqslant R_{\mathrm{emp}}(w) + \varphi \tag{1-12}$$

其中,第一部分为训练样本的经验风险,另一部分称作置信范围(confidence interval),也有人把它叫作 VC 信任(VC confidence)。研究式(1-10)和式(1-11)可以发现,置信范围不但受置信水平 $1-\eta$ 的影响,而且更是函数集的 VC 维(h)和训练样本数目(m)的函数,φ 是 n 的递减函数,h 的递增函数。为了强调这一特点,我们把式(1-12) 重写为

$$R(w) \leqslant R_{\mathrm{emp}}(w) + \varphi\left(\frac{n}{h}\right) \tag{1-13}$$

由于定理 1.1 和定理 1.2 所给出的是关于经验风险和真实风险之间差距的上界,它们反映了根据经验风险最小化原则得到的学习机器的推广能力,因此称作推广性的界。进一步分析可以发现,当 n/h 较小时(比如小于 20,此时样本数较少),置信范围 φ 较大,用经验风险近似真实风险就有较大的误差,用经验风险最小化取得的最优解可能具有较差的推广性;如果样本数较多,n/h 较大,则置信范围就会很小,经验风险最小化的最优解就接近实际的最优解。

另一方面,对于一个特定的问题,其样本数 n 是固定的,此时学习机器(分类器)的 VC 维越高(即复杂性越高),则置信范围就越大,导致真实风险与经验风险之间可能的差就越大。因此,在设计分类器时,不但要使经验风险最小化,还要使 VC 维尽量小,从而缩小置信范围,使期望风险最小。这就是为什么在一般情况下选用过于复杂的分类器或神经网络往往得不到好的效果的原因。用 sin()函数拟合任意点的例子,就是因为 sin()函数的 VC 维为无穷大,因此虽然经验风险达到了 0,但实际风险却很大,不具有任何推广能力。同样,在图 1-4 的例子中,虽然已知样本是由二次函数产生的,但因为训练样本少,用较小 VC 维的函数拟合(使 h/n 较小)才能取得更好的效果。类似地,神经网络等方法之所以会出现过学习现

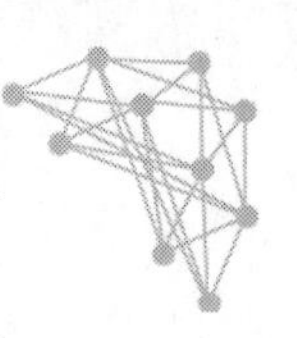

象，就是因为在有限样本的情况下，如果网络或算法设计不合理，就会导致虽然经验风险较小，但置信范围会很大，导致推广能力下降。

需要指出的是，推广性的界是对于最坏情况的结论，所给出的界在很多情况下是很松的，尤其当VC维比较高时更是如此。有研究表明，当$h/n>0.37$时，这个界肯定是松弛的，而且VC维无穷大时这个界就不再成立。这种界往往只在对同一类学习函数进行比较时有效，可以指导我们从函数集中选择最优的函数，但在不同函数集之间比较却不一定成立。实际上，寻找反映学习机器的能力的更好的参数从而得到更好的界是今后学习理论的重要研究方向之一。这里还需要特别讨论的是k近邻算法。因为其算法决定了对于任何训练集，总能找到一个算法对其中任何样本都分类正确（比如最简单的情况是采用1近邻）。因此，k近邻分类器的VC维是无穷大。但为什么这种算法通常能得到比较好的结果呢？是不是与这里得出的结论矛盾呢？其实并不是这样，而是因为k近邻算法本身并没有采用经验风险最小化原则，这里讨论的结论对它不适用。

1.3.3　结构风险最小化

从前面的讨论可以看到，传统机器学习方法中普遍采用的经验风险最小化原则在样本数目有限时是不合理的，因为需要同时最小化经验风险和置信范围。事实上，在传统方法中，选择学习模型和算法的过程就是优化置信范围的过程，如果选择的模型比较适合现有的训练样本（相当于h/n值适当），则可以取得比较好的效果。比如，在神经网络中，需要根据问题和样本的具体情况选择不同的网络结构（对应不同的VC维），然后进行经验风险最小化。在模式识别中，选定一种分类器形式（如线性分类器），就确定了学习机器的VC维。实际上，这种做法是在式(1-13)中首先通过选择模型确定φ，然后固定φ，通过经验风险最小化求最小风险。因为缺乏对φ的认识，这种选择往往是依赖先验知识和经验进行的，造成神经网络等方法对使用者“技巧”的过分依赖。对于模式识别问题，虽然很多问题并不是线性的，但当样本数有限时，用线性分类器往往能得到不错的结果，其原因就是线性分类器的VC维比较低，有利于在样本较少的情况下得到小的置信范围。

有了式(1-13)的理论依据，就可以用另一种策略解决这个问题。首先把函数集$S=\{f(x,w),w\in\Omega\}$分解为一个函数子集序列（或叫子集结构），即

$$S_1\subset S_2\subset\cdots\subset S_k\subset\cdots\subset S \tag{1-14}$$

使各个子集能够按照φ的大小排列，也就是按照VC维的大小排列，即

$$h_1\leqslant h_2\leqslant\cdots\leqslant h_k\leqslant\cdots h_n\quad (h\text{ 为 VC 维度}) \tag{1-15}$$

这样，在同一子集中置信范围就相同；在每个子集中寻找最小经验风险，通常它随着子集复杂度的增加而减小。选择最小经验风险与置信范围之和最小的子集，就可以达到最小的期望风险，这个子集中使经验风险最小的函数就是要求的最优函数。这种思想称作有序风险最小化或者结构风险最小化（structural risk minimization），简称SRM原则，如图1-4所示。h是函数分类能力体现（见第3章），随着n增加，经验风险减小，但是φ增加，所以最优的结果是二者的综合。真实/期望风险的界见式(1-13)。

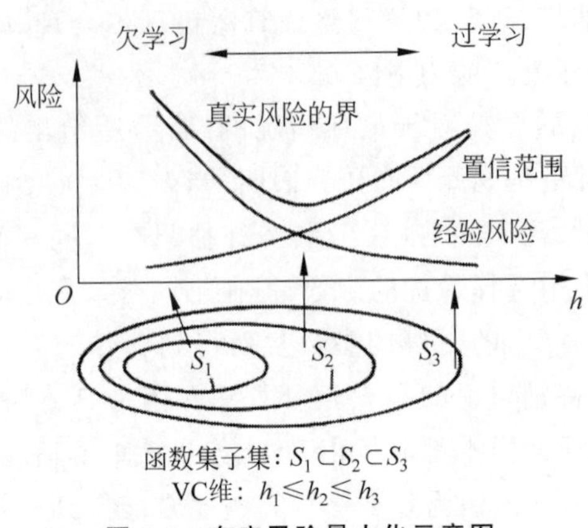

图 1-4 有序风险最小化示意图

一个合理的函数子集结构所应满足的两个基本条件：一是每个子集的 VC 维是有限的且满足式(1-15)的关系；二是每个子集中的函数对应的损失函数或者是有界的非负函数，或者对一定的参数对(p,τ_k)满足如下关系：

$$\sup_{w\in\Omega}\frac{\left[\int Q^p(z,w)\mathrm{d}F(z)\right]^{\frac{1}{p}}}{\int Q(z,w)\mathrm{d}F(z)}\leqslant \tau_k,p>2 \tag{1-16}$$

在结构风险最小化原则下，一个分类器的设计过程包括以下两方面任务。

(1) 选择一个适当的函数子集(使之对问题来说有最优的分类能力)，h 固定。

(2) 从这个子集中选择一个判别函数(使经验风险最小)。

第一步相当于模型选择，第二步则相当于在确定函数形式后的参数估计。与传统方法不同的是，在这里，模型的选择是通过对它的推广性的界的估计进行的。结构风险最小化原则提供了一种不同于经验风险最小化的更科学的学习机器设计原则，但是由于其最终目的在于在式(1-13)的两个求和项之间进行折中，因此实际上实施这一原则并不容易。如果能够找到一种子集划分方法，使得不必逐一计算，就可以知道每个子集中可能取得的最小经验风险(比如使所有子集都能把训练样本集完全正确分类，即最小经验风险都为 0)，则上面两步任务就可以分开进行，即先选择使置信范围最小的子集，然后在其中选择最优函数。可见，这里的关键是如何构造函数子集结构。遗憾的是，目前尚没有关于如何构造预测函数子集结构的一般性理论。后面将要介绍的支持向量机是一种比较好地实现了有序风险最小化思想的方法，对于其他构造函数子集的例子，读者可以参考有关文献。

1.4 解耦因果学习

机器学习是人工智能的核心研究领域。人工智能从感知到认知的发展趋势，推动机器学习从统计机器学习到认知机器学习的发展。其主要发展体现在对学习机制本身的认知，学术界提出了元学习的方法。元学习希望使得模型获取一种学会学习调参的能力，使其可以在获取已有知识的基础上快速学习新的任务。机器学习是先人为调参，之后直接训练特

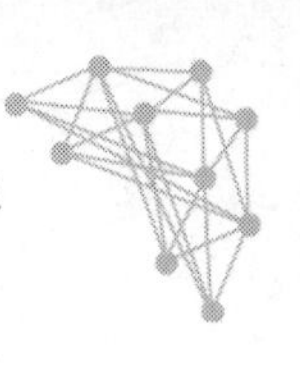

定任务下的深度模型。元学习则是先通过其他任务训练出一个较好的超参数，然后再对特定任务进行训练。另外一个发展思路来自因果关系模型，因果学习作为人工智能领域研究热点之一，主要解决"非独立同分布""知识内嵌"等难题，通过解耦发现因果关系和本质特征。目前主要有两套因果模型：Pearl 的结构因果模型和 Rubin 的潜在结果模型。Rubin 的潜在结果模型可以从数据中学习，但结合现有知识较为困难；Pearl 的结构因果模型则相反，可以结合现有知识。

1.4.1　因果学习

基于深度学习的方法在智能制造、无人驾驶、医疗诊断等场景得到成功应用，然而仍然存在缺陷和瓶颈。比如，基于深度模型的推理过程是一个黑箱，现有的理论还不能完全解释模型输出结果的原因，对其研究还处在比较初级的阶段，这限制了深度学习技术在更多场景中的应用。因果关系是一种客观存在的事物之间的联系，人们用其理解和解释事物运行的内在规律。一般而言，因果关系可以用函数因果模型(FCM)进行数学描述。对于一个线性非高斯无环因果模型(LiNGAM)，即

$$Y=\alpha+\beta_1 X_1+\beta_2 X_2+e \tag{1-17}$$

其中 β_1 和 β_2 为线性系数，X_1，X_2 为原因，Y 为结果，e 为非高斯分布的方差非 0 的噪声量。在封闭系统中，当满足 $E(e|X_1,X_2)=0$ 时，可认为因果关系成立。$E(e|X_1,X_2)$表示给定 X_1，X_2 的情况下噪声 e 的期望。作为一个多输入模型，机器学习模型属于多变量耦合系统，从众多耦合参数中找出存在的因果关系可以提升模型的表现。如图 1-5(a)所示的系统因果关系存在混淆，通过切断 $X_1 \to Y$ 的路径(见图 1-5(b))，构建 $X_1 \to X_2 \to Y$ 的唯一确定的因果路径，有助于提升模型的性能。例如，在生活中，人们服用中药往往会伴随辅助药(俗称药引)，辅助药本身对治疗并没有直接的作用，它通过作用于真正起到治疗效果的药物，从而促进患者康复。通过构建辅助药→中药→疗效的明确的因果路径，疗效得到提升。基于统计的因果关系的确定，最重要的一步是解耦。更直观的例子，当 $X_1=$"糖尿病"，$X_2=$"高血压"，$Y=$"死亡"，一个糖尿病的样本是判断(X_1，Y)之间因果关系的混淆样本，存在耦合。在明确模型因果关系的过程中，排除变量耦合等其他因素对模型的干扰，抓住直接决定模型性能的关键变量用于模型训练和推理，从而可以提升模型性能。人们尝试利用因果关系进行建模，发现随着因果性的增强，模型的预测效果会显著提升，在视觉对话、场景图片生成、稳定学习等领域获得不错的效果。

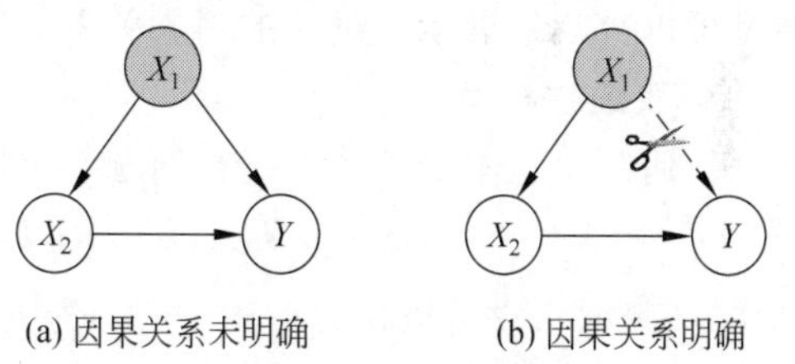

图 1-5　因果关系图

双线性优化模型是计算机视觉领域众多算法的基石，在三维重建、去模糊化、图片降噪等领域都有广泛的应用。其优化目标是关于两个或多个变量的函数，这些变量往往具有明确的物理含义，并且变量间相互作用共同决定模型输出，比如卷积神经网络中的卷积核与特征图、网络剪枝中的掩码和卷积核。因此，在模型训练过程中考虑变量耦合，通过引入投影映射核函数和输出反馈，在迭代过程中对变量进行回溯，实现对耦合变量的协同优化，可以建立双线性模型的函数因果模型，提升模型的可解释性。在卷积神经网络训练以及模型压

缩的任务中，实验结果表明该方法的有效性和适用性。本节有如下几点贡献。

(1) 基于因果关系和模型解耦，构建了可信学习方法，能够有效地提升模型的可解释性和性能。

(2) 以双线性优化问题为例，在理论上构建了基于协同梯度下降算法的可信学习实现过程。

(3) 在卷积神经网络训练以及模型压缩的任务中，对可信学习方法进行实验验证。实验结果表明了该方法的有效性和适用性。

1.4.2 相关工作

1. 函数因果模型

函数因果模型是用来发现和表示因果关系的数学模型，可以表示为 $Y=f(X,e)$。其中，X 表示原因，Y 表示结果，e 表示噪声。函数因果模型还可以进一步细分为线性非高斯无环因果模型(LiNGAM)(如公式(1-17)所示、包含噪声的非线性因果模型(ANM)，以及考虑到测量失真的非线性因果模型(PNL)。公式(1-17)的条件对于机器学习系统过于严格，我们对其进行了松弛，当 $\mathrm{Cov}(X,e)=0$ 时，对于一个封闭的系统，可以说明 X 到 Y 的因果关系成立，有利于构建因果机器学习系统，其中 $\mathrm{Cov}(\cdot,\cdot)$ 表示两个变量间的协方差。

2. 因果图模型

图 1-5 为因果图模型，通过有向无环图构建变量间的因果关系，用集合可以表示为 $\mathrm{Graph}=\{N,E\}$，N 为图中的节点，E 为图中的有向边，通常用箭头表示。节点往往是因果变量，而有向边表示了因果关系。例如，$X\rightarrow Y$ 表示 X 是 Y 的原因，Y 是 X 的结果。因果图模型可以直观地展示变量间的因果关系。

3. 双线性模型

任何一个基本的双线性优化问题都可以用数学语言表述为下面的优化目标函数：

$$\underset{\boldsymbol{A},\boldsymbol{x}}{\operatorname{argmin}} G(\boldsymbol{A},\boldsymbol{x})=\|\boldsymbol{b}-\boldsymbol{A}\boldsymbol{x}\|_2^2+\lambda\|\boldsymbol{x}\|_1+R(A) \tag{1-18}$$

其中 $b\in\mathbb{R}^{M\times 1}$，它可以用 $\boldsymbol{A}\in\mathbb{R}^{M\times N}$ 和 $\boldsymbol{x}\in\mathbb{R}^{N\times 1}$ 表征出来；$R(\cdot)$ 代表正则项，通常采用 ℓ_1 或 ℓ_2 范数；$\|\boldsymbol{b}-\boldsymbol{A}\boldsymbol{x}\|_2^2$ 也可以换成含有 $\boldsymbol{A}\boldsymbol{x}$ 项的其他函数项。为了避免过拟合，双线性模型都会有一个变量含有稀疏性约束，比如 ℓ_1 范数约束。双线性优化模型是计算机视觉领域众多算法的关键模型，在网络剪枝、图片降噪、三维重建等领域都有广泛的应用。

在变量 $\boldsymbol{A}$ 和 $\boldsymbol{x}$ 的独立性假设下，对双线性模型进行梯度下降的过程中，在优化其中的一个变量过程中保持另一个变量不变，忽略了两个变量之间的内在关联。当由于稀疏性约束 $\|\boldsymbol{x}\|_1$ 而使得 $\boldsymbol{x}$ 接近于 0 时，变量 $\boldsymbol{A}$ 的梯度将会消失，从而发生异步收敛的情况，导致模型没有得到充分的训练。

1.4.3 解耦因果学习方法与应用

1. 协同梯度下降与函数因果模型

对于一个可信学习的双线性模型，可以整理式(1-17)得到双线性模型对应的函数因果模型，即

$$Y=g(\boldsymbol{A},\boldsymbol{x})+L \tag{1-19}$$

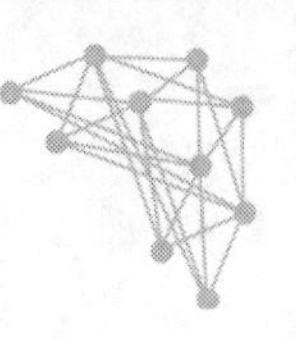

其中，$g(\cdot,\cdot)$为模型的预测输出，L 为模型的损失函数，$\boldsymbol{x}$ 和 $\boldsymbol{A}$ 分别对应 X_1 和 X_2。在因果关系成立的情况下，损失函数来源于数据噪声等外部因素引入的偏差，而与模型内部变量耦合无关。

在双线性模型中，如式(1-18)所示优化目标是关于 $\boldsymbol{A}$ 和 $\boldsymbol{x}$ 的函数，并且 $\boldsymbol{A}$ 和 $\boldsymbol{x}$ 间存在耦合关系。如果采用经典的优化方法，如随机梯度下降，则忽略了变量耦合，计算梯度时将 $\boldsymbol{A}$ 和 $\boldsymbol{x}$ 视为独立的变量，模型的训练会受到负面影响，表现为当 $\boldsymbol{x}$ 稀疏时，$\boldsymbol{A}$ 的梯度将会消失。为了消除变量耦合对模型损失函数的影响，从变量 $\boldsymbol{A}$ 和 $\boldsymbol{x}$ 协同的角度出发，对双线性模型的优化问题进行建模，可以得到协同梯度下降算法的表达式，即

$$\hat{\boldsymbol{x}}^{t+1}=\boldsymbol{x}^{t+1}+\beta\eta_2\boldsymbol{c}\odot\boldsymbol{x}^t=P(\boldsymbol{x}^{t+1},\boldsymbol{x}^t) \tag{1-20}$$

这里，$\odot$表示 Hadamard 乘法，β 是对异步收敛的控制系数，t 为训练的回合数，$\boldsymbol{c}$ 为投影映射核函数，体现了变量 $\boldsymbol{A}$ 和 $\boldsymbol{x}$ 的耦合关系。

$$\boldsymbol{c}=\begin{bmatrix}\hat{K}\left(\hat{G},\dfrac{\partial\boldsymbol{A}_1}{\partial x_1}\right)\\ \vdots \\ \hat{K}\left(\hat{G},\dfrac{\partial\boldsymbol{A}_N}{\partial x_N}\right)\end{bmatrix} \tag{1-21}$$

其中，x_i 表示向量 $\boldsymbol{x}$ 的第 i 个元素，$\boldsymbol{A}_i$ 表示分块矩阵 $\boldsymbol{A}$ 中的第 i 个块，$\hat{G}=(\boldsymbol{A}\boldsymbol{x}^t-\boldsymbol{b})^{\mathrm{T}}$，$\hat{K}(\cdot,\cdot)$为核函数，$\hat{K}(x_1,x_2)=(x_1\cdot x_2)^k$，$k$ 为核函数的次数。在实际应用中，引入反馈机制通过判断异步收敛是否发生，再有根据地对变量进行回溯/干预操作。

$$\hat{\boldsymbol{x}}^{t+1}=\begin{cases}P(\boldsymbol{x}^{t+1},\boldsymbol{x}^t), & (\neg s(\boldsymbol{x}))\wedge(s(\boldsymbol{A}))=1\\ \boldsymbol{x}^{t+1}, & \text{其他}\end{cases} \tag{1-22}$$

协同梯度下降算法的优化模型如公式(1-22)所示。其中，$s(\cdot)$表示对变量稀疏性的判断，若变量稀疏，则 $s()$的取值为 0，反之则为 1。在训练过程中增加稀疏性判别的约束，如果判别条件成立，则说明发生了异步收敛，$\boldsymbol{A}$ 的梯度消失而 $\boldsymbol{x}$ 还在随着训练过程不断更新，$\mathrm{Cov}(\boldsymbol{A},\boldsymbol{x})$变小，$\boldsymbol{A}$ 和 $\boldsymbol{x}$ 间的耦合关系减弱。此时引入投影映射函数，用来减小变量间稀疏性的差异，保证协同变量训练过程中的同步收敛。

当模型接近收敛时，$\hat{\boldsymbol{G}}=(\boldsymbol{A}\boldsymbol{x}^t-\boldsymbol{b})^{\mathrm{T}}$ 是一个模值逐渐减小且趋向于 0 的向量，而$\dfrac{\partial\boldsymbol{A}_i}{\partial\boldsymbol{x}_i}$也会随着收敛到一个有限的常向量 $\boldsymbol{r}_i$，所以可推得$\lim\limits_{t\to\infty}\boldsymbol{c}=\hat{K}\left(\hat{\boldsymbol{G}},\dfrac{\partial\boldsymbol{A}_i}{\partial\boldsymbol{x}_i}\right)=\boldsymbol{0}$，这意味着在训练后期协同变量的耦合关系趋于稳定，耦合参数得到同步优化，回溯的量逐渐减小而趋于 0。此外，还可以得到

$$\lim_{t\to\infty}\mathrm{Cov}\left(\frac{\partial\boldsymbol{A}_i}{\partial\boldsymbol{x}_i},L\right)=\mathrm{Cov}(r_i,L)=\boldsymbol{0} \tag{1-23}$$

其中，$\boldsymbol{0}$ 表示零向量，这表明变量 $\boldsymbol{A}$ 和 $\boldsymbol{x}$ 的耦合关系不会再对模型的损失函数产生影响，$\dfrac{\partial\boldsymbol{A}_i}{\partial\boldsymbol{x}_i}$和 L 间实现了解耦，式(1-19)所描述的函数因果模型成立。

2. 卷积神经网络(CNN)训练

协同梯度下降算法还可应用于训练批标准化层，从而提升卷积神经网络模型的表现。

关于卷积神经网络的内容见第9章。鉴于卷积核权重和批归一化层缩放参数构成双线性模型的协同变量，它们之间的耦合关系可能导致其在使用随机梯度下降算法的训练过程中发生异步收敛，引入协同梯度下降算法可以同步它们的训练速度，从而实现卷积神经网络更加充分的训练。具体而言，通过衡量批归一化层的稀疏性，对稀疏的卷积核进行回溯，从而实现更加有效的训练过程。

在卷积神经网络训练过程中，卷积核权重 $\boldsymbol{W}$ 和批归一化层的缩放参数 $\boldsymbol{\gamma}$ 分别对应双线性模型式(1-19)中的 $\boldsymbol{x}$ 和 $\boldsymbol{A}$。运用协同梯度下降算法训练卷积神经网络时，式(1-22)可以被重新整理为

$$\hat{W}_{i,j}^{l,t+1}=\begin{cases}P(W_{i,j}^{l,t+1},W_{i,j}^{l,t}), & \left(\neg s\left(\sum_i W_{i,j}^l\right)\right)\wedge s(\gamma_j^l)=1\\ W_{i,j}^{l,t}, & \text{其他}\end{cases} \tag{1-24}$$

其中，γ_j^l 表示第 l 个批归一化层的第 j 个可学习的参数，$W_{i,j}^l$ 表示第 l 层卷积第 j 个二维卷积核的第 i 层输入通道。

在随机梯度下降算法下，将 $W_{i,j}^l$ 和 γ_j^l 视为独立变量，忽略其间的耦合会导致模型训练不充分，具体体现为 γ_j^l 的稀疏导致 $W_{i,j}^l$ 的梯度接近0而不能进一步优化。基于协同梯度下降方法下的卷积神经网络训练过程，当模型接近收敛时，$\dfrac{\partial\gamma_j^l}{\partial W_{i,j}^l}$ 会收敛到一个有限的常向量 $r_{i,j}^l$，因此式(1-23)可以重新整理为

$$\lim_{t\to\infty}\mathrm{Cov}\left(\frac{\partial\gamma_j^l}{\partial W_{i,j}^l},L\right)=\mathrm{Cov}(r_{i,j}^l,L)=\boldsymbol{0} \tag{1-25}$$

可见，其消除了由于 $\boldsymbol{W}$ 和 $\boldsymbol{\gamma}$ 之间的耦合关系对损失函数的影响，模型训练更充分。此外，变量 $\boldsymbol{\gamma}$ 也是对特征图稀疏程度的衡量，协同梯度下降算法在训练过程中增加了对特征图和卷积核权重稀疏性的约束，通过设定稀疏性阈值从而决定约束的强弱，提高了卷积神经网络训练过程的可控性，保证了同步收敛。

3. 模型压缩应用

在网络通道剪枝的过程中，在卷积层之后引入软掩码 $\boldsymbol{m}$ 指导输出通道剪枝。软掩码 $\boldsymbol{m}$ 和卷积核的权重 $\boldsymbol{W}$ 的训练过程可以表示为双线性模型的优化过程。在图1-6所示的框架中，软掩码 $\boldsymbol{m}$ 在反向传播过程中被端到端地学习。为了和剪枝任务中保持一致，用 $\boldsymbol{W}$ 和 $\boldsymbol{m}$ 代替 $\boldsymbol{A}$ 和 $\boldsymbol{x}$，重新整理式(1-22)得到

$$\hat{\boldsymbol{m}}_j^{l,t+1}=\begin{cases}P(\boldsymbol{m}_j^{l,t+1},\boldsymbol{m}_j^{l,t}), & (\neg s(\boldsymbol{m}_j^{l,t}))\wedge s\left(\sum_i W_{i,j}^l\right)=1\\ \boldsymbol{m}_j^{l,t+1}, & \text{其他}\end{cases} \tag{1-26}$$

其中，$W_{i,j}^l$ 表示第 l 层第 j 个二维卷积核的第 i 层输入通道的卷积核权重，$\boldsymbol{m}_j^l$ 为对应 $W_{i,j}^l$ 的软掩码。

在基于协同梯度下降方法的模型剪枝训练过程中，当模型接近收敛时，$\dfrac{\partial W_{i,j}^l}{\boldsymbol{m}_j^l}$ 会收敛到一个有限的常向量 $r_{i,j}^l$，重新整理式(1-23)得到

$$\lim_{t\to\infty}\mathrm{Cov}\left(\frac{\partial W_{i,j}^l}{\boldsymbol{m}_j^l},L\right)=\mathrm{Cov}(r_{i,j}^l,L)=\boldsymbol{0} \tag{1-27}$$

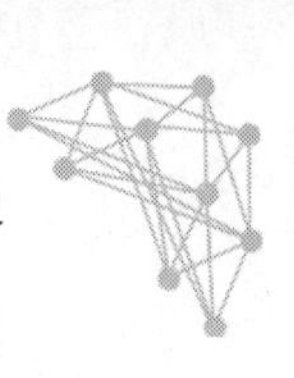

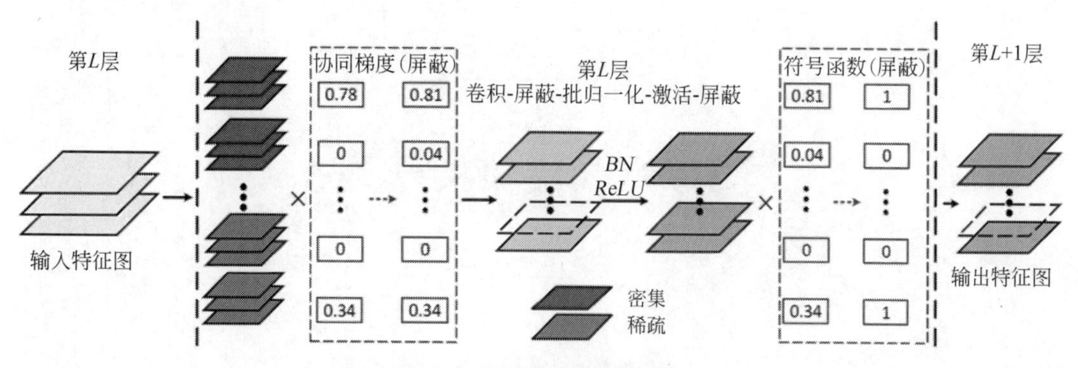

图 1-6　基于解耦的网络剪枝

模型压缩的因果模型具有如下优势：首先，可以引导变量梯度同步收敛，避免因梯度消失陷入局部最优，并且消除了变量耦合对训练的不利影响；其次，可以通过设定阈值控制剪枝过程，提高剪枝过程的可控性；最后，利用协同梯度下降算法进行网络剪枝具有很强的可扩展性，它可应用于其他更先进的网络结构上，从而获得更好的性能。

1.5　总　　结

本章作为全书的导读，先对机器学习的基本情况进行了介绍，包括机器学习的定义和研究意义、机器学习的发展史、机器学习的主要策略、机器学习系统的基本结构、机器学习的分类和机器学习目前的研究领域。然后介绍了统计模式识别问题的基本理论，分别为机器学习问题的表示、经验风险最小化和复杂性与推广能力，为本书后面进一步介绍这些机器学习相关算法打下了基础。本章还介绍了一些解耦因果学习的新方法，尝试从新的角度研究机器学习方法，并在一些深度学习问题上进行了应用。

课后习题

1. 简述机器学习的发展演变历史。
2. 简述机器学习是如何分类的。
3. 机器学习在哪些问题上表现突出？
4. 请查阅相关文献，了解机器学习在各个领域的发展状况。

第 2 章　决策树学习

引　言

决策树(decision tree)是一种描述概念空间的有效归纳推理办法。每个决策或事件(即自然状态)都可能引出两个或多个事件,导致不同的结果,通常把这种决策分支画成图形很像一棵树的枝干,故称之为决策树,它一般是自上而下生成的。决策树对比神经元网络的优点在于可以生成一些规则。基于决策树的学习方法可以进行不相关的多概念学习,具有简单快捷的优势,已经在各个领域得到广泛应用。

2.1　决策树学习概述

决策树学习是以实例为基础的归纳学习,即从一类无序、无规则的事物(概念)中推理出决策树表示的分类规则。概念分类学习算法在 20 世纪 60 年代开始发展,Hunt、Marin 和 Stone 于 1966 年研制的概念学习系统(concept learning system,CLS),用于学习单个概念。1979 年,J.R. Quinlan 给出 ID3 算法,并在 1983 年和 1986 年对 ID3 进行了总结和简化,使其成为决策树学习算法的典型。Schlimmer 和 Fisher 于 1986 年对 ID3 进行改造,在每个可能的决策树节点创建缓冲区,使决策树可以递增式生成,得到 ID4 算法。1988 年,Utgoff 在 ID4 基础上提出了 ID5 学习算法,进一步提高了效率。1993 年,Quinlan 进一步发展了 ID3 算法,改进成 C4.5 算法。另一类决策树算法为 CART(classification and regression tree),与 C4.5 不同的是,CART 的决策树由二元逻辑问题生成,每个树节点只有两个分支,分别是学习实例的正例与反例。决策树的基本思想是：以信息熵为度量构造一棵熵值下降最快的树,到叶子节点处的熵值为零,此时每个叶子节点中的实例都属于同一类。

决策树学习采用的是自顶向下的递归方法。它的每一层节点依照某一属性值向下分为子节点,待分类的实例在每一节点处与该节点相关的属性值进行比较,根据不同的比较结果向相应的子节点扩展,这一过程在到达决策树的叶子节点时结束,此时得到结论。从根节点到叶子节点的每条路径对应一条合理的规则,规则间各部分(各层的条件)的关系是合取关系。整棵决策树对应一组析取的规则。所谓合取就是同真取真,其余取假,相当于集合中的取交集;而析取则是有真取真,同假取假,相当于集合中的取并集。决策树学习算法的最大优点是,它可以自学习。在学习的过程中,不需要使用者了解过多的背景知识,只对训练实例进行较好的标注，就能够进行学习。如果在应用中发现不符合规则的实例，程序会询问用户该实例的正确分类，从而生成新的分支和叶子，并添加到树中。

2.1.1　决策树

树是由节点和分支组成的层次数据结构。节点用于存储信息或知识，分支用于连接各个节点。树是图的一个特例，图是更一般的数学结构，如贝叶斯网络等。决策树是描述分类过程的一种数据结构，从上端的根节点开始，各种分类原则被引用进来，并依这些分类原则将根节点的数据集划分为子集，这一划分过程直到某种约束条件满足而结束。图 2-1 所示为一棵判断动物种类的决策树。

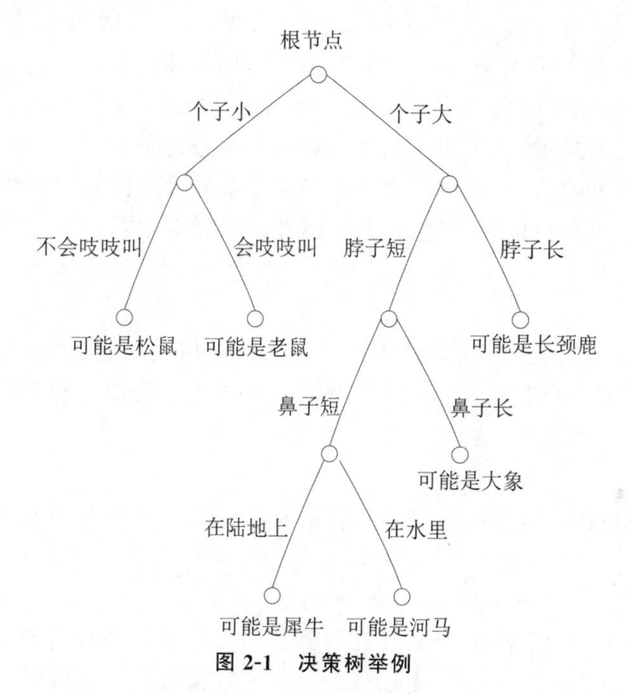

图 2-1　决策树举例

可以看到，这是一个决策树内部包含学习的实例，每层分支代表了实例的一个属性的可能取值，叶子节点是最终划分成的类。如果判定是二元的，那么构造的将是一棵二叉树，在树中每回答一个问题就降到树的下一层，这类树一般称为 CART。判定结构可以机械地转变成产生式规则。可以通过对结构进行广度优先搜索，并在每个节点生成“IF…THEN”规则来实现。图 2-1 的决策树可以转换成如下规则。

IF“个子大”THEN

　　IF“脖子短”THEN

　　　　IF“鼻子长” THEN 可能是大象

形式化表示成

$$个子大 \land 脖子短 \land 鼻子长 \Rightarrow 可能是大象$$

构造一棵决策树要解决以下 4 个问题。

(1) 收集待分类的数据，这些数据的所有属性应该是标注的。

(2) 设计分类原则，即数据的哪些属性可用来分类，以及如何量化该属性。

(3) 分类原则的选择,即在众多分类准则中,每一步选择哪一准则可使最终的树更令人满意。

(4) 设计分类停止条件。实际应用中,数据的属性有很多,但真正有分类意义的属性往往只有几个,因此必要时应停止数据集分裂:该节点包含的数据太少,不足以分裂;继续分裂数据集,对树生成的目标(如 ID3 中的熵下降准则)没有贡献;树的深度过大,不宜再分。通用的决策树分裂目标是整棵树的熵总量最小,每一步分裂时,选择使熵减小最大的准则,这种方案使最具有分类潜力的准则最先被提取出来。

2.1.2 性质

决策树的性质如下。

(1) 节点由属性值对表示,即由固定的属性和其值表示。例如,若属性是温度,则其值有热和冷。最简单的学习情况是,每个属性拥有少量的不相关值。

(2) 目标函数有离散输出值,决策树分配一个二值的树,很容易扩展成为多于两个的输出值。

(3) 需要不相关的描述,决策树原则上是表述不相关的表示。

(4) 容忍训练数据的错误,对训练样本和表述样本的属性值的错误都有较强的鲁棒性。

(5) 训练数据可以缺少值,可以采用缺少属性值的样本学习。

2.1.3 应用

基于决策树的学习方法应用广泛,比如根据病情对病人分类、根据起因对故障分类、根据还款信用情况对贷款申请者分类,这些都是将输入样本分类成离散集的分类问题。

2.1.4 学习

下面先介绍 Shannon 信息熵的知识。信息熵是一个非常重要的概念,它基于概率定义信息量。

1. 自信息量

设信源 X 发出 a_i 的概率为 $P(a_i)$,在收到符号 a_i 之前,收信者对 a_i 的不确定性定义为 a_i 的自信息量 $I(a_i)$。$I(a_i)=-\log P(a_i)$,这个定义表明:小概率事件信息量大,符合人类的认知,即一个突然发生的事件总是让人印象深刻,具有较大的信息量。

2. 信息熵

自信息量只能反映符号的不确定性,而信息熵用来度量整个信源整体的不确定性,定义为

$$
\begin{aligned}
H(X) &= P(a_1)I(a_1)+P(a_2)I(a_2)+\cdots+P(a_r)I(a_r) \\
&= -\sum_{i=1}^{r} P(a_i)\log P(a_i)
\end{aligned}
\tag{2-1}
$$

其中,r 为信源 X 发出的所有可能的符号类型。信息熵反映了信源每发出一个符号所提供的平均信息量或者无序度的一种度量。简单地说,熵越大,越无序。对于分类问题,给定一个数据集合,不同类别的样本数目越接近,熵越大;相反,当集合中样本类别只有一个类的时候,熵最小。该性质正是本章的关键思想所在。

3. 条件熵

设信源为 X,收信者收到信息 Y,用条件熵 $H(X|Y)$ 描述收信者在收到 Y 后对 X 的不确

定性估计。设 X 的符号为 a_i，Y 的符号为 b_j，$P(a_i|b_j)$ 为当 Y 为 b_j 时，X 为 a_i 的概率，则有

$$H(X \mid Y) = -\sum_{i=1}^{r}\sum_{j=1}^{s} P(a_i b_j)\log P(a_i \mid b_j) \tag{2-2}$$

4. 平均互信息量

通常用平均互信息量表示信号 Y 所能提供的关于 X 的信息量的大小，用 $I(X,Y)$ 表示，即

$$I(X,Y) = H(X) - H(X \mid Y) \tag{2-3}$$

2.2　决策树设计

2.2.1　决策树的特点

决策树是一种用于决策的树结构，其元素定义如下所示。

(1) 中间节点对应一个属性，节点下的分支为该属性的可能值；每个节点对应一个样本集合，针对这个集合的类别分布可以算一个信息熵。

(2) 叶子节点都有一个类别标记，每个叶子节点对应一个判别规则。

(3) 决策树可以产生合取式规则，也可以产生析取式规则。

(4) 决策树产生的规则是完备的。任何可分的问题，均可构造相应的决策树对其进行分类。

2.2.2　决策树的生成

已知示例集合(样本集合)，生成决策树，使其能够对示例中的样本分类，也能够对未来的样本进行分类。下面举例说明。小王是一家著名网球俱乐部的经理，但是他被雇员数量问题搞得心情十分不好。有时很多人来玩网球，以至于所有员工都忙得团团转，但还是应付不过来；而有时不知道什么原因一个人也不来，但俱乐部却要支付员工工资。小王的目的是通过下周天气预报寻找什么时候人们会打网球，以适时调整雇员数量。因此，首先必须了解人们决定打球的原因。其中，天气状况用 sunny、overcast 和 rain 表示；温度用 hot、mild 和 cool 表示；相对湿度用 high 和 normal 表示；还有风力情况。当然，还有顾客不在这些日子光顾俱乐部，最终得到的数据如表 2-1 所示。

表 2-1　打网球数据表

示例	天气	温度	相对湿度	风力	打网球
1	sunny	hot	high	weak	no
2	sunny	hot	high	strong	no
3	overcast	hot	high	weak	yes
4	rain	mild	high	weak	yes
5	rain	cool	normal	weak	yes
6	rain	cool	normal	strong	no

续表

示例	天气	温度	相对湿度	风力	打网球
7	overcast	cool	normal	strong	yes
8	sunny	mild	high	weak	no
9	sunny	cool	normal	weak	yes
10	rain	mild	normal	weak	yes
11	sunny	mild	normal	strong	yes
12	overcast	mild	high	strong	yes
13	overcast	hot	normal	weak	yes
14	rain	mild	high	strong	no

其决策树模型如图 2-2 所示。

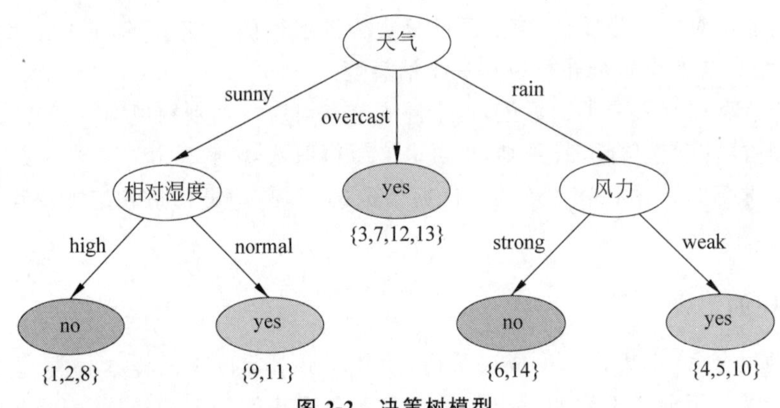

图 2-2 决策树模型

学习决策树须解决以下几个问题。

(1) 节点处的分支数应该是几?

(2) 如何确定某节点处应该测试哪个属性?

(3) 何时可以令某节点成为叶子节点?

(4) 如何使一棵过大的树变小? 如何“剪枝”?

(5) 如果叶子节点仍不“纯”,如何给它赋类别标记?

(6) 如何处理缺损的数据?

首先,节点分支数的确定采用二分支和多分支均可,如图 2-2 所示。

针对问题(5),如果叶子节点仍不“纯”,即包含多个类别的样本时,可以将此叶子节点标记为占优势的样本类别。

针对问题(6),如果待识别样本的某些属性丢失,当在某节点需要检测此属性时,可在每个分支上均向下判别。

问题(2)、(3)、(4)都可以归结为如何构造一个“好的”判别树问题。下面介绍两种算法——ID3 算法和 C4.5 算法。

1. ID3 算法

ID3(Iterative Dichotomiser 3),即迭代二叉树 3 代,是由 Ross Quinlan 于 1986 年提出

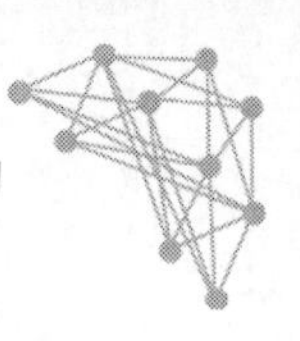

的用于决策树的算法。这个算法建立在奥卡姆剃刀(Occam's Razor)原理的基础上：能够达到同样目的的模型，最简单的往往是最好的，即简单的模型往往对应较强的推广能力。ID3 算法具体描述如下。

ID3(Examples，Attributes)是一种递归算法，其中 Examples 为样本集合，Attributes 为样本属性集合，具体步骤如下。

(1) 创建根节点 Root。

(2) 如果 Examples 中的元素类别相同，则为单节点树，标记为该类别标号，返回 Root。

(3) 如果 Attributes 为空，则为单节点树，标记为 Examples 中最普遍的类别标号，返回 Root。

(4) $A \leftarrow$Attributes 中分类能力最强的属性。

(5) Root 的决策属性$\leftarrow A$。

(6) 将 Examples 中的元素根据 A 的属性分成若干子集，令 example_i 为属性为 i 的子集。

(7) 若 example_i 为空，则在新分支下加入一个叶子节点，属性标记为 Examples 中最普遍的类别。

(8) 否则，在这个分支下加入一个子节点 ID3(example_i，Attributes-$\{A\}$)。

上面提到"分类能力最强的属性"，我们用信息增益定义属性的分类能力，该信息增益理解为负熵，可以知道负熵越大，分类能力越强，表明更确定类别信息，即数据类别有序可分，此时熵最小。节点 N 的熵不纯度或者总的信息熵定义如下：

$$i(N) = -\sum_j P(\omega_j)\log_2 P(\omega_j) \tag{2-4}$$

其中，$P(\omega_j)$为节点 N 处属于 ω_j 类样本数占总样本数的频度。节点 N 处属性 A 的信息增益为

$$\Delta_A i(N) = i(N) - \sum_{v \in \text{Value}(A)} \frac{|N_v|}{|N|} i(N_v) \tag{2-5}$$

其中，Value(A)为属性 A 的所有可能值的集合，N_v 为 N 中属性值为 v 的子集，$|N|$为集合 N 中元素的个数。图 2-3 是基于表 2-1 的信息增益的计算举例，节点 N，属性 A=天气。

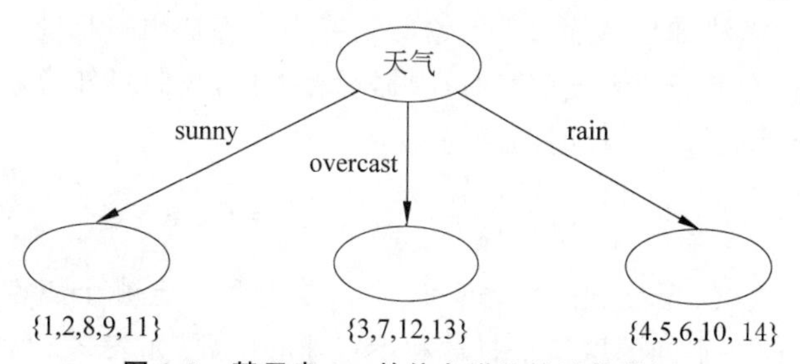

图 2-3　基于表 2-1 的信息增益的计算举例

$$i(N) = -\frac{9}{14}\log_2\frac{9}{14} - \frac{5}{14}\log_2\frac{5}{14} = 0.9403 \tag{2-6}$$

$$\begin{aligned}\Delta_A i(N) = {} & 0.9403 - \frac{5}{14}\left(-\frac{3}{5}\log_2\frac{3}{5} - \frac{2}{5}\log_2\frac{2}{5}\right) - \frac{4}{14}\left(-\frac{4}{4}\log_2\frac{4}{4} - \frac{0}{4}\log_2\frac{0}{4}\right) \\ & - \frac{5}{14}\left(-\frac{2}{5}\log_2\frac{2}{5} - \frac{3}{5}\log_2\frac{3}{5}\right) = 0.246\end{aligned} \tag{2-7}$$

在节点 N 处，以信息增益最大原则选择测试属性，即

$$\begin{aligned}&\Delta_{\text{天气}} i(N)=0.246\\&\Delta_{\text{相对湿度}} i(N)=0.151\\&\Delta_{\text{风力}} i(N)=0.048\\&\Delta_{\text{温度}} i(N)=0.029\end{aligned} \tag{2-8}$$

通过以上计算,选择天气这个属性进行决策。

2. C4.5 算法

ID3 算法没有"停止"和"剪枝"技术,当生成的判别树的规模比较大时,非常容易造成对数据的过拟合。1993 年,Quinlan 在 ID3 算法的基础上增加了"停止"和"剪枝"技术,提出了 C4.5 算法,避免对数据的过拟合。

1) 分支停止

C4.5 算法采取了如下的停止方法。

(1) 验证技术:用部分训练样本作为验证集,持续节点分支,直到对于验证集的分类误差最小为止。

(2) 信息增益阈值:设定阈值 β,当信息增益小于阈值时停止分支,即

$$\max_s \Delta i(S) \leqslant \beta \tag{2-9}$$

(3) 最小化全局目标:$\alpha \cdot \text{size} + \sum_{\text{Leaf node}} i(N)$,size 用于衡量判别树的复杂程度。

(4) 假设检验。

2) 剪枝

判别树首先充分生长,直到叶子节点都有最小的不纯度为止,然后考虑是否将所有具有公共父节点的叶子节点进行合并。

(1) 如果合并叶子节点只引起很小的不纯度增加,则进行合并。

(2) 规则修剪:先将判别树转化为相应的判别规则,然后在规则集合上进行修剪。

3. 决策树构建实例

下面介绍用 ID3 算法如何从表 2-1 所给的训练集中构造出一棵能对训练集进行正确分类的决策树。在没有给定任何天气信息时,根据现有数据,我们只知道新的一天打球的概率是 9/14,不打球的概率是 5/14,此时的熵为

$$-\frac{9}{14}\log_2\frac{9}{14}-\frac{5}{14}\log_2\frac{5}{14}=0.9403 \tag{2-10}$$

其属性有 4 个:天气、温度、相对湿度、风力。首先要决定哪个属性为树的根节点。对每项指标分别统计,即在不同的取值下打球和不打球的次数,如表 2-2 所示。

表 2-2　决策树根节点分类图

天气			温度			相对湿度			风力			打网球	
	yes	no		yes	no		yes	no		yes	no	yes	no
sunny	2	3	hot	2	2	high	3	4	false	6	2	9	5
overcast	4	0	mild	4	2	normal	6	1	true	3	3		
rain	3	2	cool	3	1								

下面计算当已知变量天气的值时,信息熵为多少,简述其过程如下所示。

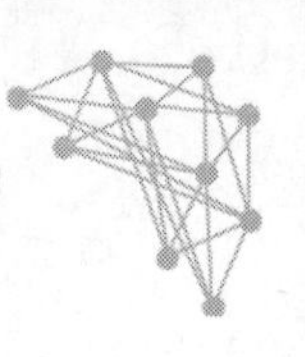

天气＝sunny 时，2/5 的概率打球，3/5 的概率不打球，信息熵＝0.971。

天气＝overcast 时，信息熵＝0，此时样本有序可分，熵最小。

天气＝rain 时，信息熵＝0.971。

而根据统计数据，天气取值为 sunny、overcast、rain 的概率分别是 5/14、4/14、5/14，所以，当已知变量天气的值时，信息熵为 5/14×0.971＋4/14×0＋5/14×0.971＝0.694。此时，系统熵就从 0.940 下降到了 0.694，信息增益 gain(天气)为 0.940－0.694＝0.246。同样，可以计算出 gain(温度)＝0.029，gain(相对湿度)＝0.151，gain(风力)＝0.048。此时，gain(天气)最大，即天气在第一步使系统的信息熵下降得最快，所以决策树的根节点就取天气，N_2 由于已经完全分为 yes，因此不需要继续划分，如图 2-4 所示。

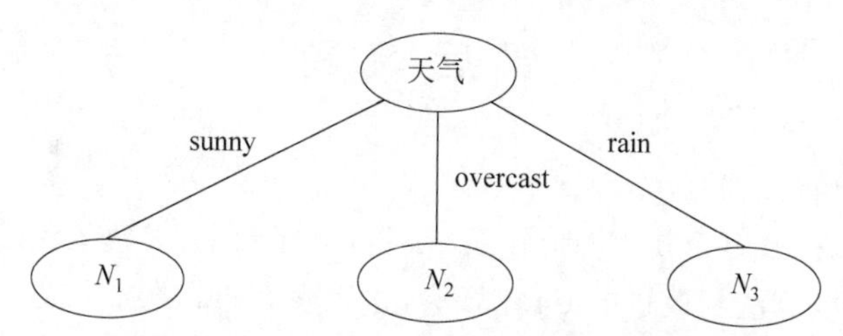

图 2-4　基于表 2-2 的信息增益的计算举例

接下来，确定 N_1 取温度、相对湿度还是风力。在已知天气＝sunny 的情况下，根据历史数据，得出类似表 2-3 的一张表，分别计算 gain(温度)、gain(相对湿度)和 gain(风力)，选最大者为 N_1 节点的属性。

表 2-3　决策树 N_1 节点分类图

温　度			相对湿度			风　力			打网球	
	yes	no		yes	no		yes	no	yes	no
hot	0	2	high	0	3	false	1	2	2	3
mild	1	1	normal	2	0	true	1	1		
cool	1	0								

相对湿度把决策问题是否打网球完全分为 yes 和 no 两类，所以这个节点选择相对湿度。同理，N_3 节点也画出节点分类图，根据信息增益选择风力为决策属性，因此得到最终的决策树，如图 2-5 所示。

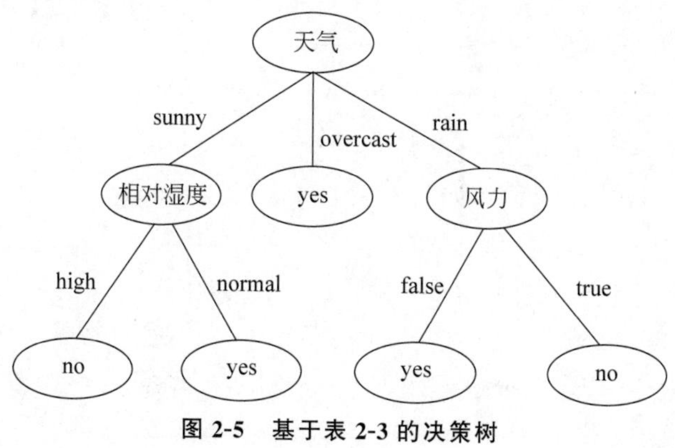

图 2-5　基于表 2-3 的决策树

2.3 总　　结

本章主要讲述决策树的相关知识，包括决策树的基本概念、决策树的性质和应用等，着重强调决策树生成算法的学习，包括ID3算法和改进的C4.5算法。其中，ID3算法在生成的判别树的规模比较大时，容易造成对数据的过拟合，C4.5算法在ID3算法的基础上增加了"停止"和"剪枝"技术。为便于更好地学习决策树生成算法，本章首先简单介绍了信息熵的知识，然后通过对具体实例的学习，帮助大家更加直观地理解和应用决策树算法。

课后习题

1. 请思考决策树的时间复杂度。
2. 如果训练集有10万个实例，训练二叉决策树（无约束）大致的深度是多少？
3. 编程实现ID3算法和改进的C4.5算法，并为表2-1中数据生成一棵决策树。

第3章 PAC模型

引 言

PAC(probably approximate correct)模型是由 Valiant 于 1984 年首先提出来的,是由统计模式识别、决策理论提出了一些简单的概念并结合了计算复杂理论的方法而提出的学习模型。它是研究学习及泛化问题的一个概率框架,不仅可用于神经网络分类问题,而且可广泛用于人工智能中的学习问题。PAC 模型的作用相当于提供了一套严格的形式化语言来陈述以及刻画所提及的可学习以及样本复杂度问题。在 PAC 框架下,学习器必须从某一特定类可能的函数中选择一个泛化函数(称为假设)。我们的目标是,以很高的概率,使所选择的函数具有低泛化误差。PAC 框架的一项重要创新是机器学习计算复杂性理论概念的引入,学习器预期找到更有效的函数。本章将主要介绍基本 PAC 模型,并进一步讨论在有限空间和无限空间下样本复杂度问题。本章中的讨论将限制在学习布尔值概念,且训练数据是无噪声的,许多结论可扩展到更一般的情形。

3.1 基本的 PAC 模型

3.1.1 PAC 简介

PAC 主要研究的内容包括:一个问题什么时候是可被学习的、样本复杂度、计算复杂度,以及针对具体可学习问题的学习算法。虽然也可以扩展用于描述回归以及多分类等问题,不过最初 PAC 模型是针对二分类问题提出的,和以前的设定类似,有一个输入空间 X,也称作实例空间。X 上的一个概念 c 是 X 的一个子集,或者简单来说,c 是从 X 到 $\{0,1\}$ 的函数。这里也采用这种模型,先介绍一下这种情况下的一些特有的概念。

3.1.2 基本概念

实例空间是指学习器能见到的所有实例,每个 $x\in X$ 为一个实例,$X=U_n\geqslant 1,X_n$ 为实例空间。概念空间是指目标概念可以从中选取的所有概念的集合,学习器的目标就是要产生目标概念的一个假设 h,使其能准确地分类每个实例,对每个 $n\geqslant 1$,定义每个 $C_n\subseteq 2^{x_n}$ 为 X_n 上的一系列概念,$C=U_n\geqslant 1,C_n$ 为 X 上的概念空间,也称为概念类。假设空间是指算法所能输出的所有假设 h 的集合,用 H 表示。对每个目标概念 $c\in C_n$ 和实例 $x\in X_n$,$c(x)$为

实例 x 上的分类值,即 $c(x)=1$ 当且仅当$x\in C$。C_n 的任一假设 h 指的是一个规则,即对给出的 $x\in X_n$,算法在多项式时间内为 $c(x)$输出一个预测值。变型空间是指能正确分类训练样例 D 的所有假设的集合,$\mathrm{VS}=\{h\in H\mid \forall <x,c(X)>\in D(h(X)=c(X))\}$。变型空间的重要意义是每个一致学习器都输出一个属于变型空间的假设。样本复杂度(sample complexity)是指学习器收敛到成功假设时至少所需的训练样本数。计算复杂度(computational complexity)是指学习器收敛到成功假设时所需的计算量。出错界限是指在成功收敛到一个假设前,学习器对训练样本的错误分类的次数。在某一特定的假设空间中,对于给定的样本,若能找到一个假设 h,使得对该概念类的任何概念都一致,且该算法的样本复杂度仍为多项式,则该算法为一致算法。

3.1.3 问题框架

实例空间为 $X=\{0,1\}^n$,概念空间和假设空间均为$\{0,1\}^n$ 的子集,对任意给定的准确度 $\varepsilon(0<\varepsilon<1/2)$及任意给定的置信度 $\delta(0<\delta<1)$,实例空间上的所有分布 D 及目标空间中的所有目标函数 t,若学习器 L 只需多项式 $P(n,1/\varepsilon,1/\delta)$个样本及在多项式 $P(n,1/\varepsilon,1/\delta)$时间内,最终将以至少 $1-\delta$ 的概率输出一个假设 $h\in H$,使得随机样本被错分类的概率 $\mathrm{error}_D(h,t)=P_r[\{x\in X:h(x)\neq t(x)\}]\leqslant\varepsilon$,则称学习器 L 是 PAC 可学习的,它是考虑样本复杂度及计算复杂度的一个基本框架,成功的学习被定义为形式化的概率理论。

假设 h 是另一个 X 上的二值函数,我们试图用 h 逼近 c,选择 X 上的一个概率分布 μ,则根据关于误差(风险)的定义,有 $\varepsilon(h)=\mu(h(X)\neq c(X))$,而这个量可以很容易并且很直观地用集合的对称差表示,如图 3-1 所示,误差很直观地用两个集合的对称差(阴影部分)的面积表示。

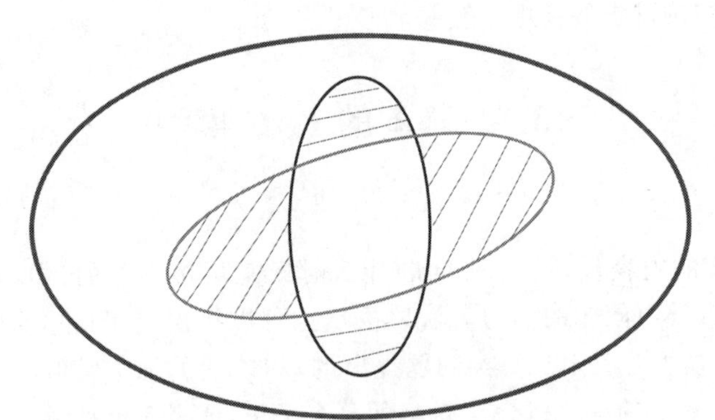

图 3-1　误差风险示意图(见彩图)

X 上的一个概念类C 就是一堆这样的概念的集合。这里的 C 对应之前设定中的函数空间 F。类似地,学习问题实际上就是给定一个目标概念 $c\in C$,寻找一个逼近 $h\in C$ 的问题。PAC 模型与分布是无关的,因为对学习器来说,实例上的分布是未知的。该定义不要求学习器输出零错误率的假设,只要求其错误率限定在某常数 ε 的范围内(ε 可以任意小);同时也不要求学习器对所有的随机抽取样本序列都能成功,只要其失败的概率限定在某个常数 δ 的范围内(δ 也可取任意小) 即可,这样将学习到一个可能近似正确的假设。

3.2　PAC 模型样本复杂度分析

3.2.1　有限空间样本复杂度

3.1 节的定义要求学习算法的运行时间在多项式时间内，且能用合理的样本数产生对目标概念的较好逼近。该模型是最坏情况模型，因为它要求在实例空间上对所有的目标概念及所有的分布 D、它所需的样本数都以某一多项式为界。

PAC 可学习性很大程度上由所需的训练样例数确定。当假设空间增大时，找到一个一致的假设将更容易，但需更多的样本来保证该假设有较高的概率是准确的。因此，在计算复杂度和样本复杂度之间存在一个折中。下面将以布尔文字的合取是 PAC 学习的为例，说明如何分析一个概念类是 PAC 学习的，并得到一致算法的样本复杂度的下界。

设学习器 L，其假设空间与概念空间相同，即 $H=C$，因假设空间为 n 个布尔文字的合取，而每个文字有 3 种可能：该变量作为文字包含在假设中；该变量的否定作为文字包含在假设中；假设中不包含该变量。所以，假设空间的大小为 $|H|=3^n$，可设计如下算法。

(1) 初始化假设 h 为 $2n$ 个文字的合取，即 $h=x_1\bar{x}_1x_2\bar{x}_2\cdots x_n\bar{x}_n$。

(2) 由样本发生器产生 $m=1/2(n\ln3+\ln1/\delta)$ 个样本，对每个正例，若 $x_i=0$，则从 h 中删去 x_i；若 $x_i=1$，则从 h 中删去 $\bar{x}_i$。

(3) 输出保留下来的假设 h。

为分析该算法，需考虑 3 点：需要的样本数是否为多项式的；算法运行的时间是否为多项式的，即这两者是否均为 $p(n,1/\varepsilon,1/\delta)$；输出的假设是否满足 PAC 模型的标准，即 $P_r[\text{error}_D(h)\leqslant\varepsilon]\geqslant(1-\delta)$，$P_r[]$表示概率。针对本算法，由于样本数已知，显然它是多项式的；因运行每个样本的时间为一常量，而样本数又是多项式的，则算法的运行时间也是多项式的；因此只看它是否满足 PAC 模型的标准即可。若 h' 满足 $\text{error}_D(h')>\varepsilon$，则称为 ε-bad 假设，否则称为 ε-exhausted 假设。若最终输出的假设不是 ε-bad 假设，则该假设必满足 PAC 模型的标准。

根据排除法计算学习一个假设所需要的样本个数，这里 ε-bad 假设混在 ε-exhausted 假设之中，我们试图排除这些假设来计算样本个数。根据 ε-bad 假设的定义，有：P_r[ε-bad 假设与一个样本一致]$\leqslant(1-\varepsilon)$，因每个样本独立抽取，所以 P_r[ε-bad 假设与 m 个样本一致]$\leqslant(1-\varepsilon)^m$。又因最大的假设数为 $|H|$，所以 P_r[存在 ε-bad 假设与 m 个样本一致]$\leqslant|H|(1-\varepsilon)^m$。又因要求 P_r[h 是ε- bad 假设]$\leqslant\delta$，所以有

$$|H|(1-\varepsilon)^m\leqslant\delta \tag{3-1}$$

解得

$$m\geqslant\frac{\ln|H|+\ln1/\delta}{-\ln(1-\varepsilon)} \tag{3-2}$$

根据泰勒展开式：$e^x=1+x+\frac{x^2}{2}+\cdots>1+x$，将 $x=-\varepsilon$ 代入泰勒展开式中，得 $\varepsilon<-\ln(1-\varepsilon)$。将其代入式(3-1)中，得

$$m > \frac{1}{\varepsilon}\left(\ln|H| + \ln\frac{1}{\delta}\right) \tag{3-3}$$

式(3-3)提供了训练样例数目的一般理论边界，该数目的样例足以在所期望的值 δ 和 ε 程度下，使任何一致学习器成功地学习到 H 中的任意目标概念。其物理含义表示：训练样例数目 m 足以保证任意一致假设是可能(可能性为 $1-\delta$)近似(错误率为 ε)正确的，m 随着 $1/\varepsilon$ 的增大呈线性增长，随着 $1/\delta$ 和假设空间规模的增大呈对数增长。

针对本例有 $|H|=3^n$，将它代入式(3-2)中得到，当样本数 $m > \frac{1}{\varepsilon}\left(n\ln 3 + ln\frac{1}{\delta}\right)$ 时，有 $P_r[\text{error}_D(h) > \varepsilon] \leqslant \delta$ 成立。同时也证明了布尔文字的合取是 PAC 学习的(算法见本节开始部分)，但也存在不是 PAC 学习的概念类，如 k-term-CNF 或 k-term-DNF。由于式(3-2)以 $|H|$ 刻画样本复杂度，它存在以下不足：可能导致非常弱的边界；对于无限假设空间的情形，式(3-2)根本无法使用，因此有必要引入另一度量标准——VC 维。

3.2.2 无限空间样本复杂度

使用 VC 维(vapnik-chervonenkis dimension)代替 $|H|$ 也可以得到样本复杂度的边界，基于 VC 维的样本复杂度比 $|H|$ 更紧凑，另外还可以刻画无限假设空间的样本复杂度。VC 维的概念是为了研究学习过程一致收敛的速度和推广性，是由统计学习理论定义的有关函数集学习性能的一个重要指标。传统的定义是：对一个指标函数集，如果存在 H 个样本能够被函数集中的函数按所有可能的 2^K 种形式分开，则称函数集能够把 H 个样本打散；函数集的 VC 维就是它能打散的最大样本数目 H。若对任意数目的样本，都有函数能将它们打散，则函数集的 VC 维是无穷大，有界实函数的 VC 维可以通过用一定的阈值将它转化成指示函数来定义。

VC 维反映了函数集的学习能力，VC 维越大，学习机器越复杂(分类能力越大)，所以 VC 维又是学习机器复杂程度的一种衡量。换个角度理解，如果用函数类 $\{f(z,a)\}$ 代表一个学习机器，a 确定后就确定了一个判别函数，而 VC 维为该学习机器能学习的可以由其分类函数正确给出的所有可能二值标识的最大训练样本数。遗憾的是，目前尚没有通用的关于任意函数集 VC 维计算的理论，只知道一些特殊函数集的 VC 维。例如，在 n 维空间中线性分类器和线性实函数的 VC 维是 $n+1$。下面举一个简单的实例进一步理解 VC 维。

实例集合 X 为二维实平面上的点 (x,y)，假设空间 H 为所有线性决策线。由图 3-2 可以看出：除 3 个点在同一直线上的特殊情况，x 中 3 个点构成的子集的任意划分均可被线性决策线打散，而 x 中 4 个点构成的子集，无法被 H 中的任一 h 打散，所以 $\text{VC}(H)=3$。

VC 维衡量假设空间复杂度的方法不是用不同假设的数量 $|H|$，而是用 X 中能被 H 彻底区分的不同实例的数量，这称为打散，可以简单理解为分类。H 的这种打散实例集合的能力是其表示这些实例上定义的目标概念的能力的度量，如果 X 的任意有限大的子集可被 H 打散，则 $\text{VC}(H)=\infty$，对于任意有限的 H，$\text{VC}(H) \leqslant \log_2|H|$。使用 VC 维作为 H 复杂度的度量，就有可能推导出该问题的另一种解答，类似于式(3-2)的边界，即

$$m \geqslant \frac{1}{\varepsilon}\left(4\log_2\frac{2}{\delta} + 8\text{VC}(H)\log_2\frac{13}{\varepsilon}\right) \tag{3-4}$$

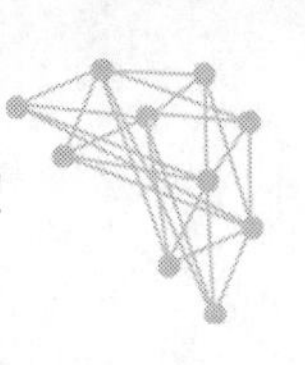

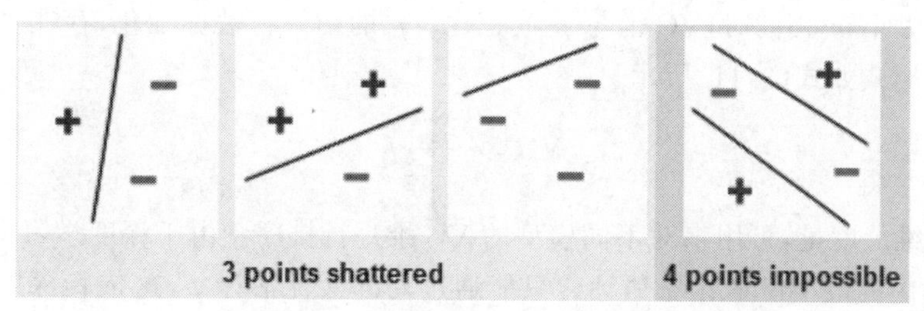

图 3-2　线性分类器三维示意图

由式(3-4)可以看到：要成功进行 PAC 学习，所需要的训练样本数应正比于$\frac{1}{\delta}$的对数，正比于 VC(H)，正比于 $1/\varepsilon$ 的对数。

3.3　VC 维计算

设 $X=\{x_1,x_2,\cdots,x_m\}$是一个大小为 m 的采样集。每个假设 h 在 H 中标记一个样本在 X 中，结果表示为

$$h \mid X=\{h(x_1),h(x_2),\cdots,h(x_m)\} \tag{3-5}$$

随着 m 的增大，所有的假设 h 对 X 集合中的样本所能赋予的标记可能数也增大。当 $m\in N$，增长函数定义为

$$\Pi_H(m)=\max\nolimits_{x_1,x_2,\cdots,x_m\subseteq X} \mid \{h(x_1),h(x_2),\cdots,h(x_m) \mid h\in H\} \mid \tag{3-6}$$

增长函数 $\Pi_H(m)$表示可以用假设空间 H 为 m 例子标记的可能结果的最大数目。H 可以为这些示例标记的可能结果越多，H 的表达能力就越强。

将样本集的数量翻倍 $X=\{x_1,x_2,\cdots,x_m,x_{m+1},\cdots,x_{2m}\}$，并生成子集 $X_1=\{x_1,x_2,\cdots,x_m\}$和 $X_2=\{x_{m+1},x_{m+2},\cdots,x_{2m}\}$，通常需要对原数据集进行复制操作，$X_1$、$X_2$ 样本集合类别定义见式(3-10)下方描述。X 的风险函数定义为

$$v(X)=\frac{1}{2m}\sum_{i=0}^{2m} \mid y_i-f(x_i) \mid \tag{3-7}$$

根据之前的研究，风险 $v(X_1)$和 $v(X_2)$之间的差异与样本集大小 m 正相关。两者的风险差异上界可以表示为

$$p=\sup\{v(X_1)-v(X_2)\}\propto m \tag{3-8}$$

进一步变化可得

$$\begin{aligned}&\frac{1}{m}\sum_{i=1}^{m} \mid y_i-f(x_i) \mid -\frac{1}{m}\sum_{i=m+1}^{2m} \mid y_i-f(x_i) \mid \\ =&\left(1-\frac{1}{m}\sum_{i=1}^{m} \mid \tilde{y}_i-f(x_i) \mid \right)-\frac{1}{m}\sum_{i=m+1}^{2m} \mid y_i-f(x_i) \mid \end{aligned} \tag{3-9}$$

即

$$p=\inf\left\{\left(\frac{1}{m}\sum_{i=1}^{m} \mid \tilde{y}_i-f(x_i) \mid +\frac{1}{m}\sum_{i=m+1}^{2m} \mid y_i-f(x_i) \mid \right)\right\} \tag{3-10}$$

其中，$\tilde{y}_i$ 是数据集的错误标签，实现层面需要将子集 X_1 的标签替换为错误标签，inf 表示下

限。当样本集大小 m 相同时，VC 维与 p 成正比。p 的结果将被标准化，存在 $\zeta,\varepsilon\in(0,\infty)$，这样 VC 维的形式如式(3-11)所示

$$\mathrm{VC}\propto\frac{\zeta}{\mathrm{e}^{-\frac{m\varepsilon^2}{8}}}p \tag{3-11}$$

p 是 VC 维的度量，可用来对不同模型的 VC 维进行排序。由于深度学习模型的巨大复杂性，式(3-9)中的最小值不容易估计。只能通过局部最优估计 p，这依赖深度学习优化器实现。此外，找到被打散样品的最大数量仍然是一个开放的问题，只能通过 VC 维的方法得到一个近似的 DNN 泛化性指标。该部分内容较难，更多细节参见文献[3]。

3.4 总　　结

PAC 学习是计算学习理论的基础，通过对 PAC 学习模型的分析，可帮助读者理解 VC 维的概念及训练数据对学习的有效性。当学习算法允许查询时是很有用的，并能提高其学习能力。此外，在实际的机器学习中，PAC 模型也存在不足之处：模型中强调最坏情况，它用最坏情况模型测量学习算法的计算复杂度及对概念空间中的每个目标概念和实例空间上的每个分布，用最坏情况下所需要的随机样本数作为其样本复杂度的定义，使得它在实际中不可用；定义中的目标概念和无噪声的训练数据在实际中是不现实的。

课后习题

1. 简述可 PAC 学习的学习器需要满足什么条件。
2. VC 维理论是什么？为什么要提出 VC 维理论？

第4章　贝叶斯学习

引　言

贝叶斯学习最早可以追溯到1963年数学家托马斯·贝叶斯(Thomas Bayes)所证明的一个关于贝叶斯定理的特例,并因其对概率的主观置信程度的独特理解而闻名。它通过概率表示所有形式的不确定性,并结合概率规则实现学习和推理过程。经过多位统计学家的共同努力,贝叶斯学习理论在20世纪50年代后逐步建立起来,成为统计学中一个重要的组成部分。

贝叶斯学习理论是概率框架下实施决策的基本方法,其核心思想是通过概率描述决策问题,以实现不同决策代价之间的平衡。对分类任务来说,贝叶斯决策在所有相关概率都已知的理想情形下,根据各类决策判据选择最优的类别标记。

贝叶斯学习利用类条件概率密度参数的先验概率分布,结合样本信息得到后验概率分布,推断出总体概率分布。因此,在贝叶斯学习中,决策者虽然不能控制客观因素的变化,但却能以期望与分布概率的形式掌握引发变化的可能状况。因此,贝叶斯学习在后验推理、参数估计、模型检测、隐概率变量模型等诸多统计机器学习领域方面都有广泛而深远的影响。

4.1　贝叶斯学习

4.1.1　贝叶斯公式

下面以判定男、女为例,对贝叶斯公式进行描述。为了较为合理地对男、女性别进行分类,可以从身高、体重等具有差异性信息出发进行推理。将人的身高表示为连续随机变量x,它影响了我们所关心的类别状态ω。一般来讲,若x的分布取决于男、女性别,则可以通过概率表示的形式,称为类条件概率密度函数,即类别为ω时的x的概率密度函数,$P(x|\omega_1)$和$P(x|\omega_2)$间的区别就表示了男、女之间身高的区别。假设已知男、女性别的先验概率$P(\omega_j)$与类条件概率密度$P(x|\omega_j)$,其中$j=1,2$,则类别ω_j与身高特征x的联合概率密度可以写成$P(\omega_j,x)=P(\omega_j|x)P(x)=P(x|\omega_j)P(\omega_j)$,重新整理可得

$$P(\omega_j \mid x)=\frac{P(x \mid \omega_j)P(\omega_j)}{P(x)} \tag{4-1}$$

这就是著名的贝叶斯公式,其中称$P(\omega_j|x)$为后验概率,即x已知的情况下属于类别ω_j概

率；$P(x|\omega_j)$是类条件概率密度(又称似然函数)；$P(\omega_j)$是先验概率。先验概率表示根据以往经验和分析，在实验和采样前就可以得到的概率；而后验概率则是指某件事已经发生，想计算这件事发生的原因是由某个因素引起的概率。而贝叶斯公式则利用了后验概率这种“由果溯因”的思想，通过观测 x 的值将先验概率 $P(\omega_j)$转换成后验概率 $P(\omega_j|x)$，最后结合决策判据进行分类。

4.1.2 最小误差决策

得到观测值 x 的各类概率结构后，进一步讨论基于这些概率结构进行决策的判据。在一般的模式识别问题中，人们希望尽量减少分类的错误，即目标是追求最小误差。从最小误差的要求出发，利用第 4.1.1 节描述的贝叶斯公式，就能得出使误差最小的分类决策，通常称之为贝叶斯最小误差决策。下面对最小误差决策进行介绍。

如果有观测值 x 使得 $P(\omega_1|x)$比 $P(\omega_2|x)$大，则我们很自然地会做出真实类别是 ω_1 的判决。同样，如果 $P(\omega_2|x)$比 $P(\omega_1|x)$大，那么我们更倾向于选择 ω_2。下面计算做出某次判决时的误差概率，给定特定观测值 x，有

$$P(\text{error} \mid x)=\begin{cases}P(\omega_1 \mid x), & \text{判定为 } \omega_2\\ P(\omega_2 \mid x), & \text{判定为 } \omega_1\end{cases} \tag{4-2}$$

对于某一给定的 x，使误差概率最小化的方法是认为正确分类能够使得后验概率最大化。而应用相同的方法，也可以使 x 在服从概率密度 $P(x)$的情况下平均(期望)误差概率能够最小化。下面首先形式化地描述期望误差概率，即

$$P(\text{error})=\int_{-\infty}^{\infty} P(\text{error},x)\,\mathrm{d}x=\int_{-\infty}^{\infty} P(\text{error} \mid x)P(x)\,\mathrm{d}x \tag{4-3}$$

考虑在给定任意 x 的条件下，若能保证 $P(\text{error}|x)$最小，则积分后的期望误差概率最小。由此，我们验证了最小化误差概率条件下的贝叶斯决策规则。

如果 $P(\omega_1|x)>P(\omega_2|x)$，则判别为 ω_1；否则判别为 ω_2。根据上述规则，判决的误差概率可以写成

$$P(\text{error} \mid x)=\min[P(\omega_1 \mid x),P(\omega_2 \mid x)]P(x \mid \omega) \tag{4-4}$$

这种判决规则形式强调了后验概率的重要性。若利用后验概率的计算公式，则可以把此规则变换成条件概率和先验概率的形式，即得到与上述完全等价的判决规则，即如果 $P(x|\omega_1)P(\omega_1)>P(x|\omega_2)P(\omega_2)$，则判别为 ω_1；否则判别为 ω_2。

通过此判决规则，可以明显看出先验概率和似然概率对做出正确的判决都很重要，贝叶斯学习把它们结合起来，以获得最小的误差概率。

4.1.3 正态密度

第 4.1.2 节展示了贝叶斯决策的基本原理，但实际研究往往涉及多个变量。以性别分类为例，除身高外，可能会进一步结合体重信息做出判决，那么，如何确定多维变量的概率，便是应用贝叶斯方法的先决条件。一个贝叶斯分类器的结构可由条件概率密度 $P(\boldsymbol{x}|\omega_1)$和先验概率 $P(\omega_1)$决定。正态分布是在各种研究中常见的概率密度类型，下面首先介绍连续的单变量正态密度函数，即

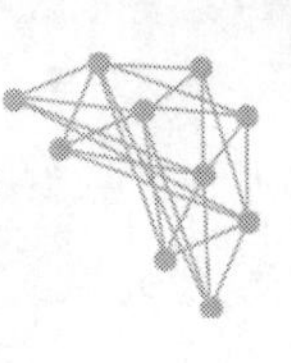

$$P(\boldsymbol{x})=\frac{1}{\sqrt{2\pi}\delta}\exp\left[-\frac{1}{2}\left((\frac{\boldsymbol{x}-\boldsymbol{\mu}}{\delta}\right)^2\right] \tag{4-5}$$

由此概率密度函数可以计算出 $\boldsymbol{x}$ 的期望值和方差,即

$$\boldsymbol{\mu}=E\boldsymbol{x}=\int_{-\infty}^{\infty}\boldsymbol{x}P(\boldsymbol{x})\mathrm{d}\boldsymbol{x} \tag{4-6}$$

$$\delta^2=E\ (\boldsymbol{x}-\boldsymbol{\mu})^2=\int_{-\infty}^{\infty}(\boldsymbol{x}-\boldsymbol{\mu})^2P(\boldsymbol{x})\mathrm{d}\boldsymbol{x} \tag{4-7}$$

单变量正态密度函数完全由两个参数决定:均值 $\boldsymbol{\mu}$ 和方差 δ^2。为了简化起见,通常简写为 $P(\boldsymbol{x})\sim N(\boldsymbol{\mu},\delta^2)$,表示 $\boldsymbol{x}$ 服从均值为 $\boldsymbol{\mu}$ 和方差为 δ^2 的正态分布。服从正态分布的样本聚集于均值附近,其离散程度与标准差 δ 有关。而在实际应用中,更普遍的情况是使用多维密度函数,一般的 d 维多元正态密度的形式如下。

$$P(\boldsymbol{x})=\frac{1}{(2\pi)^{d/2}\ |\boldsymbol{\Sigma}|^{1/2}}\exp\left[-\frac{1}{2}(\boldsymbol{x}-\boldsymbol{\mu})^{\mathrm{T}}\boldsymbol{\Sigma}^{-1}(\boldsymbol{x}-\boldsymbol{\mu})\right] \tag{4-8}$$

其中,$\boldsymbol{x}$ 是一个 d 维列向量,$\boldsymbol{\mu}$ 是一个 d 维均值向量,$\boldsymbol{\Sigma}$ 是一个 $d\times d$ 的协方差矩阵。为了简化起见,可以把上述公式简写成 $P(\boldsymbol{x})\sim N(\boldsymbol{\mu},\boldsymbol{\Sigma})$。同样,其均值和方差可以写成

$$\boldsymbol{\mu}=E\boldsymbol{x}=\int_{-\infty}^{\infty}\boldsymbol{x}P(\boldsymbol{x})\mathrm{d}\boldsymbol{x} \tag{4-9}$$

$$\boldsymbol{\Sigma}=E[(\boldsymbol{x}-\boldsymbol{\mu})(\boldsymbol{x}-\boldsymbol{\mu})^{\mathrm{T}}]=\int_{-\infty}^{\infty}(\boldsymbol{x}-\boldsymbol{\mu})(\boldsymbol{x}-\boldsymbol{\mu})^{\mathrm{T}}P(\boldsymbol{x})\mathrm{d}\boldsymbol{x} \tag{4-10}$$

根据上述表达式,协方差矩阵 $\boldsymbol{\Sigma}$ 是对称矩阵,反映了特征 $\boldsymbol{x}$ 不同维度之间的相关性。而均值 $\boldsymbol{\mu}$ 则体现为特征 $\boldsymbol{x}$ 的一般情况。

4.1.4 最大似然估计

尽管人体的身高和体重是符合二维正态分布的,但是在许多实际场景中多维正态密度分布依然属于理想条件,真实的类条件概率密度无法精确确定,往往需要提前假定一般化的概率密度函数,并通过参数估计方法确定具体的概率密度函数。下面介绍统计学中的经典参数估计方法——最大似然估计。假设样本集 D 中有独立采样的 n 个样本 $x_1,x_2,\cdots,x_n$,则有下面的等式

$$P(D\mid\boldsymbol{\theta})=\prod_{k=1}^{n}P(x_k\mid\boldsymbol{\theta}) \tag{4-11}$$

$P(D|\boldsymbol{\theta})$可以看成参数向量 $\boldsymbol{\theta}$ 的函数,也称为样本集 D 下的似然函数。通常将使式(4-11)达到最大值的参数向量 $\hat{\boldsymbol{\theta}}$ 称为参数向量 $\boldsymbol{\theta}$ 的最大似然估计,它反映了在参数集合中最符合已有观测样本集的情况。为了简化运算,通常使用似然函数的对数进行参数估计。对数似然函数定义为

$$I(\boldsymbol{\theta})\equiv\ln P(D\mid\boldsymbol{\theta}) \tag{4-12}$$

应当注意,由于对数函数为在[0,+∞]上的单调增函数,因此对数似然函数与似然函数有相同的极值点,即

$$\hat{\boldsymbol{\theta}}=\arg\max I(\boldsymbol{\theta}) \tag{4-13}$$

考虑到

$$I(\boldsymbol{\theta})=\sum_{k=1}^{n}\ln P(x_k \mid \boldsymbol{\theta}) \tag{4-14}$$

对式(4-14)中的参数向量 $\boldsymbol{\theta}$ 进行求导,可得

$$\nabla_{\boldsymbol{\theta}} I(\boldsymbol{\theta})=\sum_{k=1}^{n} \nabla_{\boldsymbol{\theta}} \ln P(x_k \mid \boldsymbol{\theta}) \tag{4-15}$$

其中,$\nabla_{\boldsymbol{\theta}}=\left[\frac{\partial}{\partial\theta_1},\frac{\partial}{\partial\theta_2},\cdots,\frac{\partial}{\partial\theta_p}\right]$。这样,令 $\nabla_{\boldsymbol{\theta}} I=0$ 即可求出参数向量的最大似然估计 $\hat{\boldsymbol{\theta}}$。对于多元高斯函数,使用最大似然估计方法可以得到均值、方差的估计结果为

$$\begin{aligned}\hat{\boldsymbol{\mu}}&=\frac{1}{n}\sum_{k=1}^{n}x_k\\ \hat{\boldsymbol{\Sigma}}&=\frac{1}{n}\sum_{k=1}^{n}(\boldsymbol{x}-\boldsymbol{\mu})(\boldsymbol{x}-\boldsymbol{\mu})^{\mathrm{T}}\end{aligned} \tag{4-16}$$

4.2 朴素贝叶斯原理及应用

4.2.1 贝叶斯最佳假设原理

贝叶斯最佳假设即在给定数据 D 以及假设空间 H 中不同假设 h 的先验概率 $P(h)$ 的情况下,贝叶斯定理提供的一种计算假设成立后验概率 $P(h|D)$ 的方法。先验概率 $P(h)$ 表示关于 h 是正确假设的概率的背景知识,而后验概率 $P(h|D)$ 表示在考虑训练数据 D 时 h 仍然为正确假设的可能性。贝叶斯公式给出了计算后验概率 $P(h|D)$ 的方法,即

$$P(h \mid D)=\frac{P(D \mid h)P(h)}{P(D)} \tag{4-17}$$

其中,$P(D|h)$ 代表假设 h 成立的情况下数据 D 符合假设 h 的可能性,$P(D)$ 则代表训练数据 D 的先验概率。一般地,数据 D 也称作某目标函数的训练样本,H 称为候选目标函数空间。基于这一点,可以设计一个简单的算法,输出最大后验假设(MAP 假设),即

$$h_{\text{map}}=\underset{h\in H}{\arg\max}\,P(h \mid D)=\underset{h\in H}{\arg\max}\,P(D \mid h)P(h) \tag{4-18}$$

此算法需要较大的计算量,因为它对 H 中每个假设都应用了贝叶斯公式以计算 $P(h|D)$。虽然这种做法对于大的假设空间很不切实际,但该算法仍然值得关注,因为它提供了一个标准,以判断其他概念学习算法的性能。

4.2.2 基于朴素贝叶斯的文本分类器

文本分类作为处理和组织大量文本数据的关键技术,可以在较大程度上解决信息杂乱现象的问题,方便用户准确地定位所需的信息和分流信息。而且作为信息过滤、信息检索、搜索引擎、文本数据库、数字化图书馆等领域的技术基础,文本分类技术有着广泛的应用前景。

1. 文本分类的基本概念

文本分类是指按照预先定义的分类体系,根据文本的内容自动地将文本集合的每个文本归入某个类别,系统的输入是需要进行分类处理的大量文本,而系统的输出是与文本关联

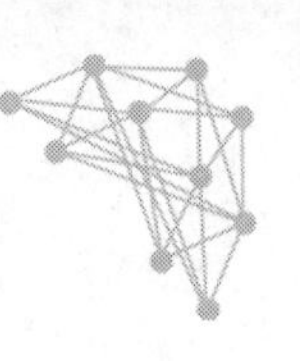

的类别。简单地说，文本分类就是对文档标以合适的类标签。而从分类的类型上看，文本分类又可分为单类别与多类别分类。在理论研究方面，对单类别分类的研究要远远多于对多类别分类的研究。这主要是由于单类别分类算法可以非常容易地转化成多类别分类算法，不过这种方法有一个假设条件，即各个类之间是独立的，没有相互依存关系或其他影响。而绝大部分的实际情况是可以满足此假设条件的，因此在文本分类的研究中，大部分实验都是基于单类别分类问题的探讨。

从数学的角度看，文本分类是一个映射过程，它将未标明类别的文本映射到现有类别中，该映射既可以是一对一映射，也可以是一对多映射，因为通常一篇文本可以与多个类别相关联。文本分类的映射规则是，系统根据已知类别中若干样本的数据信息总结出分类的规律性，建立类别判别公式和判别规则。当遇到新文本时，根据总结出的类别判别规则确定文本所属的类别。

2. 文本表示

本质上，文本是一个由众多字符构成的字符串，无法被学习算法用于训练或分类。要将机器学习技术运用于文本分类问题，首先需要将作为训练和分类的文档转化为机器学习算法易于处理的向量形式，即运用各种文本形式化表示方法，如向量空间模型，对文档进行文本形式化表示。G.Salton 提出的向量空间模型（VSM）有较好的计算性和可操作性，是近年来应用较多且效果较好的一种模型，向量空间模型最早成功应用于信息检索领域，后来又在文本分类领域得到广泛的运用。

向量空间模型的假设是，一份文档所属的类别仅与某些特定的词或词组在该文档中出现的频数有关，而与这些单词或词组在该文档中出现的位置或顺序无关。也就是说，如果将构成文本的各种语义单位（如单词、词组）统称为“词项”，以及词项在文本中出现的频数称为“词频”，那么一份文档中蕴含的各个词项的词频信息足以用来对其进行正确的分类。具体来讲，在向量空间模型中文本被形式化为 n 维空间中的向量，即

$$D = < W_{\text{term}_1}, W_{\text{term}_2}, \cdots, W_{\text{term}_n} >$$

其中，W_{term_i} 为第 i 个特征的权重。如果特征项选择为词语，就刻画出了词语在表示文本内容时所起到的重要程度。通常，将以词项在表示文本中出现的频率作为 W_{term_i} 的度量。有时为了节省词频统计带来的计算开销，也会用布尔权重代替词频，即如果词项出现次数为 0，则其权重为 0；如果词项出现次数大于 0，则其权重为 1。

3. 朴素贝叶斯文本分类器

Duda 和 Hart 于 1973 年提出了基于贝叶斯公式的朴素贝叶斯分类器（naive bayes classifier，NBC）。朴素贝叶斯分类器由于具有简单性及计算的有效性等优点，在实际应用中表现出相当的健壮性，在文本分类领域中一直占有重要的地位。朴素贝叶斯分类器假设不同特征之间相互独立。对文本分类任务来说，这是指各特征词之间两两独立。其原理如图 4-1 所示。

设训练集共有 N 个样本，分为 k 类，记为 $C=\{C_1, C_2, \cdots, C_k\}$，则每个类 C_i 的先验概率为 $P(C_i)=\frac{|C_i|}{N}$，其值为 C_i 类的样本数除以训练集的样本数 N。对于新样本 d，其属于 C_i 类的后验概率是 $P(C_i|d)$，即

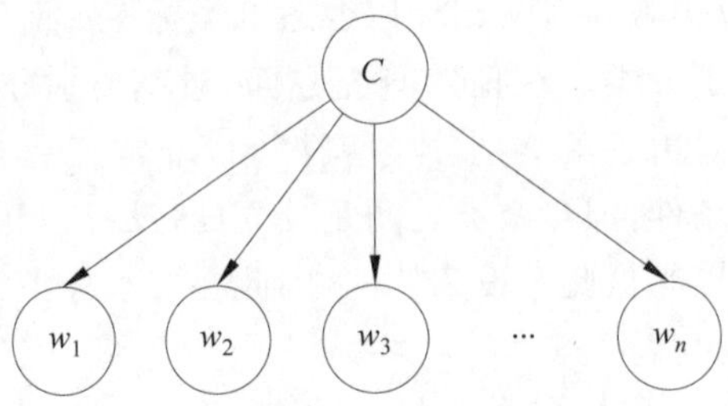

图 4-1 朴素贝叶斯文本分类器原理

$$P(C_i \mid d)=\frac{P(d \mid C_i)P(C_i)}{P(d)} \tag{4-19}$$

$P(d)$对于所有类均为常数,可以忽略,则式(4-19)可以简化为

$$P(C_i \mid d) \propto P(d \mid C_i)P(C_i) \tag{4-20}$$

为避免 $P(C_i)$等于 0,采用拉普拉斯概率估计,见式(4-21),其中

$$P(C_i)=\frac{1+|D_{c_i}|}{|C|+|D_C|} \tag{4-21}$$

式(4-21)中,$|C|$表示训练集中类的数量,$|D_{C_i}|$表示训练集中属于类 C_i 的文档数,$|D_C|$表示训练集包括的总文档数。朴素贝叶斯文本分类器将未知样本 d 归于类 C_i 的依据,见式(4-22),即

$$\boldsymbol{i}=\arg\max_j\{P(d \mid C_j)P(C_j)\}, \quad j=1,2,\cdots,k \tag{4-22}$$

文档 d 由其包含的特征词表示,即 $d=(w_1,\cdots,w_j,\cdots,w_m)$,$m$ 是 d 的特征词个数,w_j 是第 j 个特征词的表示,由特征独立性假设,得式(4-23),即

$$P(d \mid C_i)=P((w_1,w_2,\cdots,w_j,\cdots,w_m) \mid C_j)=\prod_{j=1}^{m}P(w_j \mid C_i) \tag{4-23}$$

$P(w_j|C_i)$表示分类器预测单词 w_j 在类 C_i 的文档中发生的概率。因此,式(4-23)可转化为

$$P(d \mid C_i) \propto P(C_i)\prod_{j=1}^{m}P(w_j \mid C_i) \tag{4-24}$$

值得注意的是,在训练贝叶斯统计分类器时,为避免 $P(w_j|C_i)$等于 0,可以采用拉普拉斯概率估计。

4. 特征提取

朴素贝叶斯文本分类器部分整体描述了贝叶斯文本分类器,但一个成功的文本分类绝不只是单纯的模型设计。文本表征作为文本分类器的输入,对精准文本分类同样起着至关重要的作用。文本表示部分描述了利用词频与布尔权重进行文本表征的方法,但这两种方法在真实场景应用中有较大的局限性。一个简单的例子是在一篇文章中如“你”“的”“是”这样的通用词往往会有更高的频率,但是这些词汇对于区分文章主题并没有太大的作用。词项权重的设计必须同时考虑文本内与文本间的特征,TF-IDF(term frequency-inverse document frequency)便是信息检索与数据挖掘领域中一种常用的加权技术。

TF 是词频(term frequency),IDF 是逆文本频率(inverse document frequency)。TF-IDF 的主要思想是:如果某个词或短语在一篇文章中出现的频率高(TF 高),并且在其他文章中

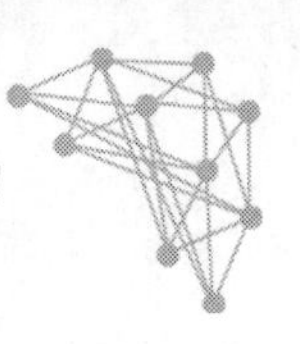

很少出现(IDF 低),则认为此词或者短语具有很好的类别区分能力,适合用来分类。

(1) TF 表示词条在文本中出现的频率,刻画了词汇在文本内的特征,其形式化描述为

$$\mathrm{TF}_{i,j}=n_{i,j}\Big/\sum\nolimits_{k}n_{k,j} \tag{4-25}$$

其中,$n_{i,j}$ 表示词项 t_i 在文档 d_j 中出现的次数,$\mathrm{TF}_{i,j}$ 则表示词项 t_i 在文档 d_j 中出现的频率。需要注意的是,在实际应用中这个数字通常会被归一化(一般是词频除以文章总词数),以防止它偏向长的文件(同一词语在长文件里可能比短文件有更高的词频,而不管该词语重要与否)。

(2) IDF 表示关键词的普遍程度。在所有统计的文章中,一些词只是在很少的几篇文章中出现,那么这样的词对文章主题的区分作用就很大,其权重也应该设计得较大。IDF 便是为描述这一性质而提出的,其形式化描述如下。

$$\mathrm{IDF}_i=\log\frac{|D|}{1+|j:t_i\in d_j|} \tag{4-26}$$

其中,$|D|$ 表示所有文档的数量,$|j:t_i\in d_j|$ 表示包含词项 t_i 的文档数量。某一特定文件内的高词语频率,以及该词语在整个文件集合中的低文件频率,可以产生出高权重的 TF-IDF。因此,TF-IDF 倾向于过滤掉常见的词语,保留重要的词语,表达为

$$\text{TF-IDF}=\mathrm{TF}\cdot\mathrm{IDF} \tag{4-27}$$

利用 TF-IDF 值可以衡量文本内各个词对主题分类的重要程度,从而抽取高质量的文本特征词。在具体应用的过程中,不同词项的 IDF 值往往根据训练文本预先统计的结果获得,而 TF 值则在分类器推理时通过在线统计获得。

4.3　HMM(隐马尔可夫模型)及应用

在前面的讨论中,我们研究了利用贝叶斯方法进行分类器设计,将事物的类别视为产生观测现象的原因,并根据观察到的状态推理事物的类别。但是在 4.1 节和 4.2 节的讨论中,假设系统是时不变的,因此没有考虑系统状态之间的时间依赖。本节将利用贝叶斯方法讨论马尔可夫模型中的隐状态推理问题。马尔可夫模型(Markov model)是由俄国有机化学家 Vladimir V. Markovnikov 于 1870 年提出的统计学模型,广泛应用在语音识别、词性自动标注、音字转换、概率文法等各个自然语言处理等应用领域,在随机过程领域发挥着举足轻重的作用。

4.3.1　马尔可夫性

当一个随机过程在给定当前状态以及所有过去状态的情况下,如果其未来状态的条件概率密度分布仅依赖于当前状态,则称此随机过程具有马尔可夫性质,该随机过程也可以被称为马尔可夫过程。马尔可夫性意味着无后效性,即随机过程在已知现在状态的条件下,将来的状态只与现在的状态有关,而与过去的状态无关,即 $x(t+1)=f(X(t))$。生活中,生物基因的遗传、公司的经营状态都可认为具备马尔可夫性质。

4.3.2 马尔可夫链

时间和状态都离散的马尔可夫过程称为马尔可夫链，记作$\{X_n = X(n), n=0,1,2,\cdots\}$，$X(n)$即在时间集$T_1=\{0,1,2,\cdots\}$上对离散状态的过程相继观察的结果。链的状态空间记为$I=\{a_1,a_2,\cdots\}, a_i \in \mathbb{R}$。条件概率$P_{ij}(m,m+n)=P\{X_{m+n}=a_j \mid X_m=a_i\}$为马尔可夫链在时刻$m$处于状态$a_i$条件下，在时刻$m+n$转移到状态$a_j$的转移概率。由于链在时刻$m$从任何一个状态$a_i$出发，到另一时刻$m+n$，必然转移到$a_1,a_2,\cdots$状态中的某一个，所以有

$$\sum_{j=1}^{\infty} P_{ij}(m,m+n)=1 \quad i=1,2,\cdots \tag{4-28}$$

当$P_{ij}(m,m+n)$与m无关时，称马尔可夫链为**齐次马尔可夫链**，通常说的马尔可夫链都指齐次马尔可夫链。

4.3.3 转移概率矩阵

在离散参数马尔可夫链$X(t), t=t_0,t_1,\cdots,t_n$中，条件概率$P\{X(t_{m+1})=j \mid X(t_m)=i\}=p_{ij}(t_m)$称为$X(t)$在时刻$t_m$时由状态$i$一步转移到状态$j$的一步转移概率，简称转移概率。由一步转移概率构成的矩阵称为转移概率矩阵。图4-2和表4-1给出了应用转移概率矩阵描述天气变化的示意。

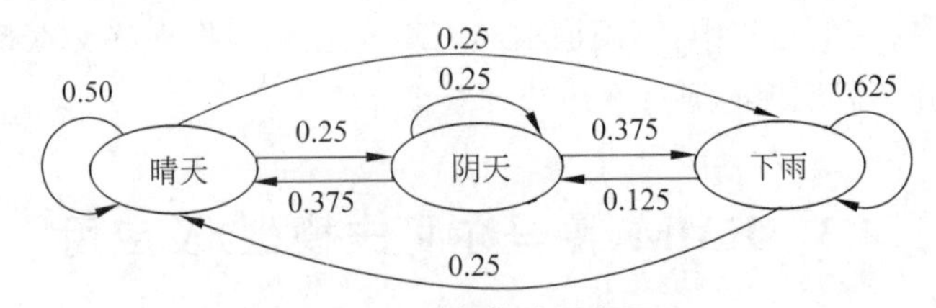

图 4-2 天气转移示意图

表 4-1 天气转移概率矩阵表

天气情况	天气情况		
	晴天	阴天	下雨
晴天	0.50	0.25	0.25
阴天	0.375	0.25	0.375
下雨	0.25	0.125	0.625

4.3.4 HMM(隐马尔可夫模型)及应用

1. HMM 的概念

隐马尔可夫模型(hidden Markov model，HMM)用于描述一个有隐含位置参数的马尔可夫过程，是马尔可夫链的一种。尽管HMM的隐状态不能直接观察到，但是能通过观测向量序列推理确定。这是由于每个观测向量是由一个具有相应概率密度分布的状态序列产生

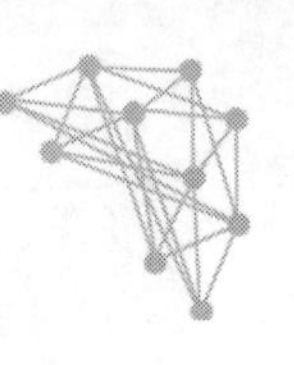

的，两者间具备一定的因果关系，因此HMM也是一个双重随机过程，由一条刻画状态转移的马尔可夫链与一个一般随机过程构成，其难点是从观测向量序列中确定该过程的隐含状态。

2. HMM的组成

HMM是一个双重随机过程，由以下两部分构成。

(1) 马尔可夫链：描述状态的转移，用转移概率 a_{kl} 描述。

(2) 一般随机过程：描述状态 k 与观察 b 间的关系，用观察值概率 $e_k(b)$ 描述。

图4-3是HMM的组成示意图。

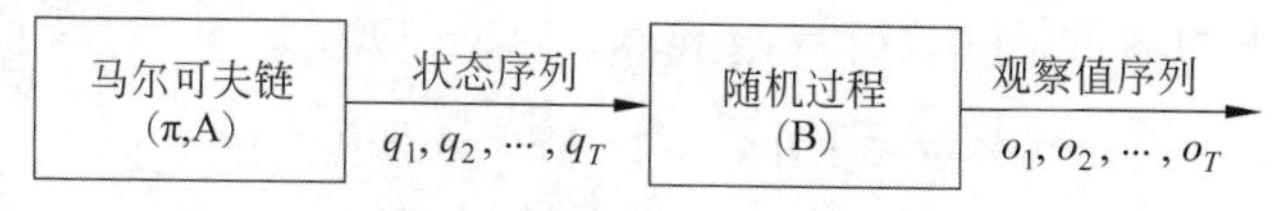

图4-3　HMM的组成示意图

3. HMM的实例

设有 N 个缸，如图4-4所示，每个缸中装有很多彩球，球的颜色由一组概率分布描述。实验过程如下。

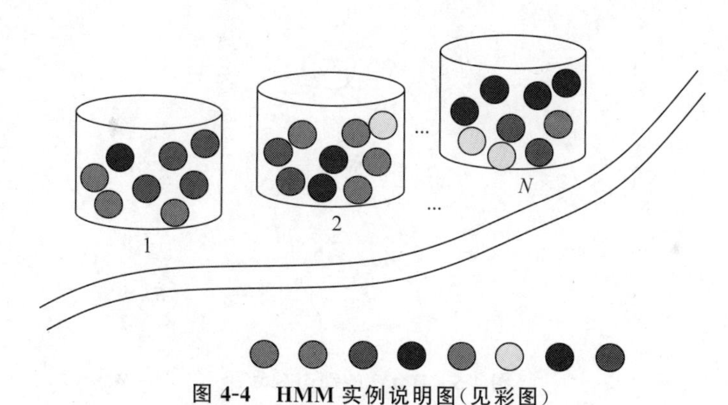

图4-4　HMM实例说明图(见彩图)

(1) 为不同的缸初始化一个概率分布。

(2) 根据步骤(1)初始化的概率分布从 N 个缸中随机选择一个缸。

(3) 根据缸中球颜色的概率分布随机选择一个球，记球的颜色为 o_1，并把球放回缸中。

(4) 重复步骤(2)～(3) K 次，结束实验。

在上述实验中，有以下几个要点需要注意。

(1) 每次取球时不能直接观察球是从哪个缸中被取出的。

(2) 从缸中选取的球的颜色和缸并不是一一对应的。

(3) 每次挑选的缸由一组转移概率确定。

完成上述实验后，最后能得到一个描述球的颜色的序列 $o_1, o_2, \cdots$，通常称之为观察值序列 o。而每次取球时从哪个缸中取球则是该过程的隐藏状态。HMM的任务是根据球颜色的观察值序列 o，推断每次取球时最可能选取的缸。

4. HMM的基本算法

HMM主要有Viterbi算法和前向-后向算法，一般来说，由Viterbi算法所得的是一条

最佳路径,根据该路径可直接得出对应每一观察值的状态序列;而前向-后向算法则利用贝叶斯后验概率计算序列中的值属于某一状态的概率,从而实现隐藏状态的推理。下面介绍这两种算法。

1) Viterbi 算法

Viterbi 算法采用动态规划的方法解决 HMM 问题,复杂度为 $O(K^2L)$,K 和 T 分别为状态个数和序列长度,下面介绍其求解过程。

(1) 初始化($i=0$):$v_0(0)=1, v_k(0)=0, k>0$。

(2) 递推($i=1,2,\cdots,T$):$v_l(i)=e_l(x_i)\max\limits_k(v_k(i-1)a_{kl})$,这里的 $v_l(i)$ 表示第 i 个观测在第 l 个隐状态下的输出。$\mathrm{ptr}_i(l)=\arg\max\limits_k(v_k(i-1)a_{kl}$。

(3) 终止:$p(x,\pi^*)=\max\limits_k(v_k(T)a_{k0}), \pi_L^*=\arg\max\limits_k(v_k(K)a_{k0}$。

(4) 回溯($i=1,2,\cdots,T$):$\pi_{i-1}^*=\mathrm{ptr}_i(\pi_i^*)$。

HMM 的动态规划图如图 4-5 所示。

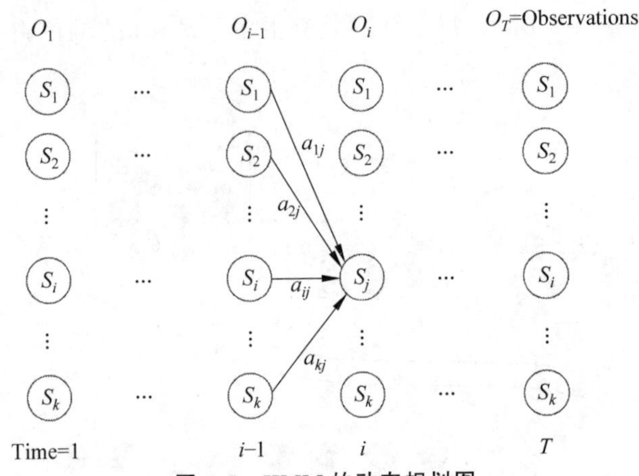

图 4-5 HMM 的动态规划图

2) 前向-后向算法

前向-后向算法利用贝叶斯方法建模观测序列-隐藏状态之间的关系,即

$$p(x,\pi_i)=P(x_1\cdots x_i,\pi_i=k)P(x_{i+1}\cdots x_L\mid\pi_i=k)=f_k(i)b_k(i) \tag{4-29}$$

式(4-29)刻画了某一时刻 HMM 所处的隐藏状态对整体观测序列的影响。根据式(4-29),只求解出任一时刻所有状态的前向变量 $f_k(i)$ 与后向变量 $b_k(i)$,便可以求解出任意时刻 HMM 最可能的隐藏状态,下面介绍其求解过程。

(1) 前向算法:动态规划,复杂度同 Viterbi。

定义前向变量:$f_k(i)=P(x_1,x_2,\cdots,x_i,\pi_i=k)$

初始化($i=0$):$f_0(0)=1, f_k(0)=0, k>0$

递推($i>0$):$f_l(i)=e_l(x_i)\sum\limits_k f_k(i-1)a_{k_l}$

终止:$p(x)=\sum\limits_k f_k(T)a_{k_0}$

(2) 后向算法:动态规划,复杂度同 Viterbi。

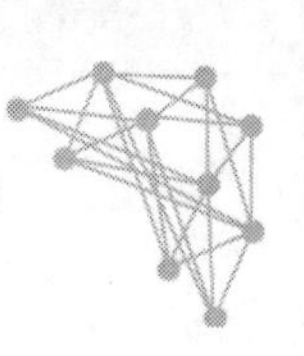

定义后向变量 $b_k(i)=P(x_{i+1}\cdots x_T \mid \pi_i=k)$

初始化($i=T$)：$b_k(T)=a_{k_0}, k=1,2,\cdots,K$

递推($i=T-1,T-2,\cdots,1$)：$b_k(i)=e_l(x_{i+1})\sum_k a_{k_1} b_l(i+1)$

终止：$P(x)=\sum_k a_{0_l} e_l(x_1) b_1(1)$

(3) 合并求解：$\pi^*=\underset{k}{\operatorname{argmax}} f_k(i) b_k(i)$。

值得强调的是，在实际问题建模的过程中，由于转移概率与状态输出概率往往难以直接获得，因此需要用若干观测序列采用 Baum-Welch 算法估计相关的概率结构，再应用 Viterbi 算法或贝叶斯前向-后向算法解码。

5. HMM 应用实例

假设你有 3 个好朋友 A、B、C，因为学习繁忙，每周只能抽出一天时间陪他们中的一个吃饭或看电影。娱乐活动结束后，你通常会发一条朋友圈表达喜悦，为了保护朋友的隐私，你不会在朋友圈里说明和谁出去玩，只会说今天玩了什么(吃饭/看电影)。这 3 个朋友并非完全相同，你对他们的好感度也有所区别。于是你在心中确定了陪伴这 3 位朋友的概率。

朋　友	A	B	C
概率	0.2	0.4	0.4

如果这周你陪伴了某个朋友，你很可能意犹未尽，下周还想和他一起玩，所以本周和谁玩还影响下周的选择。

本周/下周	A	B	C
A	0.5	0.2	0.3
B	0.3	0.5	0.2
C	0.2	0.3	0.5

这 3 个朋友的爱好有所区别，你在选择这周做什么的时候通常会顾及朋友的想法。因此你心里给出了陪不同朋友时会做什么的概率。

朋　友	吃　饭	看 电 影
A	0.5	0.5
B	0.4	0.6
C	0.7	0.3

在这个例子中，第一张表是没有任何干扰的情况下陪 3 个朋友出去的概率，是马尔可夫模型的初始状态向量。第二张表是在上周的影响下，本周陪朋友的概率，是模型的状态转移矩阵。第三张表是在某种状态下做某种事的概率，是模型的观测概率矩阵。这个例子就可以用隐马尔可夫模型进行表达。外界(只能看朋友圈)只能看到你这周做了什么(观测结果)，而不清楚你陪了哪位朋友(实际状态)。你的状态是隐藏在观测后面的，这就是隐马尔

可夫模型中“隐”的含义。

你的室友认识你的3个朋友，也知道你对他们的看法（知道上面三张表），但是你并不打算将你陪谁出去玩告诉室友，这引起了他们的好奇心。他们想根据朋友圈的信息和三张表推断出你每周都陪了谁。假设你的室友从朋友圈得知，你前三周分别去吃饭、看电影、吃饭。用标号0表示陪A朋友，用标号1表示陪B朋友，用标号2表示陪C朋友。标号0表示观测结果为“吃饭”，1表示观测结果为“看电影”。s表示初始状态向量。根据Viterbi（维特比）算法，首先通过动态规划方法求解该HMM问题。

第0周（$t=0$）：

$$v_0(0)=s_0e_0(0)=0.2\times 0.5=0.1$$

$$v_1(0)=s_2e_1(0)=0.4\times 0.4=0.16$$

$$v_2(0)=s_2e_2(0)=0.4\times 0.7=0.28$$

开始递推，第一周（$t=1$）：

$$v_0(1)=\max_{0\leqslant j\leqslant 2}(v_j(0)a_{j_0})e_0(1)=\max\{0.025,0.024,0.028\}=0.028$$

$$v_1(1)=\max_{0\leqslant j\leqslant 2}(v_j(0)a_{j_1})e_1(1)=\max\{0.012,0.048,0.0504\}=0.0504$$

$$v_2(1)=\max_{0\leqslant j\leqslant 2}(v_j(0)a_{j_2})e_2(1)=\max\{0.009,0.0096,0.042\}=0.042$$

第二周（$t=2$）：

$$v_0(2)=\max_{0\leqslant j\leqslant 2}(v_j(0)a_{j_0})e_0(0)=\max\{0.007,0.00756,0.0042\}=0.00756$$

$$v_1(2)=\max_{0\leqslant j\leqslant 2}(v_j(0)a_{j_1})e_1(0)=\max\{0.00224,0.01008,0.0504\}=0.01008$$

$$v_2(2)=\max_{0\leqslant j\leqslant 2}(v_j(0)a_{j_2})e_2(0)=\max\{0.00588,0.007056,0.0147\}=0.0147$$

根据Viterbi算法，考虑状态之间的转移，同时根据上述递推过程可以得到最优的状态路径：C—C—C，具体计算过程见如下公式。

$$\pi_2=2$$

$$\pi_1=\underset{0\leqslant j\leqslant 2}{\operatorname{argmax}}(v_j(1)a_{j2})=2$$

$$\pi_0=\underset{0\leqslant j\leqslant 2}{\operatorname{argmax}}(v_j(0)a_{j2})=2$$

4.4 总　　结

贝叶斯决策理论在机器学习、模式识别等诸多关注数据分析的领域都有极为重要的地位。贝叶斯学习作为机器学习领域的奠基性方法，从理论上展现了数据集与隐含假设之间的关系，以朴素直观的方式描述了机器学习系统的学习与泛化过程。为避免贝叶斯定理求解时面临的组合爆炸、样本稀疏问题，朴素贝叶斯分类器引入了属性条件独立性假设，尽管这样的假设在实际应用中很难成立，但是朴素贝叶斯在很多情况下都能获得相当好的性能。这一方面与任务的类型有关，比如任务的推理目标与属性特征之间有较强的因果关系；另一方面也可能是真实任务中的属性依赖相互抵消造成的。

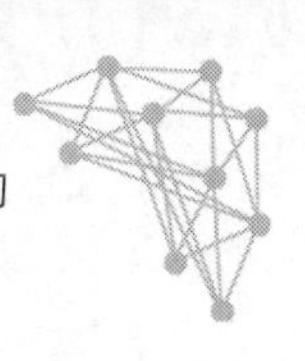

贝叶斯方法是很好的“由果溯因”的工具。可以根据观察到的事物现象推理其背后隐藏的系统状态。这使得在贝叶斯学习中，决策者虽然不能控制客观因素的变化，但却能以期望与分布概率的形式掌握各种变化引发的可能状况。现代社会的进步带来信息维度与数据量的迅速增长。人们不仅要重视信息的有效性，还需要关注应用信息的经济性。贝叶斯决策在早期文本分类系统中的优异表现使得人们能够在信息载体纷繁复杂的情况下高效准确地处理信息。贝叶斯方法让人们从不确定性中找到确定的因素，对后续工业界、学术界的技术研究产生了深远的影响。

课后习题

1. 贝叶斯分类器必须满足的先决条件有哪些？

2. 结合 4.3.4 节例题总结应用隐马尔可夫链解决实际问题的步骤。

3.假设在某个局部地区细胞识别中，ω_1 表示正常细胞，ω_2 表示异常细胞。两类的先验概率分别为正常状态：$P(\omega_1)=0.6$，异常状态：$P(\omega_2)=0.4$。现有一待识别细胞，其观测值为 x，从类条件概率密度分布曲线上查得 $P(x|\omega_1)=0.6$，$P(x|\omega_2)=0.2$。试基于最小错误概率准则的贝叶斯决策对该细胞进行分类。

第 5 章 支持向量机

引 言

分类作为数据挖掘领域中一项非常重要的任务，其目的是学会一个分类函数或分类模型（或分类器），而支持向量机本身就是一种监督式学习的方法，它广泛应用于统计分类及回归分析中。支持向量机（support vector machine，SVM）是 Vapnik 等于 1995 年首先提出的，它在解决小样本、非线性及高维模式识别中表现出许多特有的优势，并推广到人脸识别、行人检测、文本自动分类等其他机器学习问题中。支持向量机方法是建立在统计学习理论的 VC 维理论和结构风险最小原理基础上的，根据有限的样本信息在模型的复杂性和学习能力之间寻求最佳折中，以求获得最好的推广能力。

5.1 支持向量机概述

支持向量机是 20 世纪 90 年代中期发展起来的基于统计学习理论的一种机器学习方法，通过寻求结构化风险最小化提高学习机泛化能力，实现经验风险和置信范围的最小化，从而达到在统计样本量较少的情况下也能获得良好统计规律的目的。其基本模型定义为特征空间上的间隔最大的线性分类器，即支持向量机的学习策略便是间隔最大化，最终可转化为一个凸二次规划问题的求解。

5.1.1 margin 最大化

首先考虑两类线性可分的情况，如图 5-1 所示。两类训练样本分别为实心点与空心点，SVM 的最优分类面要求分类线不但能将两类正确分开，即训练错误率为 0，且使得分类间隔（margin）最大。在图 5-1(a)中，H 为把两类训练样本正确分开的分类线，H_1、H_2 为这两类训练样本中距离 H 最近，且平行于 H 的直线，则 margin 即为 H_1、H_2 之间的垂直距离。

设训练数据集为$(x_1,y_1),(x_2,y_2),\cdots,(x_n,y_n)$，$\boldsymbol{x}=(x_1,x_2,\cdots,x_n)\in\mathbb{R}^n$，$y\in\{+1,-1\}$。线性判别函数设为

$$g(\boldsymbol{x})=(\boldsymbol{w}^{\mathrm{T}}\boldsymbol{x})+b \tag{5-1}$$

其中，$\boldsymbol{w}^{\mathrm{T}}\boldsymbol{x}$ 为 $\boldsymbol{w}$ 与 $\boldsymbol{x}$ 的内积。分类面方程为$(\boldsymbol{w}^{\mathrm{T}}\boldsymbol{x})+b=0$。将判别函数进行归一化，使两类所有的样本都满足$|g(\boldsymbol{x})|\geqslant 1$，使 $y=-1$ 时，$g(\boldsymbol{x})\leqslant -1$；$y=1$ 时，$g(\boldsymbol{x})\geqslant 1$。其中，离分类

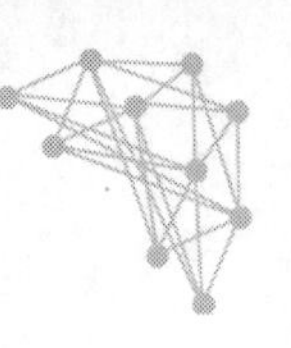

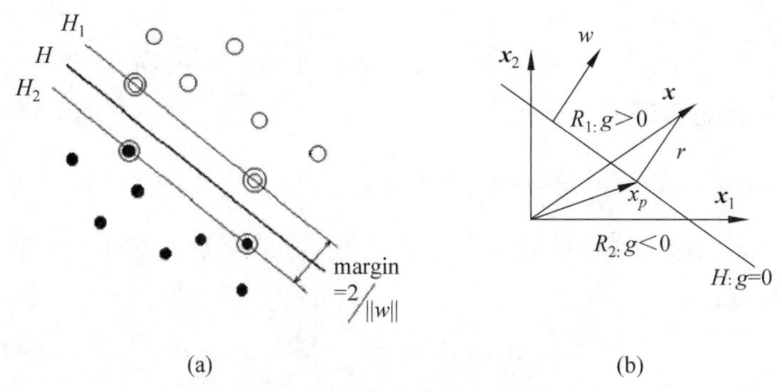

图 5-1　最优分类面示意图

面最近的样本的$|g(\boldsymbol{x})|=1$。通常,还可以定义$g(\boldsymbol{x})>0$时,$\boldsymbol{x}$被分为ω_1类;$g(\boldsymbol{x})<0$时,$\boldsymbol{x}$被分为ω_2类;$g(\boldsymbol{x})=0$时为决策面。设$\boldsymbol{x}_1,\boldsymbol{x}_2$是决策面上的两点,于是就有

$$\boldsymbol{w}^{\mathrm{T}}\boldsymbol{x}_1+b=\boldsymbol{w}^{\mathrm{T}}\boldsymbol{x}_2+b,\quad 即\ \boldsymbol{w}^{\mathrm{T}}(\boldsymbol{x}_1-\boldsymbol{x}_2)=0 \tag{5-2}$$

可以看出,$\boldsymbol{w}$与$\boldsymbol{x}_1-\boldsymbol{x}_2$正交,$\boldsymbol{x}_1-\boldsymbol{x}_2$即决策面的方向,所以$\boldsymbol{w}$就是决策面的法向量。

我们的目标是求分类间隔最大的决策面,首先表示出分类间隔 margin。空间任意$\boldsymbol{x}$(见图 5-1)可表示为

$$\boldsymbol{x}=\boldsymbol{x}_p+r\frac{\boldsymbol{w}}{\|\boldsymbol{w}\|} \tag{5-3}$$

在式(5-3)中,$\boldsymbol{x}_p$是$\boldsymbol{x}$在H上的投影向量(见图 5-1(b)),r是x到H的垂直距离。$\frac{\boldsymbol{w}}{\|\boldsymbol{w}\|}$表示$\boldsymbol{w}$方向上的单位向量,将式(5-3)代入式(5-1)中,可得

$$g(\boldsymbol{x})=\boldsymbol{w}^{\mathrm{T}}\left(\boldsymbol{x}_p+r\frac{\boldsymbol{w}}{\|\boldsymbol{w}\|}\right)+\boldsymbol{b}_0=\boldsymbol{w}^{\mathrm{T}}\boldsymbol{x}_p+\boldsymbol{b}_0+r\frac{\boldsymbol{w}^{\mathrm{T}}\boldsymbol{w}}{\|\boldsymbol{w}\|}=r\|\boldsymbol{w}\| \tag{5-4}$$

$\boldsymbol{w}^{\mathrm{T}}\boldsymbol{x}_p+b=0$,则$r$表示为

$$r=\frac{|g(\boldsymbol{x})|}{\|\boldsymbol{w}\|} \tag{5-5}$$

由以上分析可知,距离分类面最近的样本满足$|g(\boldsymbol{x})|=1$,这样分类间隔就为

$$\text{margin}=2r=\frac{2}{\|\boldsymbol{w}\|} \tag{5-6}$$

因此,若要求 margin 的值最大,即求$\|\boldsymbol{w}\|$或$\|\boldsymbol{w}\|_2$的最小值。

5.1.2　支持向量机优化

因为要求所有训练样本正确分类,即需要满足如下的条件:

$$y_i[(\boldsymbol{w}^{\mathrm{T}}\boldsymbol{x})+b]-1\geqslant 0,\quad i=1,2,\cdots,n \tag{5-7}$$

在以上条件下,求使$\|\boldsymbol{w}\|^2$最小的分类面。而H_1、H_2上的训练样本就是式(5-7)中等号成立的那些样本,叫作支持向量(support vector),在图 5-1(a)中用圆圈标记。所以,最优分类面问题可以表示为如下的约束优化问题:

$$\text{Min}\Phi(\boldsymbol{w})=\frac{1}{2}\|\boldsymbol{w}\|^2=\frac{1}{2}(\boldsymbol{w}^{\mathrm{T}}\boldsymbol{w}) \tag{5-8}$$

约束条件为

$$y_i[(\boldsymbol{w}^{\mathrm{T}}\boldsymbol{x})+b]-1\geqslant 0,\quad i=1,2,\cdots,n$$

构造 Lagrange 函数，即

$$L(\boldsymbol{w},b,a)=\underset{w}{\mathrm{Min}}\underset{a}{\mathrm{Max}}\frac{1}{2}\|\boldsymbol{w}\|^2-\sum_{i=1}^{n}a_i(y_i((\boldsymbol{x}_i,\boldsymbol{w})+b)-1) \tag{5-9}$$

其中，a_i 为 Lagrange 系数，这里就对 $\boldsymbol{w}$ 和 b 求 Lagrange 函数的极小值。将 L 对 $\boldsymbol{w}$ 求偏导数，并令其等于 $\mathbf{0}$，可得

$$\nabla_w L(\boldsymbol{w},b,a)=\boldsymbol{w}-\sum a_i y_i \boldsymbol{x}_i=\mathbf{0}$$

得出

$$\boldsymbol{w}^*=\sum a_i y_i \boldsymbol{x}_i \tag{5-10}$$

将式(5-10)代入 L 的方程，就得到了 L 关于 $\boldsymbol{w}$ 的最优解，即

$$L(\boldsymbol{w}^*,b,a)=-\frac{1}{2}\sum_i\sum_j a_i a_j y_i y_j(\boldsymbol{x}_i^{\mathrm{T}}\boldsymbol{x}_j)-\sum_i a_i y_i b+\sum_i a_i \tag{5-11}$$

再对 b 求偏导，即

$$\nabla_b L(\boldsymbol{w},b,a)=\sum_i a_i y_i=0 \tag{5-12}$$

将式(5-12)代入 L 关于 $\boldsymbol{w}$ 的最优解，就可以得到 L 关于 $\boldsymbol{w}$ 和 b 的最优解，即

$$L(\boldsymbol{w}^*,b^*,a)=-\frac{1}{2}\sum_i\sum_j a_i a_j y_i y_j(\boldsymbol{x}_i^{\mathrm{T}}\boldsymbol{x}_j)+\sum_i a_i \tag{5-13}$$

下面寻找原始问题的对偶问题并求解，原始问题的对偶问题为

$$\begin{gathered}\mathrm{Max}\ Q(a)=-\frac{1}{2}\sum_i\sum_j a_i a_j y_i y_j(\boldsymbol{x}_i^{\mathrm{T}}\boldsymbol{x}_j)+\sum_i a_i\\ \mathrm{s.t.}\sum_{i=1}^{n}a_i y_i=0,\quad a_i\geqslant 0,i=1,2,\cdots,n\end{gathered} \tag{5-14}$$

若 a_i^* 为最优解，则可求得

$$\boldsymbol{w}^*=\sum_{i=1}^{n}a_i^* y_i \boldsymbol{x}_i \tag{5-15}$$

可以看出，这是不等式约束的二次函数极值问题，满足 KKT (karush-kuhn-tucker)条件。这样，使得式(5-15)最大化的 $\boldsymbol{w}^*$ 和 b^* 需要满足

$$\sum_{i=1}^{n}a_i(y_i[(\boldsymbol{w}^{\mathrm{T}}\boldsymbol{x})+b]-1)=0 \tag{5-16}$$

而对于多数样本，它们不在离分类面最近的直线上，即 $y_i[(\boldsymbol{w}^{\mathrm{T}}\boldsymbol{x}_i)+b]-1>0$，从而一定有对应的 $a_i=0$，也就是说，只有在边界上的数据点(支持向量)才满足

$$\begin{gathered}y_i[(\boldsymbol{w}^{\mathrm{T}}\boldsymbol{x})+b]-1=0\\ a_i\neq 0,i=1,2,\cdots,n\end{gathered} \tag{5-17}$$

它们只是全体样本中很少的一部分，相对于原始问题大幅减少了计算的复杂度。最终求得上述问题的最优分类函数，即

$$f(\boldsymbol{x})=\mathrm{sgn}\{(\boldsymbol{w}^{*\mathrm{T}}\boldsymbol{x})+b^*\}=\mathrm{sgn}\left\{\sum a_i{}^* y_i(\boldsymbol{x}_i^{\mathrm{T}}\boldsymbol{x})+b^*\right\} \tag{5-18}$$

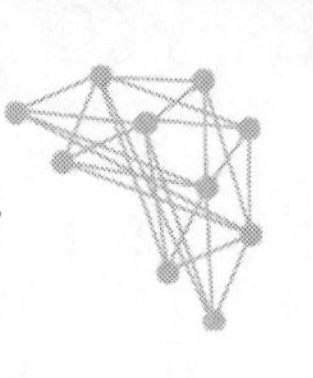

其中，sgn()为符号函数。由于非支持向量对应的 a_i 都为 0，因此式(5-18)中的求和实际上只对支持向量进行。b^* 是分类的阈值，可以由任意一个支持向量用式(5-16)求得。这样就求得了在两类线性可分情况下的 SVM 分类器。然而，并不是所有的两类分类问题都是线性可分的。对于非线性问题，SVM 设法将它通过非线性变换转化为另一空间中的线性问题，在这个变换空间求解最优的线性分类面。而这种非线性变换可以通过定义适当的内积函数，即核函数实现。目前得到的常用核函数主要有多项式核、径向基核以及 Sigmoid 核，其参数的选择对最终的分类效果也有较大影响。也就是说，以前新来的要分类的样本首先根据 $\boldsymbol{w}$ 和 b 做一次线性运算，然后看求的结果是大于 0 还是小于 0，由此判断是正例还是负例。现在有了 a_i，不需要求出 $\boldsymbol{w}$，只将新来的样本和训练数据中的所有样本做内积和即可。从 KKT 条件中得到，只有支持向量的 $a_i>0$，其他情况 $a_i=0$。因此，只求新来的样本和支持向量的内积，然后运算即可。

核函数概念的提出使 *SVM* 完成了向非线性分类的转变。观察图 5-2，把横轴上端点 a 和 b 之间红色部分里的所有点定为正类，两边的黑色部分里的点定为负类。试问，能找到一个线性函数用来把两类正确分开么？答案是不能，因为二维空间里的线性函数就是直线，显然找不到符合条件的直线。但可以找到一条曲线，如图 5-3 中的这条曲线。

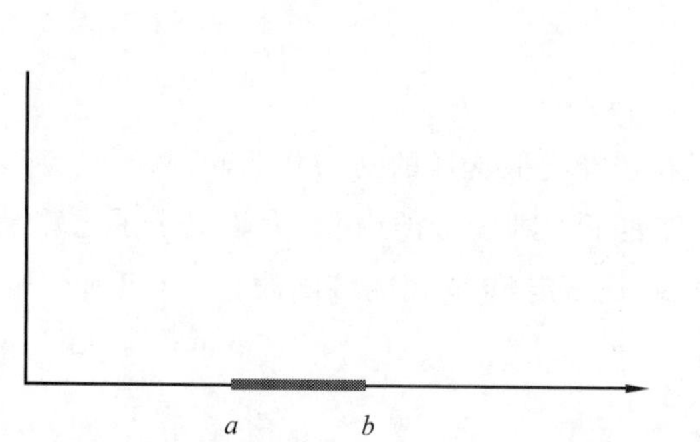

图 5-2　二维空间线性不可分的例子(见彩图)

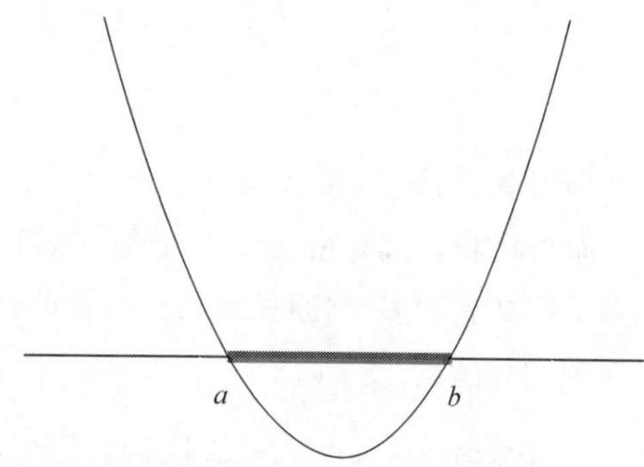

图 5-3　二维空间核函数举例

显然，通过点在这条曲线的上方还是下方就可以判断点所属的类别。这条曲线就是大家熟知的二次曲线，它的函数表达式可以写为

$$g(\boldsymbol{x})=c_0+c_1\boldsymbol{x}+c_2\boldsymbol{x}^2$$

那么，首先需要将特征 $\boldsymbol{x}$ 扩展到三维$(1,x,x^2)$，然后寻找特征和结果之间的模型。通常将这种特征变换称作特征映射(feature mapping)。映射函数称作 $\Phi()$，在这个例子中，

$\Phi(\boldsymbol{x})=\begin{bmatrix}1\\x\\x^2\end{bmatrix}$，我们希望将得到的特征映射后的特征应用于 SVM 分类，而不是最初的特征。

这样，需要将前面 $\boldsymbol{w}^{\mathrm{T}}\boldsymbol{x}+b$ 公式中的内积从$<x^{(i)},\boldsymbol{x}>$映射到$<\Phi(x^{(i)}),\Phi(\boldsymbol{x})>$。由式(5-15)可知，线性分类用的是原始特征的内积$<x^{(i)},\boldsymbol{x}>$，在非线性分类时只选用映射后的内积即可，至于选择何种映射，需要根据样本特点和分类效果选择。

然而，为了进行非线性分类，特征映射后会使维度大幅增加，对运算速度是一个极大的

挑战，而核函数很好地解决了这个问题。将核函数形式化定义，如果原始特征内积是 $<\boldsymbol{x},\boldsymbol{z}>$，映射后为 $<\Phi(\boldsymbol{x}),\Phi(\boldsymbol{z})>$，那么定义核函数(kernel)为 $k(\boldsymbol{x},\boldsymbol{z})=\Phi(\boldsymbol{x})^{\mathrm{T}}\Phi(\boldsymbol{z})$。下面举例说明这个定义的意义。令 $K(\boldsymbol{x},\boldsymbol{z})=(\boldsymbol{x}^{\mathrm{T}}\boldsymbol{z})^2$，展开后得到

$$
\begin{aligned}
K(\boldsymbol{x},\boldsymbol{z})=(\boldsymbol{x}^{\mathrm{T}}\boldsymbol{z})^2 &= \left(\sum_{i=1}^{m} x_i z_i\right)\left(\sum_{j=1}^{m} x_j z_j\right)=\sum_{i=1}^{m}\sum_{j=1}^{m} x_i y_j z_i z_j \\
&= \sum_{i=1}^{m}\sum_{j=1}^{m}(x_i x_j)(z_i z_j)=\Phi(\boldsymbol{x})^{\mathrm{T}}\Phi(\boldsymbol{z})
\end{aligned} \tag{5-19}
$$

这里的 $\Phi()$ 指的是如下的映射(维数 $n=3$ 时)：

$$
\Phi(\boldsymbol{x})=\begin{bmatrix} x_1x_1 \\ x_1x_2 \\ x_1x_3 \\ x_2x_1 \\ x_2x_2 \\ x_2x_3 \\ x_3x_1 \\ x_3x_2 \\ x_3x_3 \end{bmatrix}
$$

也就是说，核函数 $K(\boldsymbol{x},\boldsymbol{z})=(\boldsymbol{x}^{\mathrm{T}}\boldsymbol{z})^2$ 只能在选择类似这样的 $\Phi()$ 作为映射才等价于映射后特征的内积。此处用三维向量的核函数代表了九维向量的内积，大幅减小了运算量。核函数的形式有很多，判断核函数有效性的是 Mercer 定理，常用的核函数有以下几种。

多项式核函数：$K(\boldsymbol{x},\boldsymbol{z})=[\boldsymbol{x}^{\mathrm{T}}\boldsymbol{z}+1]^q$，

径向基函数：$K(\boldsymbol{x},\boldsymbol{z})=\exp\left(-\dfrac{|\boldsymbol{x}-\boldsymbol{z}|^2}{\sigma^2}\right)$，

S 形函数：$K(\boldsymbol{x},\boldsymbol{z})=\tanh(v(\boldsymbol{x}^{\mathrm{T}}\boldsymbol{z})+c)$。

对核函数进行概括，即不同的核函数用原始特征不同的非线性组合拟合分类曲面。SVM 还有一个问题，回到线性分类器，在训练线性最小间隔分类器时，如果样本线性可分，则可以得到正确的训练结果；但如果样本线性不可分，那么目标函数无解，会出现训练失败。而在实际应用中，这种现象是很常见的，所以 SVM 引入了松弛变量，即

$$
\begin{aligned}
&\Phi(\boldsymbol{w},\xi)=\frac{1}{2}\|\boldsymbol{w}\|^2+c\sum_{i=1}^{l}\xi \\
&\boldsymbol{w}^{\mathrm{T}}\boldsymbol{x}_i+b\geqslant+1-\xi_i \qquad y_i=+1 \\
&\boldsymbol{w}^{\mathrm{T}}\boldsymbol{x}_i+b\leqslant-1+\xi_i \qquad y_i=-1 \\
&\xi_i\geqslant 0 \quad \forall i
\end{aligned}
$$

c 值有明确的含义：选取大的 c 值，意味着更强调最小化训练错误。非线性分类有相同的做法，这里不再赘述。

5.2 支持向量机的实例

目前,关于支持向量机的研究,除理论研究外,主要集中在对它和一些已有方法进行实验对比研究。比如,贝尔实验室利用美国邮政标准手写数字库进行的对比实验,每个样本数字都是 16×16 的点阵(即 256 维),训练集共有 7300 个样本,测试集有 2000 个样本。表 5-1 是用人工和几种传统方法得到的分类器的测试结果,其中两层神经网络的结果是取多个两层神经网络中的较好者,而 LeNet 1 是一个专门针对这个手写数字识别问题设计的五层神经网络。

表 5-1 传统方法对美国邮政手写数字库的识别结果

分 类 器	测试错误率/%	分 类 器	测试错误率/%
人工分类	2.5	两层神经网络	5.9
决策树方法	16.2	LeNet 1	5.1

3 种支持向量机的实验结果见表 5-2。

表 5-2 3 种支持向量机的实验结果

支持向量机类型	内积函数中的参数	支持向量个数	测试错误率/%
多项式内积	$q=3$	274	4.0
径向基函数内积	$\sigma^2=0.3$	291	4.1
Sigmoid 内积	$b=2, c=1$	254	4.2

这个实验一方面初步说明了 SVM 方法较传统方法有明显的优势,也说明了不同的 SVM 方法可以得到性能相近的结果(不像神经网络那样十分依赖对模型的选择)。另外,实验中还得到 3 种不同的支持向量机,最终得出的支持向量只是总训练样本中很少的一部分,而且 3 组支持向量中有 80%以上是重合的,也说明支持向量本身对不同的方法具有一定的不敏感性。遗憾的是,这些结论目前都仅仅是有限实验中观察到的现象,如果能够证明它们确实是正确的,将会使支持向量机的理论和应用有巨大的突破。此外,支持向量机有一些免费软件,如 LibSVM、SVM^{light}、bSVM、mySVM、MATLAB SVM toolbox 等。其中,LibSVM 是台湾大学林智仁(Lin Chih-Jen)教授等开发设计的一个简单、易于使用和快速有效的 SVM 模式识别与回归的软件包,它不仅提供了编译好的可在 Windows 系统上执行的文件,还提供了源代码。

5.3 支持向量机的实现算法

下面用台湾大学林智仁教授所做的 SVM 工具箱做一个简单的分类,这个工具箱能够给出分类的精度和每类的支持向量,但是用 MATLAB 工具箱不能画出分类面,用训练样本点作为输入来测试模型的性能试验程序和结果,如图 5-4 所示。

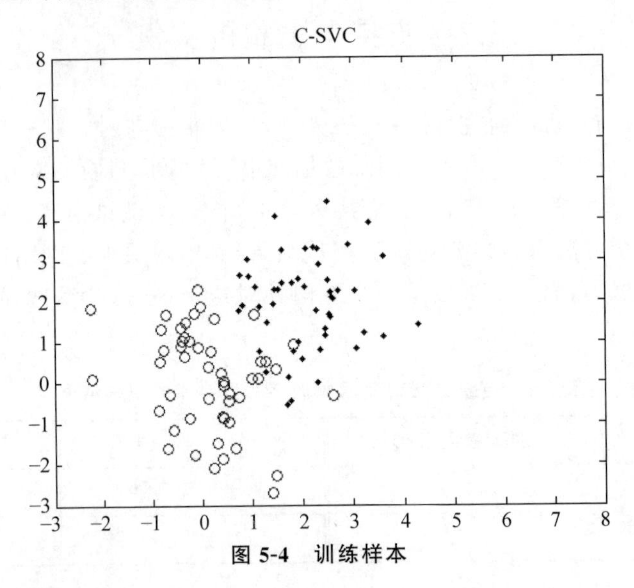

图 5-4　训练样本

测试样本如图 5-5 所示。

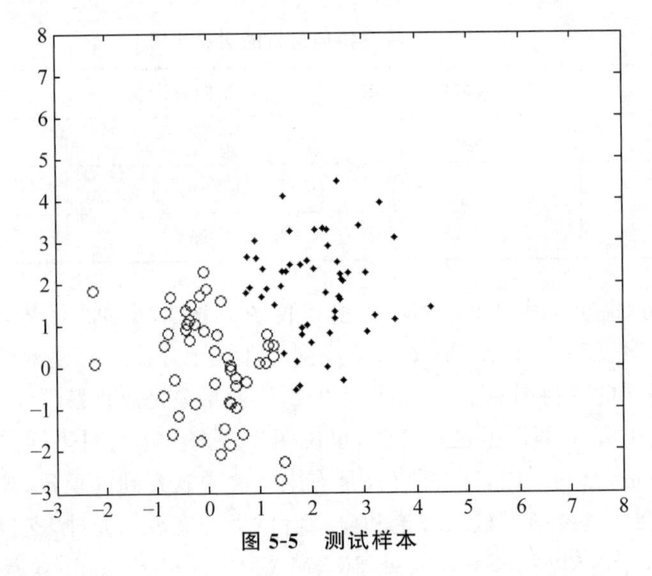

图 5-5　测试样本

分类器分类代码如下。

```
N=50;
n=2 * N;
x1=randn(2,N);
y1=ones(1,N);
x2=2+randn(2,N);
y2=-ones(1,N);
figure;
plot(x1(1,:),x1(2,:),'o',x2(1,:),x2(2,:),'k.');
```

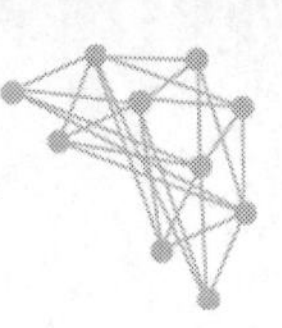

```
axis([-3 8 -3 8]);
title('C-SVC')
hold on;
X1=[x1,x2];
Y1=[y1,y2];
X=X1';
Y=Y1';

model=svmtrain(Y,X)
Y_later=svmpredict(Y,X,model);
%C1num=sum(Y_later>0);
%C2num=2 * N-C1num;
%
%x3=zeros(2,C1num)
%x4=zeros(2,C2num)

figure;
for i=1:2 * N
    if Y_later(i) > 0
        plot(X1(1,i),X1(2,i),'o');
        axis([-3 8 -3 8]);
        hold on
    else
        plot(X1(1,i),x1(2,i),'k.');
        hold on
    end
end
```

进一步,关于最优和广义最优分类面的推广能力,有下面的结论。如果一组训练样本能够被一个最优分类面或广义最优分类面分开,则对于测试样本,分类错误率的期望的上界是训练样本中平均的支持向量占总训练样本数的比例,即

$$E(P(\text{error})) \leqslant \frac{E[\text{支持向量机}]}{\text{训练样本总数}-1} \tag{5-20}$$

因此,支持向量机的推广性与变换空间的维数也是无关的。只要能够适当地选择一种内积定义,构造一个支持向量数相对较少的最优或广义最优分类面,就可以得到较好的推广性。在这里,统计学习理论使用了与传统方法完全不同的思路,即不像传统方法那样首先试图将原输入空间降维(即特征选择和特征变换),而是设法将输入空间升维,以求在高维空间中问题变得线性可分(或接近线性可分);因为升维后只是改变了内积运算,并没有使算法复杂性随着维数的增加而增加,而且在高维空间中的推广能力并不受维数影响,因此这种方法才是可行的。

5.4　多类支持向量机

SVM 最初是为两类问题设计的,当处理多类问题时,就需要构造合适的多类分类器。目前,构造 SVM 多类分类器的方法主要有两种：一种是直接法,通过对原始最优化问题进行适当改变，从而同时计算出所有分类决策函数，这种方法看似简单，但其计算复杂度比较高，实现起来比较困难，只适用于小型问题；另一类是间接法，主要通过组合多个二分类器实现多分类器的构造，常见的方法有一对多法和一对一法两种。

(1) 一对多法(one-versus-rest，OVR)SVM。每次训练时，把指定类别的样本归为一类，其他剩余的样本归为另一类，这样 N 个类别的样本就构造出 N 个 SVM 分类器。对未知样本进行分类时，具有最大分类函数值的那一类作为其归属类别。

(2) 一对一法(one-versus-one，OVO)SVM。这种方法是在任意两类样本之间设计一个 SVM 分类器，因此 N 个类别的样本就需要设计 $N(N-1)/2$ 个 SVM 分类器。当对未知样本进行分类时，使用"投票法"，最后得票最多的类别即该未知样本的类别。

5.5 总　　结

SVM 以统计学习理论作为坚实的理论依据，它有很多优点：基于结构风险最小化，克服了传统方法的过学习(overfitting)和陷入局部最小的问题，具有很强的泛化能力；采用核函数方法，向高维空间映射时并不增加计算的复杂性，又有效地克服了维数灾难(curse of dimensionality)问题。同时，目前的 SVM 研究也有下面的局限性。

(1) SVM 的性能很大程度上依赖于核函数的选择，但没有很好的方法指导针对具体问题的核函数选择。

(2) 训练测试 SVM 的速度和规模是另一个问题，尤其是对实时控制问题，速度是一个对 SVM 应用限制很大的因素；针对这个问题，Platt 和 Keerthi 等分别提出 SMO(Sequential Minimal Optimization)和改进的 SMO 方法，但还值得进一步研究。

(3) 现有 SVM 理论仅讨论具有固定惩罚系数 c 的情况，而实际上正、负样本的两种误判造成的损失往往是不同的。

课后习题

1. 支持向量机的基本思想和原理分别是什么？为什么要引入核函数？

2. 试分析支持向量机对缺失数据和噪声敏感的原因。

3. 比较感知机的对偶形式与线性可分支持向量机的对偶形式。

4. 已知正例点 $\boldsymbol{x}_1=(1,2)^{\mathrm{T}}$，$\boldsymbol{x}_2=(2,3)^{\mathrm{T}}$，$\boldsymbol{x}_3=(3,3)^{\mathrm{T}}$，负例点 $\boldsymbol{x}_4=(2,1)^{\mathrm{T}}$，$\boldsymbol{x}_5=(3,2)^{\mathrm{T}}$，试求最大间隔分离超平面和分类决策函数，并在图上画出分离超平面、间隔边界及支持向量。

第 6 章　AdaBoost

引　言

在机器学习中，决策树是一个预测模型，它代表的是对象属性与对象值之间的一种映射关系，是一种依托于分类、训练上的预测树，自提出以来一直被誉为机器学习与数据挖掘领域的经典算法。模型组合（如 Boosting、Bagging 等）与决策树相结合的算法比较多，这些算法最终的结果是生成 N（可能会有几百以上）棵树，这样可以大幅减少单决策树带来的弊病，有点类似于三个臭皮匠顶个诸葛亮的做法。虽然这几百棵决策树中的每一棵相对于 C4.5 这种单决策树来说都很简单，但是他们组合起来却是很强大的。模型组合与决策树相结合的算法有两种比较基本的形式，即 AdaBoost 与随机森林，其中 AdaBoost 是 Boosting 的典型代表，随机森林是 Bagging 的典型代表，其他比较新的算法都来自这两种算法的延伸。无论是单决策树还是经过模型组合的衍生算法，都同时具有分类和回归两方面的应用，本章将主要针对在分类中的应用介绍 AdaBoost 和随机森林这两种基于决策树的经典算法的基本原理、实现及应用。

6.1　AdaBoost 与目标检测

6.1.1　AdaBoost 算法

俗话说，“三个臭皮匠顶个诸葛亮”“失败乃成功之母”，AdaBoost 算法的基本思想就是将大量分类能力一般的弱分类器通过一定方法叠加（Boost）起来，构成一个分类能力很强的强分类器，如式(6-1)所示。

$$F(\boldsymbol{x})=a_1f_1(\boldsymbol{x})+a_2f_2(\boldsymbol{x})+a_3f_3(\boldsymbol{x})+\cdots \tag{6-1}$$

其中，$\boldsymbol{x}$ 是特征向量，$f_1(\boldsymbol{x}),f_2(\boldsymbol{x}),f_3(\boldsymbol{x})\cdots$ 是弱分类器，即“臭皮匠”，$\alpha_1,\alpha_2,\alpha_3\cdots$ 是权重，$F(\boldsymbol{x})$ 是强分类器。

如图 6-1 所示，图 6-1(a)中有一些待分类的样本，每个样本，即数据点，都有一个类标签和一个权重，其中红色点代表 +1 类，黄色点代表 −1 类，权重均为 1。图 6-1(b)中，直线代表一个简单的二值分类器。图 6-1(c)中，通过调整阈值得到了一个错误率最低的二值分类器，这个弱分类器的分类能力比随机分类器强。图 6-1(d)中更新了样本的权值，即增大了被错误分类样本的权值，$\omega_t \leftarrow \omega_t \exp\{-y_tH_t\}$，这样便得到一个新的数据分布。图 6-1(e)～(g)根

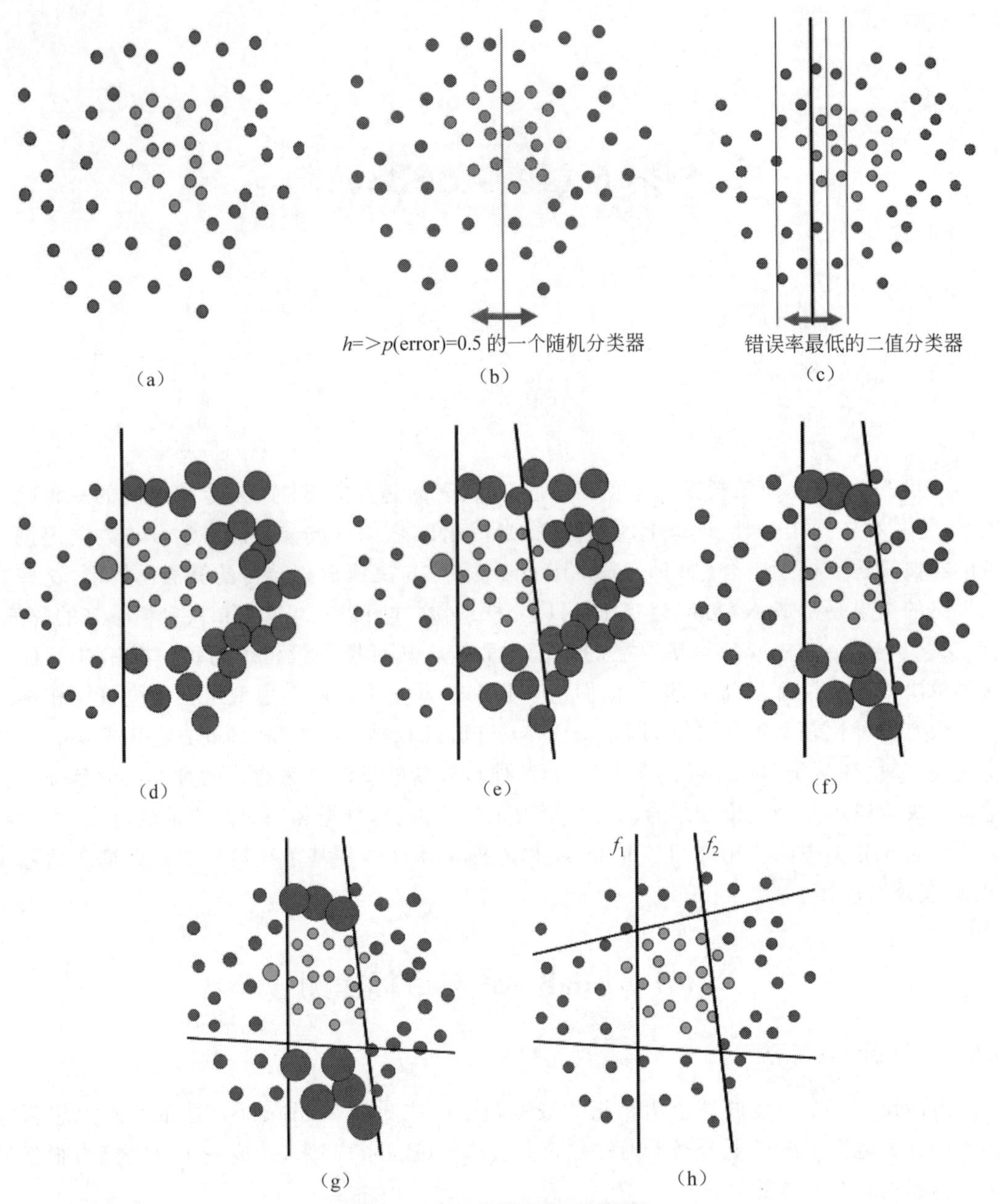

图 6-1　强分类器示例(见彩图)

据新的数据分布,寻找错误率最低的二值分类器,重复以上过程,将弱分类器不断加入强分类器中,得到图 6-1(h)中的强分类器。这个强的线性分类器是弱的线性分类器的并联,其算法描述如下。

已知有 n 个训练样本$(x_1,y_1),\cdots,(x_n,y_n)$的训练集,其中 $y_i=\{-1,+1\}(i=1,2,\cdots,n)$对应样本的假和真。在训练样本中共有 M 个负样本、L 个正样本,待分类物体有 K 个简单特征,表示为 $f_j(\cdot)$,其中 $1\leqslant j\leqslant K$。对于第 i 个样本 x_i,它的 K 个特征的特征值为$\{f_1(x_i),f_2(x_i),\cdots,f_K(x_i)\}$,每个输入的特征的特征值 f_j 都有一个简单二值分类器。第

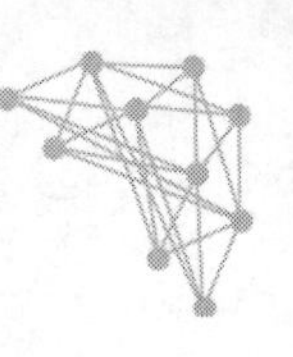

j 个特征的弱分类器由一个阈值θ_j、一个特征值 f_j 和一个指示不等式方向的偏置 p_j（只有 1 和 -1 两种情况）构成，即

$$h_j = \begin{cases} 1, & p_j f_f \leqslant p_j \theta_j \\ -1, & \text{其他} \end{cases} \tag{6-2}$$

$h_j = 1$ 表示第 j 个特征判断此样本为真样本，反之则判断为假样本。训练目标是通过对判断得出的真、假样本进行分析，选择分类错误率最低的 T 个弱分类器，最终优化组合成一个强分类器。

6.1.2 AdaBoost 训练

AdaBoost 训练基于 n 个给定学习样本$(x_1, y_1), \cdots, (x_n, y_n)$，其中 $x_i \in X, y_i \in Y = \{-1, +1\}$，设 n 个样本中有 M 个负样本、L 个正样本。设 $D_{t,i}$ 为第 t 次循环中第 i 个样本的误差权重，对训练样本的误差权重按如下公式初始化：对于 $y_i = -1$ 的样本，$D_{1,i} = 1/(2M)$；对于 $y_i = 1$ 的样本，$D_{1,i} = 1/(2L)$。

$$\text{for} \quad t = 1, 2, \cdots, T$$

(1) 归一化，使得 $D_{t,i}$ 为 $D_{t,i} \leftarrow D_{t,i} \Big/ \sum_{j=1}^{n} D_{t,j}$，$D_{t,i}$是一个概率分布。

(2) 对于每个特征 j，训练出其弱分类器 h_j，也就是确定阈值 θ_j 和偏置 p_j，使得特征 j 的误差函数值$\varepsilon_j = \sum_{i=1}^{n} D_{t,i} |h_j(x_i) - y_i|$在本次循环中最小。

(3) 从步骤(2)确定的所有弱分类器中找出一个具有最小误差函数的弱分类器 h_t，其误差函数为 $\varepsilon_t = P_{ri \sim Di}[h_j(x_i \neq y_i)] = \sum_{i=1}^{n} D_{t,i} |h_j(x_i) - y_i|$，并把该弱分类器 h_t 加入强分类器中。

(4) 更新每个样本所对应的权值，$D_{t+1,i} = D_{t,i} \beta_t^{1-e_i}$，确定 e_i 的方法为：若第 i 个样本 x_i 被正确分类，则 $e_i = 0$；反之，$e_i = 1$，$\beta_t = \varepsilon_t / (1 - \varepsilon_t)$。

经过 T 轮训练后，可以得到由 T 个弱分类器并联形成的强分类器，即

$$H_{\text{final}}(x) = \text{sgn}\left(\sum_{t=1}^{T} \alpha_t h_t(x)\right) = \begin{cases} 1, & \sum_{t=1}^{T} \alpha_t h_t(x) \geqslant 0.5 \sum_{t=1}^{T} \alpha_t \\ -1, & \text{其他} \end{cases} \tag{6-3}$$

其中，$\alpha_t = \log(1/\beta_t)$，$\alpha_t$ 是弱假设(弱分类器)。$H_{\text{final}}(x)$是最终假设，是 T 个弱假设 h_t 的权重α_t 投票得出的硬假设。ε_t 是 h_t 的训练误差，D_t 是 h_t 的概率分布。

弱学习器是寻找一个对于概率分布 D_t 适当的弱学习假设 $h_t: X \rightarrow \{-1, +1\}$，弱假设的适应度由它的误差度量 $\varepsilon_t = P_{ri \sim Di}[h_j(x_i \neq y_i)]$。误差 ε_t 与弱学习器上的分布 D_t 有关。在实践中，弱学习器由训练样本上的权重 D_t 计算。一旦 h_t 成立，AdaBoost 就选择一个参数 β_t(见步骤(4))，β_t 直接与α_t 相关，而 α_t 是 h_t 的权重。若 $\varepsilon_t \leqslant 1/2$，则$\frac{\varepsilon_t}{1-\varepsilon_t} < 1$，$\beta_t < 1$，即正确分类的样本权重变小了，并且 ε_t 越小，β_t 就越小；同时，$\alpha_t \geqslant 0$，并且 ε_t 越小，α_t 越大。

初始化时，所有权值均被设置为相等。每次循环后，样本的权值被重新分配，被错误分

类的样本权重增加，而正确分类样本的权重减少。这样做的目的是对前一级中被错误分类的样本进行重点学习，强分类器由各个弱分类器权重的线性组合投票得出，并最终由一个阈值决定。

下面讨论 AdaBoost 的一些性质。我们关心的不是训练集的误差，而是测试集的误差。那么，随着训练次数的增多，会不会出现过拟合？是不是如 Occam's razor 所说，简单的就是最好的？实际上，经典意义下的结果如图 6-2 所示，这是在 Letter 数据集上的 Boosting C4.5 的结果。

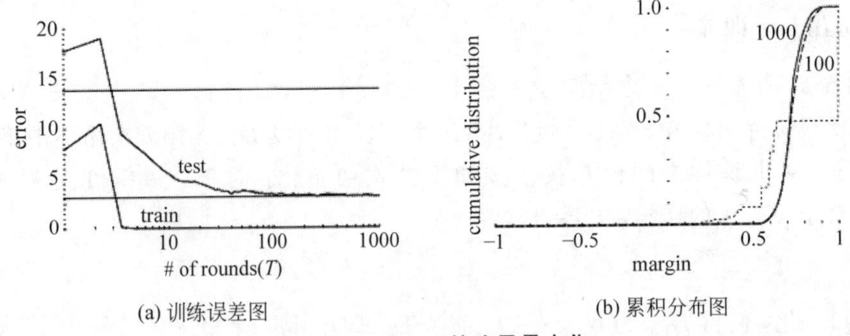

图 6-2　AdaBoost 的边界最大化

可以看到，测试集的错误率随着训练轮次的增加并没有增加，甚至在 1000 轮训练之后也没有。测试集错误率甚至在训练误差为零的时候继续减少。那么，AdaBoost 总是会最大化分类间隔吗？不是的。AdaBoost 训练出的分类间隔可能明显小于间隔的最大值。如果最终训练出了一个比较简单的分类器，那有没有可能压缩它？或者说能不能不通过 Boosting 得到一个简单的分类器？

6.1.3　AdaBoost 实例

考虑如图 6-3 所示的异或问题，x_1 和 x_2 分别是样本 $\boldsymbol{x}$ 第一维和第二维的值。图 6-4 所示的 $h_1(\boldsymbol{x})\sim h_8(\boldsymbol{x})$ 是 8 个简单二值分类器。

$$\begin{Bmatrix} (x_1=(0,+1),y_1=+1) \\ (x_2=(0,-1),y_2=+1) \\ (x_3=(+1,0),y_3=-1) \\ (x_4=(-1,0),y_4=-1) \end{Bmatrix}$$

图 6-3　异或问题

$$h_1(\boldsymbol{x})=\begin{cases}+1, & x_2>-0.5\\ -1, & \text{其他}\end{cases}\quad h_2(\boldsymbol{x})=\begin{cases}-1, & x_2>-0.5\\ +1, & \text{其他}\end{cases}\quad h_3(\boldsymbol{x})=\begin{cases}+1, & x_2>+0.5\\ -1, & \text{其他}\end{cases}$$

$$h_4(\boldsymbol{x})=\begin{cases}-1, & x_2>+0.5\\ +1, & \text{其他}\end{cases}\quad h_5(\boldsymbol{x})=\begin{cases}+1, & x_1>-0.5\\ -1, & \text{其他}\end{cases}\quad h_6(\boldsymbol{x})=\begin{cases}-1, & x_1>-0.5\\ +1, & \text{其他}\end{cases}$$

$$h_7(\boldsymbol{x})=\begin{cases}+1, & x_1>+0.5\\ -1, & \text{其他}\end{cases}\quad h_8(\boldsymbol{x})=\begin{cases}-1, & x_1>+0.5\\ +1, & \text{其他}\end{cases}$$

图 6-4　简单二值分类器

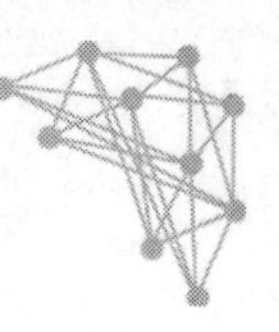

下面看看 AdaBoost 是如何训练强分类器的。

(1) 调用基于初始样本集的基本学习法则，即简单二值分类器。h_2、h_3、h_5 和 h_8 均有 0.25 的分类误差，假设选 h_2 作为第一个分类器。于是，x_1 被错误分类，也就是误差率为 $1/4=0.25$。h_2 的权重是 $0.5\ln 3\approx 0.55$。

(2) 样本 x_1 的权重增加，简单二值分类器再次被调用。这时，h_3、h_5 和 h_8 具有相同的分类误差。假设选择 h_3，得到其权重为 0.80。

(3) 样本 x_3 的权重增加，这时只有 h_5 和 h_8 同时具有最低的误差率。假设选择 h_5，得到其权重为 1.10。这样就能把以上步骤所得到的弱分类器及其权重投票得出一个强分类器，这时形成的强分类器就能将所有样本正确分类。这样，通过一些弱的不完美的线性分类器的结合，AdaBoost 就能训练得到一个非线性的零错误率的强分类器。

6.2　具有强鲁棒性的实时目标检测

6.2.1　Haar-like 矩形特征选取

如图 6-5 所示，Haar-like 矩形特征主要有如下几种类型，如下黑色区域数量－1，白色区域为＋1，对整幅图像积分之后的结果作为特征，见式(6-4)。

两矩形特征，如图 6-5 所示的第一行，分为左右结构和上下结构，可表示边缘信息。三矩形特征，如图 6-5 所示的第二行左边，分为左中右结构(还有一种，是上中下结构)，可以表示线条信息。四矩形特征，如图 6-5 所示的第二行右边，是四个矩形的对角结构，可以表示斜向边界信息。在一个 24×24 的基本检测窗口上，不同类别的特征和不同尺度的特征的数量可以达到 49 396 个。在分类特征的选取上，从计算机对识别的实时性要求考虑，特征的选择要尽量简单，特征结构不能过于复杂，计算代价要小。与更具表现力、易操纵的过滤器截然相反的是，采用矩形特征背后的动机是其强大的计算效率。接下来介绍用积分图进行特征计算。

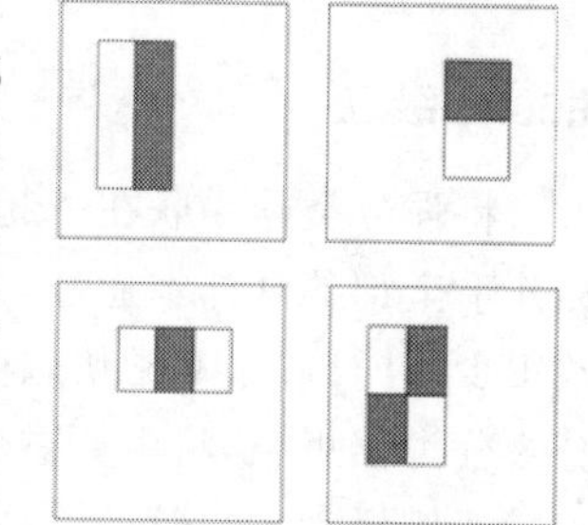

图 6-5　矩形特征

6.2.2　积分图

为了计算 Haar-like 矩形特征，定义每幅图像的每个像素灰度为 $i(x,y)$，那么该幅图像的积分图中的每个像素值 $ii(x,y)$表示为

$$ii(x,y)=\sum_{x'\leqslant x,y'\leqslant y} i(x',y') \tag{6-4}$$

即图 6-6 中点(x,y)的积分图值为灰色矩形区域的像素灰度值求和。

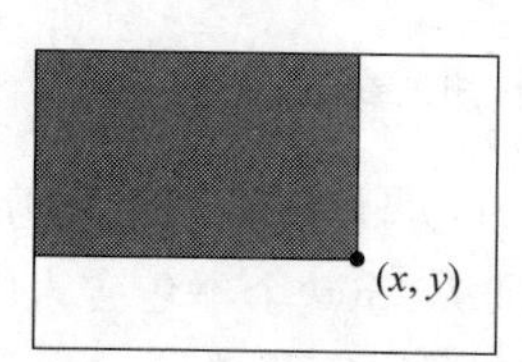

图 6-6　点(x,y)积分图值

对于一幅图像在任意点的积分图值，可以通过对行和列的累加一次循环得到，即

$$s(x,y)=s(x,y-1)+i(x,y) \tag{6-5}$$

$$ii(x,y)=ii(x-1,y)+s(x,y) \tag{6-6}$$

其中，$s(x,y)$为点(x,y)所在位置的列积分值，迭代初始时

$s(x,-1)=0$，$ii(-1,y)=0$。利用积分图可以方便地对图像中任意一个矩形内的灰度值求和。

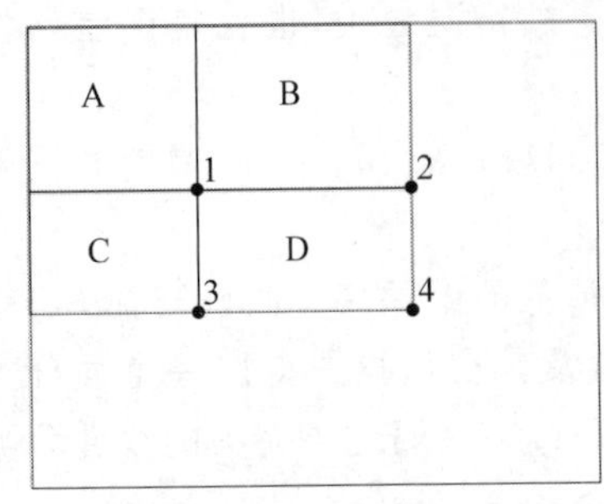

图 6-7　像素灰度值的求和

例如，对图 6-7 中的矩形 D 区域灰度值求和就可以用 $ii(4)+ii(1)-ii(2)-ii(3)$。这样，利用 6 个、8 个、9 个相应参考区域就能方便地计算出两矩形、三矩形、四矩形特征。给定一组特征和具有类别标签的图片训练集，可以应用多种机器学习方法。然而，每个图片窗口中有 49 396 个特征，因此所有特征的计算量是不可想象的，需要一种相当贪婪的学习算法，将绝大多数的特征都排除。如何从众多数量巨大的特征中选取较少的有效特征是一个比较大的挑战。

6.2.3　训练结果

AdaBoost 的训练过程是从众多数量巨大的特征中选取较少的有效特征，对于人脸检测来讲，由 AdaBoost 最初选择的矩形特征是至关重要的。图 6-8 是 Viola 等在学习过程中得到的第一和第二个特征，第一个特征表示了人眼的水平区域，比面颊上部区域的灰度要暗一些；第二个特征用于区分人的双眼和鼻梁部位的明暗边界。通过不断修改最终分类器的阈值，可以组建出一个两特征的分类器，其检测率为 1，虚假正确率为 0.4。

6.2.4　级联

将强分类器串联在一起形成分级分类器，每层的强分类器经过阈值调整，使得每层都能让几乎全部的真样本通过，而拒绝很大一部分假样本。而且，由于前面的层使用的矩形特征数很少，计算起来非常快，越往后通过的候选匹配图像越少，即串联时应遵循“先重后轻”的分级分类器思想，将由更重要特征构成的结构较简单的强分类器放在前面，这样可以先排除大量的假样本。尽管随着技术的发展，矩形特征增多，但计算量却在减少，检测的速度在加快，使系统具有很好的实时性，如图 6-9 所示。

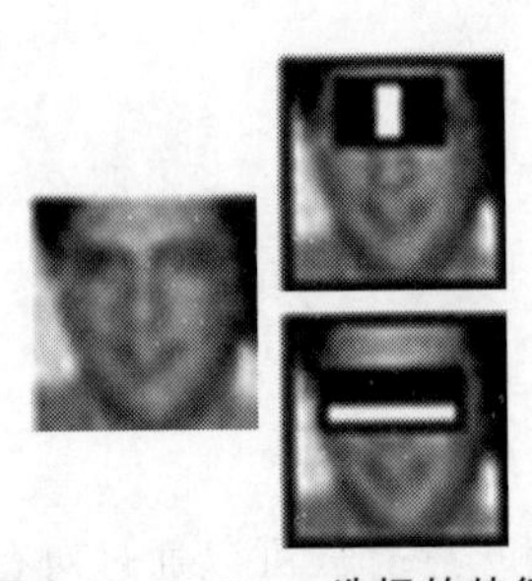
图 6-8　AdaBoost 选择的特征

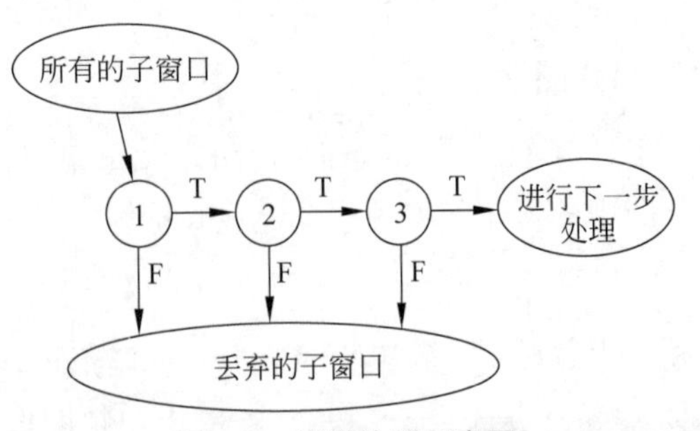

图 6-9　级联检测示意图

实验中，4916 个人脸样本是从已有的人脸数据库中选择出来的，并由人工进行裁剪、均衡、归一化成基本的分辨率为 24×24 像素的图片；1000 个负样本是从 9500 个不包含人脸的图片中随机选取的。最后得到的检测器有 32 层，4667 个特征，如表 6-1 所示。

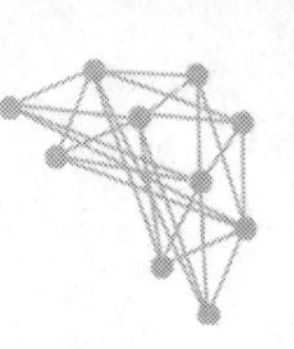

表 6-1 结果

Layer number	1	2	3 to 5	6 and 7	8 to 12	13 to 32
Number of feautures	2	5	20	50	100	200
Detection rate	100%	100%	—	—	—	—
Rejection rate	60%	80%	—	—	—	—

检测器的速度与特征数量有关。在 MIT－CMU 测试集上，平均每个窗口计算的特征个数为 4667 个特征中的 8 个。在一个常见的个人计算机上，处理一张分辨率为 384×288 像素图片的时间是 0.067s。测试集采用的是 MIT＋CMU 的包含 130 张图片、507 个标记的正脸的人正脸训练集。表 6-2 中的结果是与已知的几个较好的人脸检测器检测能力的比较。

表 6-2 分类能力比较

False detections	10	31	50	65	78	95	110	167	422
Viola-Jones	78.3%	85.2%	88.8%	89.8%	90.1%	90.8%	91.1%	91.8%	93.7%
Rowley-Baluja-Kanade	83.2%	86.0%	—	—	—	89.2%	—	90.1%	89.9%
Schneiderman-Kanade	—	—	—	94.4%	—	—	—	—	—
Roth-Yang-Ajuha	—	—	—	—	94.8%	—	—	—	—

AdaBoost 算法的基本思想是将大量分类能力一般的弱分类器通过一定方法叠加起来，构成一个分类能力很强的强分类器。AdaBoost 允许设计者不断加入新的弱分类器，直到达到某个预定的足够小的误差率。理论证明，只要每个弱分类器分类能力比随机猜测好，当弱分类器个数趋于无穷时，强分类器的错误率将趋于零。在 AdaBoost 算法中，每个训练样本都被赋予一个权重，表明它被某个分量分类器选入训练集的概率。如果某个样本点已经被准确分类，那么，在构造下一个训练集时，它被选中的概率就会降低；相反，如果某个样本点没有被正确分类，那么它的权重就会提高。通过几轮这样的训练，AdaBoost 算法能够"聚焦于"那些较困难（更富信息）的样本上，综合得出用于目标检测的强分类器。Hansen 和 Salamon 证明，采用集成方法能够有效地提高系统的泛化能力。实际应用中，由于各个独立的分类器并不能保证错误不相关，因此，分类器集成的效果与理想值相比有一定的差距，但是提高泛化能力的作用仍然相当明显。

6.3 随机森林

"随机森林"是数据科学领域最受欢迎的预测算法之一，在 20 世纪 90 年代主要由统计学家 Leo Breiman 开发，它在以决策树为基学习器构建 Bagging 集成的基础上，进一步在决策树的训练过程中引入了随机属性选择。随机森林简单、容易实现，在机器学习中占有特殊的地位，因为它在很多现实任务中表现出强大的性能，所以被称为代表集成学习技术水平的方法。

6.3.1 原理阐述

随机森林是在 Bagging 基础上发展来的，Bagging 属于并行式集成学习方法，直接基于自助采样法，先随机取出一个样本放入采样集中，再把该样本放回初始数据集，使得下次采用时该样本仍然可能被选中，从而构造出不同的数据集。而随机森林方法则在 Bagging 的基础上，进一步在决策树的训练过程中加入属性选择，从而增加了基学习器的差异。

6.3.2 算法详解

顾名思义，随机森林是用随机的方式建立一个森林，森林里有很多决策树，随机森林的每棵决策树之间是没有关联的。得到森林之后，当有一个新的输入样本进入时，就让森林中的每棵决策树分别进行判断，看看这个样本应该属于哪一类，然后看看哪一类被选择最多，就预测这个样本为那一类，也就是选择一个众数作为最终的分类结果。以下是随机森林的构建过程。

(1) 假如有 N 个样本，则有放回地随机选择 N 个样本(每次随机选择一个样本，然后返回继续选择)。这些选择好的 N 个样本作为决策树根节点处的样本用来训练一棵决策树几，具体见图 6-10。

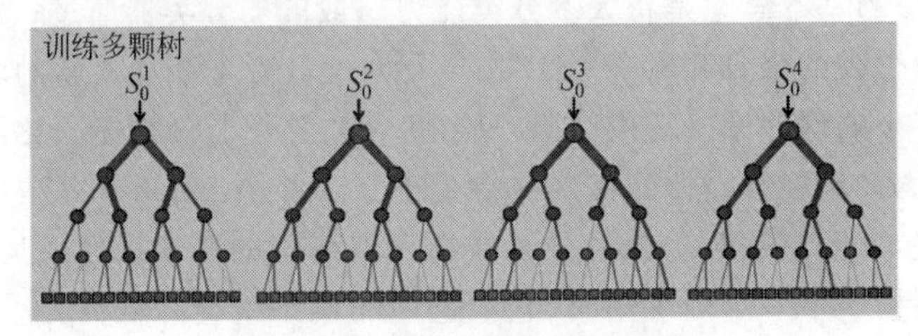

图 6-10 随机森林构建示意图

(2) 当每个样本有 M 个属性时，决策树的每个节点需要分裂时，随机从这 M 个属性中选取 m 个属性，满足条件 $m \ll M$。然后从这 m 个属性中采用某种策略(如信息增益)选择 1 个属性作为该节点的分裂属性。

(3) 决策树形成过程中每个节点都要按照步骤(2)分裂，一直到不能再分裂为止。注意，整个决策树形成过程中没有进行剪枝。

(4) 按照步骤(1)～步骤(3)建立大量的决策树，这些树就构成了随机森林。

在建立每棵决策树的过程中，有两点需要注意：采样与完全分裂。

首先是两个随机采样的过程：随机森林对输入的数据进行采样采用的是有放回的方式，也就是在采样得到的样本集合中可能有重复的样本。假设输入样本为 N 个，那么采样的样本也为 N 个。这样使得在训练时每棵树的输入样本都不是全部的样本，从而相对不容易出现过拟合。另一个是随机采样特征，从 M 个分类特征中随机选择 $m(m \ll M)$特征。

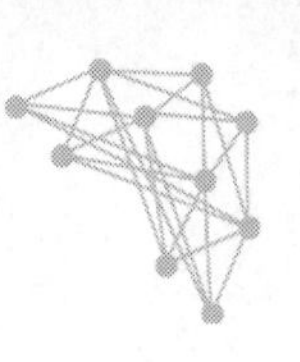

然后对采样之后的数据使用完全分裂的方式建立决策树，这样决策树的某个叶子节点或者是无法继续分裂的，或者里面的所有样本都指向同一个分类。由于之前的两个随机采样的过程保证了随机性，因此即使不剪枝，也不会出现过拟合的现象。按这种算法得到的随机森林中的每棵树都是很弱的，但是所有的树组合起来就形成了一个强大的分类器。可以这样比喻随机森林算法：每棵决策树是一个精通某个窄领域的专家(因为从 M 个特征中随机选择 m 个特征让每棵决策树进行学习)，这样在随机森林中就有了很多个精通不同领域的专家，对一个新的问题(新的输入数据)，可以从不同的角度看待和分析它，最终由各个专家投票得到结果。在关于随机森林的原始论文中，显示森林错误率取决于两件事：森林中任何两棵树之间的相关性，增加相关性会增加森林错误率；森林中每棵树的力量(具有低错误率的树是强分类器)，增加单棵树木的强度(分类更精确)会降低森林错误率。

6.3.3　算法分析

随机森林的收敛性与 Bagging 相似。其起始性能往往相对较差，因为引入属性扰动通常使得个体学习器的性能有所降低，但是随着个体学习器数目的增加，随机森林通常会收敛到更低的泛化误差。而在训练效率上随机森林优于 Bagging，因为在个体决策树的构建过程中，Bagging 在选择属性划分时要对节点的所有属性进行考察，而随机森林只需要考虑一个属性子集。

在构造单棵决策树时只是随机有放回地抽取了 N 个样例，所以可以用没有抽取到的样例测试这棵决策树的分类准确性，这些样例大概占总样例数目的三分之一。所以，每个样例 j，都有大约三分之一的决策树(记为 SetT(j))在构造时没用到该样例，我们就用这些决策树对这个样例进行分类。对于所有的训练样例 j，用 SetT(j)中的树组成的森林对其分类，然后看其分类结果和实际的类别是否相等，不相等的样例所占的比例就是 out of bag(OOB)错误估计。OOB 错误估计被证明是无偏的。

特征重要性是一个定义起来比较困难的概念，因为一个变量的重要性可能与它和其他变量之间的相互作用有关。随机森林算法通过观察在测试特征的 OOB 数据被置换而其他特征的 OOB 数据不变的情况下，根据预测误差的增加量评估该测试特征的重要性。在随机森林的构建过程中需要对每棵树逐一进行必要的运算。在分类算法中随机森林有 4 种评估特征重要性的方法。

随机森林在运算量没有显著提高的前提下提高了预测精度，可以很好地预测多达几千个解释变量的作用，被誉为当前较好的算法之一。它有以下优点。

(1) 在数据集上表现良好，实现比较简单。

(2) 在当前的很多数据集上，相对其他算法有很大的优势。

(3) 它能够处理维度很高(特征很多)的数据，并且不用做特征选择。

(4) 训练完后，它能够给出的特征比较重要。

(5) 在创建随机森林的时候，对泛化误差使用的是无偏估计。

(6) 训练速度快。

(7) 在训练过程中，能够检测到特征间的相互影响。

(8) 容易做成并行化方法。

6.4 总 结

现实生活中存在很多种微信息量的数据,如何采集这些数据中的信息并进行利用,成为数据分析领域里一个新的研究热点。机器学习方法是处理这类数据的理想工具,本章主要介绍了 AdaBoost 和随机森林算法。AdaBoost 是一种迭代算法,其核心思想是针对同一训练集训练不同的分类器(即弱分类器),然后把这些弱分类器集合起来,构成一个更强的最终分类器(即强分类器)。AdaBoost 算法本身是通过改变数据分布实现的,它根据每次训练集中每个样本的分类是否正确,以及上次的总体分类的准确率,确定每个样本的权值。将修改过权值的新数据集送给下层分类器进行训练,最后将每次训练得到的分类器融合起来,作为最后的决策分类器。随机森林以它自身固有的特点和优良的分类效果在众多机器学习算法中脱颖而出。随机森林算法的实质是一种树预测器的组合,其中每棵树都依赖于一个随机向量,森林中的所有向量都是独立同分布的。

课后习题

1. AdaBoost 的基本思想和原理分别是什么?如何将弱分类器组合成强分类器?
2. 自学 logistic 回归模型,比较其与 AdaBoost 之间的异同。
3. 试分析随机森林为何比决策树 Bagging 集成的训练速度快。
4. 试分析 Bagging 通常为何难以提升朴素贝叶斯分类器的性能。

第7章 压缩感知

引 言

随着当前信息需求量的日益增加,信号带宽越来越宽,在信息获取中对采样速率和处理速度等提出越来越高的要求,因而处理宽带信号的难度日益加剧。在奈奎斯特(Nyquist) 采样定理为基础的传统数字信号处理框架下,若要从采样得到的离散信号中无失真地恢复模拟信号,采样速率必须至少是信号带宽的两倍。例如,在高分辨率地理资源观测中,其巨量数据传输和存储就是一个艰难的工作。与此同时,在实际应用中为了降低存储、处理和传输的成本,人们常采用压缩方式以较少的比特数表示信号,大量非重要的数据被抛弃,这种高速采样再压缩的过程浪费了大量的采样资源。大部分冗余信息在采集后被丢弃,采样时造成很大的资源浪费。我们希望找到一种直接感知压缩后的信息的方法,压缩感知完美地解决了这个问题,只要信号在某个正交空间具有稀疏性(即可压缩性),就能以较低的频率(远低于奈奎斯特采样频率)采样该信号,并可能以高概率重建该信号。

7.1 压缩感知理论框架

传统的信号编解码理论框图如图 7-1 所示。编码端先对信号进行采样,再对所有采样值进行变换,并将其中重要系数的幅度和位置进行编码,最后将编码值进行存储或传输;信号的解码过程仅是编码的逆过程,接收的信号经解压缩、反变换后得到恢复信号。采用这种传统的编解码方法,信号的采样速率不得低于信号带宽的 2 倍,使得硬件系统面临很大的采样速率的压力。此外,在压缩编码过程中,大量变换计算得到的小系数被丢弃,造成数据计算和内存资源的浪费。

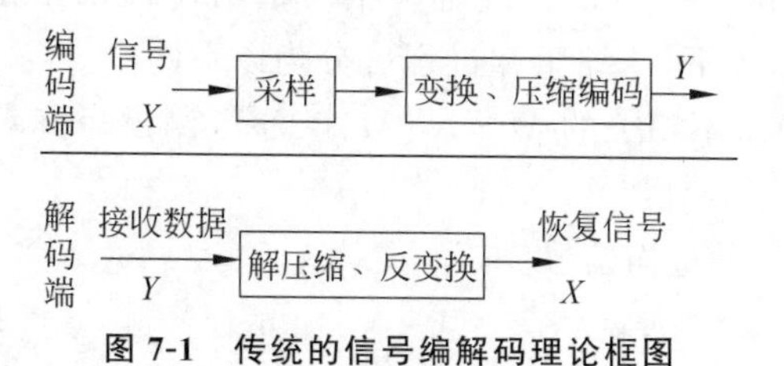

图 7-1 传统的信号编解码理论框图

压缩感知理论对信号的采样、压缩编码发生在同一个步骤，利用信号的稀疏性，以远低于奈奎斯特采样率的速率对信号进行非自适应的测量编码，如图 7-2 所示。测量值并非信号本身，而是从高维到低维的投影值，从数学角度看，每个测量值是传统理论下的每个样本信号的组合函数，即一个测量值已经包含了所有样本信号的少量信息。解码过程不是编码的简单逆过程，而是在盲源分离中的求逆思想下，利用信号稀疏分解中已有的重构方法在概率意义上实现信号的精确重构或者一定误差下的近似重构，解码所需测量值的数目远小于传统理论下的样本数。

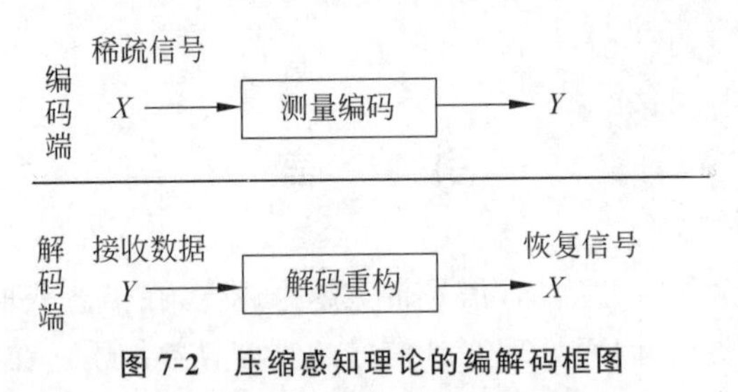

图 7-2　压缩感知理论的编解码框图

压缩感知理论与传统奈奎斯特采样定理不同，它指出只要信号是可压缩的或在某个变换域是稀疏的，就可以用一个与变换基不相关的观测矩阵将变换所得高维信号投影到一个低维空间上，然后通过求解一个优化问题从这些少量的投影中以高概率重构出原信号，可以证明这样的投影包含了重构信号的足够信息。在该理论框架下，采样速率不决定于信号的带宽，而决定于信息在信号中的结构和内容。

7.2　压缩感知的基本理论及核心问题

7.2.1　压缩感知的数学模型

假设有一信号 $f(f\in\mathbb{R}^{N\times 1})$，长度为 N，基向量为 $\boldsymbol{\psi}_i(i=1,2,\cdots,N)$，对信号进行变换，即

$$f=\sum_{i=1}^{N}a_i\psi_i \quad 或\ f=\boldsymbol{\Psi}\alpha \tag{7-1}$$

这里，$\boldsymbol{\Psi}=(\psi_1,\psi_2,\cdots,\psi_N)\in\mathbb{R}^{N\times N}$ 为正交基字典矩阵，满足 $\boldsymbol{\Psi}\boldsymbol{\Psi}^{\mathrm{T}}=\boldsymbol{\Psi}^{\mathrm{T}}\boldsymbol{\Psi}=\boldsymbol{I}$。显然，$f$ 是信号在时域的表示，α 是信号在 $\boldsymbol{\Psi}$ 域的表示。信号是否具有稀疏性或者近似稀疏性是运用压缩感知理论的关键问题，若式(7-1)中的 α 只有 K 个是非零值($N\gg K$)，则仅经排序后按指数级衰减并趋近于零，可认为信号是稀疏的。信号的可稀疏表示是压缩感知的先验条件。在已知信号是可压缩的前提下，压缩感知过程可分为以下两步。

(1) 设计一个与变换基不相关的 $M\times N(M\ll N)$ 维测量矩阵对信号进行观测，得到 M 维的测量向量。

(2) 由 M 维的测量向量重构信号。

7.2.2　信号的稀疏表示

稀疏的数学定义：信号 X 在正交基 $\boldsymbol{\Psi}$ 下的变换系数向量为 $\boldsymbol{\Theta}=\boldsymbol{\Psi}^{\mathrm{T}}\boldsymbol{X}$，假如对于 $0<p<2$

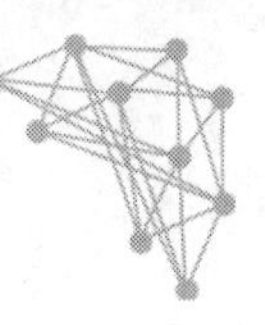

和 $R>0$，这些系数满足

$$\|\boldsymbol{\Theta}\|_p \equiv \left(\sum_i \theta_i |^p\right)^{1/p} \leqslant R \tag{7-2}$$

则说明系数向量 $\boldsymbol{\Theta}$ 在某种意义下是稀疏的，如果变换系数 $\theta_i = <\boldsymbol{X}, \boldsymbol{\Psi}_i>$ 的支撑域 $\{i; \theta_i \neq 0\}$ 的势小于或等于 K，则可以说信号 X 是 K 项稀疏。如何找到信号最佳的稀疏域是压缩感知理论应用的基础和前提，只有选择合适的基表示信号，才能保证信号的稀疏度，从而保证信号的恢复精度。在研究信号的稀疏表示时，可以通过变换系数衰减速度衡量变换基的稀疏表示能力。Candes 和 Tao 研究表明，满足具有幂次（power-law）速度衰减的信号，可利用压缩感知理论得到恢复。

对稀疏表示研究的另一个热点是信号在冗余字典下的稀疏分解。这是一种全新的信号表示理论：用超完备的冗余函数库取代基函数，称为冗余字典，字典中的元素称为原子。字典的选择应尽可能地符合被逼近信号的结构，其构成可以没有任何限制。从冗余字典中找到具有最佳线性组合的 K 项原子来表示一个信号，称作信号的稀疏逼近或高度非线性逼近。目前，信号在冗余字典下的稀疏表示的研究集中在两个方面：①如何构造一个适合某一类信号的冗余字典；②如何设计快速有效的稀疏分解算法。这两个问题一直是该领域研究的热点，学者们对此已做了一些探索，其中以非相干字典为基础的一系列理论证明进一步得到改进。

7.2.3　信号的观测矩阵

用一个与变换矩阵不相关的 $M \times N(M \ll N)$ 测量矩阵 $\boldsymbol{\phi}$ 对信号进行线性投影，得到线性测量值 $\boldsymbol{y}$，即

$$\boldsymbol{y} = \boldsymbol{\phi f} \tag{7-3}$$

测量值 $\boldsymbol{y}$ 是一个 M 维向量，这样使测量对象从 N 维降为 M 维。观测过程是非自适应的，即测量矩阵少的选择不依赖于信号 f。测量矩阵的设计要求信号从 $\boldsymbol{f}$ 转换为 $\boldsymbol{y}$ 的过程中，所测量到的 K 个测量值不会破坏原始信号的信息，保证信号的精确重构。由于信号 $\boldsymbol{f}$ 是可稀疏表示的，因此式(7-3)可以表示为

$$\boldsymbol{y} = \boldsymbol{\phi f} = \boldsymbol{\Psi \Phi \alpha} = \boldsymbol{\Theta \alpha} \tag{7-4}$$

其中，$\boldsymbol{\Theta}$ 是一个 $M \times N$ 的矩阵。式(7-4)中，方程的个数远小于未知数的个数，方程无确定解，无法重构信号。但是，由于信号是 K 稀疏，若式(7-4)中的 $\boldsymbol{\Theta}$ 满足有限等距性质（restricted isometry property，RIP），即对于任意的 K 稀疏信号 f 和常数 $\delta_k \in (0,1)$，矩阵 $\boldsymbol{\Theta}$ 都满足

$$1 - \delta_k \leqslant \frac{\|\boldsymbol{\Theta} f\|_2^2}{\|f\|_2^2} \leqslant 1 + \delta_k \tag{7-5}$$

则 K 个系数能够从 M 个测量值准确重构。RIP 性质的等价条件是测量矩阵 $\boldsymbol{\phi}$ 和稀疏基 $\boldsymbol{\Psi}$ 不相关。目前，用于压缩感知的测量矩阵主要有以下几种：高斯随机矩阵、二值随机矩阵（伯努利矩阵）、傅里叶（Fourier）随机矩阵、哈达玛（Hadamard）矩阵、一致矩阵等。

对观测矩阵的研究是压缩感知理论的一个重要方面。在该理论中，对观测矩阵的约束是比较宽松的，Donoho 给出了观测矩阵所必须具备的 3 个条件，并指出大部分一致分布的随机矩阵都具备这 3 个条件，均可作为观测矩阵，如部分 Fourier 集、部分 Hadamard 集、一

致分布的随机投影(uniform random projection)集等,这与对有限等距性质进行研究得出的结论相一致。但是,使用上述各种观测矩阵进行观测后,都仅能保证以很高的概率恢复信号,不能保证百分之百地精确重构信号。任何稳定的重构算法是否存在一个真实的确定性的观测矩阵,仍是一个待研究的问题。

7.2.4 信号的重构算法

当矩阵 $\boldsymbol{\Theta}$ 满足 RIP 准则时,压缩感知理论能通过对式(7-4)的逆问题先求解稀疏系数 $\alpha=\boldsymbol{\Psi}^{\mathrm{T}}\boldsymbol{x}$,然后将稀疏度为 K 的信号 x 从 M 维的测量投影值 y 中正确恢复出来。解码的最直接方法是通过 l_0 范数下求解的最优化问题,即

$$\min_{\alpha}\|\boldsymbol{\alpha}\|_{l_0} \quad \text{s.t.} \quad \boldsymbol{y}=\boldsymbol{\Phi\Psi}\alpha \tag{7-6}$$

得到稀疏系数的估计。由于式(7-6)的求解是 NP-ARD 问题,而该最优化问题与信号的稀疏分解十分类似,因此有学者从信号稀疏分解的相关理论中寻找更有效的求解途径。有学者表明,l_1 最小范数在一定条件下和 l_0 最小范数具有等价性,可得到相同的解。那么式(7-6)转化为 l_1 最小范数下的最优化问题,即

$$\min_{\alpha}\|\boldsymbol{\alpha}\|_{l_1} \quad \text{s.t.} \quad \boldsymbol{y}=\boldsymbol{\Phi\Psi}\alpha \tag{7-7}$$

l_1 最小范数下最优化问题又称为基追踪(BP),其常用实现算法有内点法和梯度投影法。内点法速度慢,但得到的结果十分准确;梯度投影法速度快,但没有内点法得到的结果准确。二维图像的重构中,为充分利用图像的梯度结构,可修正为整体部分(total variation, TV)最小化法。由于 l_1 最小范数下的算法速度慢,因此新的快速贪婪法被逐渐采用,如匹配追踪法(MP)和正交匹配追踪法(OMP)。此外,有效的算法还有迭代阈值法以及各种改进算法。

7.3 压缩感知的应用

7.3.1 应用

使用一定数量的非相关测量值能够高效率地采集可压缩信号的信息,这种特性决定了压缩感知应用的广泛性。例如,低成本数码相机和音频采集设备、节电型音频和图像采集设备、天文观测、网络传输、军事地图、雷达信号处理等。以下归纳了压缩感知几个方面的应用。

1. 数据压缩

在某些情况下,稀疏矩阵在编码中是未知的或在数据压缩中是不能实现的。由于测量矩阵是不需要根据编码的结构设计的,因此随机测量矩阵可认为是一个通用的编码方案,只在解码或重建信号时需要用到。这种通用性在多信号装置(如传感器网络)的分布式编码中特别有用。

2. 信道编码

压缩感知的稀疏性、随机性和凸优化性,可应用于设计快速纠错码,以防止错误传输。

3. 逆问题

在其他情况下获取信号的唯一方法是运用特定模式的测量系统 $\boldsymbol{\Phi}$。然而,假定信号存

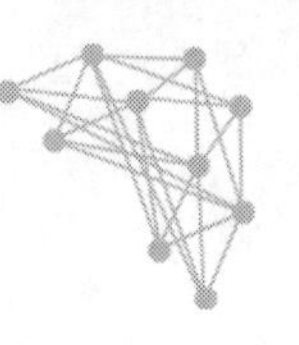

在稀疏变换基 $\boldsymbol{\Psi}$，并与测量矩阵 $\boldsymbol{\phi}$ 不相关，则其为能够有效感知的信号。这样的应用在MR血管造影术中提到过，$\boldsymbol{\phi}$ 记录了傅里叶变换子集，所得到的期望的图像信号在时域和小波域都是稀疏的。

4. 数据获取

在某些重要情况下，完全采集模拟信号的 N 个离散时间样本是困难的，而且也难以对其进行压缩。而运用压缩感知，可设计物理采样装置，直接记录模拟信号离散情况、低码率、不相关的测量值，有效地进行数据获取。基于RIP理论，目前已研制出一些设备，有莱斯大学研制的单像素相机和A/I转换器，麻省理工学院研制的编码孔径相机，耶鲁大学研制的超谱成像仪，麻省理工学院研制的MRI RF脉冲设备，以及伊利诺伊州立大学研制的DNA微阵列传感器。

7.3.2　人脸识别

1. 稀疏表示的描述和数学模型

人脸的稀疏表示，是指一幅人脸图像可以用人脸库中同一个人所有的人脸图像的线性组合表示。而对于数据库中其他人的脸，其线性组合的系数理论上为零。所以，用人脸库中的图像表示一个人的人脸图像，其系数向量应该是稀疏的，即除和这个人身份相同的人的人脸图像组合系数不为零外，其他系数都为零。因为基于稀疏表示的人脸识别是不需要训练的，所以其稀疏表示用的字典可以直接由训练所用的全部图像构成，也有一些改进算法是针对字典进行学习的。由于稀疏表示的方法对使用什么特征并不敏感，因此把原始图像数据经过简单处理后排列成一个很大的向量存储到数据库里就可以了。稀疏表示思想可抽象为如下的方程式，即

$$\boldsymbol{y} = \boldsymbol{A} * \boldsymbol{X} \tag{7-8}$$

其中，被表示的测试样本 $\boldsymbol{y}$ 可以用训练样本空间(或字典)A 的系数向量 $\boldsymbol{X}$ 表示，$\boldsymbol{X}$ 是稀疏的，即其大部分元素是0或接近0。求解稀疏的系数向量 $\boldsymbol{X}$ 的过程就是 $\boldsymbol{y}$ 被稀疏表示的过程。由于0范数表示的是向量中非0元素的个数，因此可以将解的过程简化为

$$\boldsymbol{X}_0^* = \arg\min \|\boldsymbol{X}\|_0 \quad \text{s.t.} \quad \boldsymbol{y} = \boldsymbol{A} * \boldsymbol{X} \tag{7-9}$$

0范数 $\|\boldsymbol{X}\|_0$ 最小化是一个NP难问题，因为 $\boldsymbol{X}$ 足够稀疏时可以用1范数最优化凸近似代替，即 $\|\boldsymbol{X}\|_1$ 是

$$\boldsymbol{X}_1^* = \arg\min \|\boldsymbol{X}\|_1 \quad \text{s.t.} \quad \boldsymbol{y} = \boldsymbol{A} * \boldsymbol{X} \tag{7-10}$$

在有噪声存在等其他非理想条件下，可以加一个松弛的误差项，即 $\boldsymbol{y} = \boldsymbol{A} * \boldsymbol{x} + e$。式(7-10)转化为求解下面的1范数问题，即

$$\boldsymbol{X}_1^* = \arg\min \|\boldsymbol{X}\|_1 \quad \text{s.t.} \quad \|\boldsymbol{A} * \boldsymbol{X} - \boldsymbol{y}\|_2 \leqslant e \tag{7-11}$$

整个稀疏表示的问题可以用式(7-11)表示，即在 $\|\boldsymbol{A} * \boldsymbol{X} - \boldsymbol{y}\|_2 \leqslant e$ 条件下求 $\boldsymbol{X}$ 的最小1范数时一般比较耗时。传统的方法基于重构误差的大小进行识别，下面内容提出一种基于重构系数的识别方法。

2. 基于稀疏表示的人脸识别过程

进行人脸识别时，将训练集和测试的样本用字典的线性组合稀疏表示，其重构系数 X

当作特征，对测试样本与训练集中的所有样本求余弦距离，即式(7-12)，得到的值的最大的样本就是与测试样本最匹配的人，该方法基于稀疏表示实现人脸识别，称为 SRA(sparse representation analysis)，其过程如图 7-3 所示。

$$\mathrm{Sim}(\boldsymbol{x}_i,\boldsymbol{x}_j)=\cos\theta=\frac{\boldsymbol{x}_i^{\mathrm{T}}\cdot\boldsymbol{x}_j}{\|\boldsymbol{x}_i\|_2\|\boldsymbol{x}_j\|_2} \tag{7-12}$$

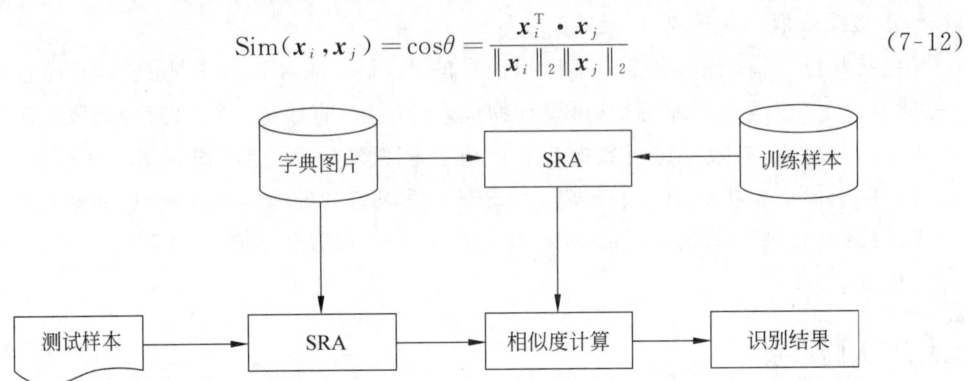

图 7-3　SRA 人脸识别流程图

3. 稀疏表示方法的改进

(1) 对于整体的稀疏表示容易受到遮挡问题的影响而大大降低识别率，学者们还提出了一种分块表示的 SRC 表示方法(B-SRC)，即将整个图像均匀分成许多相等的区域，对不同区域分别进行表示，最后集体进行投票，所有投票之和作为最后的识别判断标准，这样可以解决局部遮挡问题。对于一幅有遮挡的人脸图像，遮挡部分的稀疏表示也许不准，但是它只是一小部分的投票，不影响整体的投票结果，即

$$\mathrm{Sim}(\boldsymbol{x}_i,\boldsymbol{x}_j)=\sum_{k=1}^{m}\frac{(\boldsymbol{p}_i^k)^{\mathrm{T}}\cdot\boldsymbol{p}_j^k}{\|\boldsymbol{p}_i^k\|_2\|\boldsymbol{p}_j^k\|_2} \tag{7-13}$$

(2) 基于 SVM 中核思想的研究，可以将在低维空间不可分的样本特征升维到高维可分空间。识别问题即分类问题，由于光照因素、遮挡问题、姿态、表情变化使样本改变了其空间的特征，因此识别不出或识别错误相当于原来可分的变成了不可分，鉴于此，我们想到利用核 SRC 的思想进一步改善上述方法中的性能，基于核函数的块投票稀疏表示方法(KBSRC)采用下面的核，n 为大于或等于 1 的数，即

$$k(\boldsymbol{x}_i,\boldsymbol{x}_j)=(\boldsymbol{x}_i^{\mathrm{T}},\boldsymbol{x}_j)^{\frac{1}{n}} \tag{7-14}$$

7.4　总　　结

本章主要阐述了压缩感知理论框架的核心思想。压缩感知理论利用了信号的稀疏特性，将原来基于奈奎斯特采样定理的信号采样过程转化为基于优化计算恢复信号的观测过程，也就是利用长时间积分换取采样频率的降低，省去了高速采样过程中获得大批冗余数据，然后再舍去大部分无用数据的中间过程，从而有效缓解了高速采样实现的压力，减少了处理、存储和传输的成本，使得用低成本的传感器将模拟信息转化为数字信息成为可能，这种新的采样理论可能成为将采样和压缩过程合二为一的方法的理论基础。

课 后 习 题

1. 简要概括压缩感知解决的核心问题。
2. 采用压缩感知算法需要满足的条件是什么？
3. 参考相关文献，了解压缩感知在机器视觉中的应用。

第8章　子　空　间

引　言

主成分分析特征提取方法是近几年的研究热点，以它为代表的方法被称为子空间学习方法。该方法主要用来进行特征提取，在人脸识别领域得到成功应用，它也是典型的无监督学习方法。在一个模式识别系统中，特征提取是重要的组成部分。所谓特征提取，就是从输入信号中提取有效特征，其最重要的特点之一是降维。具体来说，人脸图像中的特征提取就是从给定的一个输入人脸图像中提取有效信息。比如，传统人脸识别方法中，通过提取面部特征点之间的几何位置信息进行识别，简化了模式识别系统。在实际应用中，不同应用特征提取方法不一样，但主成分分析是一种通用的特征提取方法。

8.1　基于主成分分析的特征提取

主成分分析(principal component analysis，PCA)是一种利用线性映射进行数据降维的方法，同时去除数据的相关性，以最大限度保持原始数据的方差信息。先回顾一下线性映射的意义，P 维向量 $\boldsymbol{X}$ 到一维向量 $\boldsymbol{F}$ 的一个线性映射表示为

$$F=\sum_{i=1}^{p}u_iX_i=u_1X_1+u_2X_2+u_3X_3+\cdots+u_pX_p \tag{8-1}$$

这相当于加权求和，每组权重系数为一个主成分，它的维数跟输入数据维数相同。比如，$\boldsymbol{X}=(1,1)^{\mathrm{T}}$，$\boldsymbol{u}=(1,0)^{\mathrm{T}}$，所以二维向量 $\boldsymbol{X}$ 到一维空间的线性映射为

$$\boldsymbol{F}=\boldsymbol{u}^{\mathrm{T}}\boldsymbol{X}=1*1+1*0=1 \tag{8-2}$$

在高等代数中，F 的几何意义为 $\boldsymbol{X}$ 在投影方向 $\boldsymbol{u}$ 上的投影点，即上述例子在笛卡儿坐标系，可表示为横坐标上一条垂线的交点。主成分分析是基于线性映射的，其计算方式是：$\boldsymbol{X}$ 是 P 维向量，主成分分析就是要把这 P 维原始向量通过线性映射变成 K 维新向量的过程，其中 $K\leqslant P$，即

$$\begin{aligned}
F_1&=u_{11}X_1+u_{21}X_2+u_{31}X_3+\cdots+u_{p1}X_p\\
F_2&=u_{12}X_1+u_{22}X_2+u_{32}X_3+\cdots+u_{p2}X_p\\
&\vdots\\
F_k&=u_{1k}X_1+u_{2k}X_2+u_{3k}X_3+\cdots+u_{pk}X_p
\end{aligned} \tag{8-3}$$

比如，二维向量 $\boldsymbol{X}=(1,1)^{\mathrm{T}}$，通过线性映射 $\boldsymbol{u}_1=(1,0)^{\mathrm{T}}$，变成一维新向量 $\boldsymbol{F}_1=1*1+1*0=1$。同时，为了去除数据的相关性，只需让各个主成分正交（投影方向 $\boldsymbol{u}$），并且将此时正交的基构成的空间称为子空间。

在主成分分析的例子中，一项十分著名的工作是美国的统计学家斯通（stone）在 1947 年关于国民经济的研究。他曾利用美国 1929—1938 年的数据，得到 17 个反映国民收入与支出的变量要素，如雇主补贴、消费资料和生产资料、纯公共支出、净增库存、股息、利息外贸平衡等。在进行主成分分析后，竟以 97.4%的精度，用 3 个新变量就取代了原 17 个变量的方差信息。根据经济学知识，斯通命名这 3 个新变量分别为总收入 F_1、总收入变化率 F_2 和经济发展或衰退的趋势 F_3。这提示我们，方差保持是在低维空间能够尽可能多地保持原始空间数据的方差。所谓样本方差，就是数据集合中各数据与平均样本的差的平方和的平均数。此外，在所讨论的问题中都有一个近似的假设，假定数据满足高斯分布或者近似满足高斯分布。主成分分析都是基于协方差矩阵的，请读者思考原因。

总之，基于主成分分析特征提取的基本思想是，试图在力保数据信息（方差信息保持）丢失最少的原则下，对高维空间的数据进行降维处理。这是因为识别系统在一个低维空间要比在一个高维空间容易得多。另外，要求能够去除数据的相关性，从而进行有效的特征提取。下面看两个主成分分析的例子，首先是对二维空间点 $(1,1)^{\mathrm{T}}$，$(2,2)^{\mathrm{T}}$，$(3,3)^{\mathrm{T}}$ 进行降维处理，如图 8-1 所示。

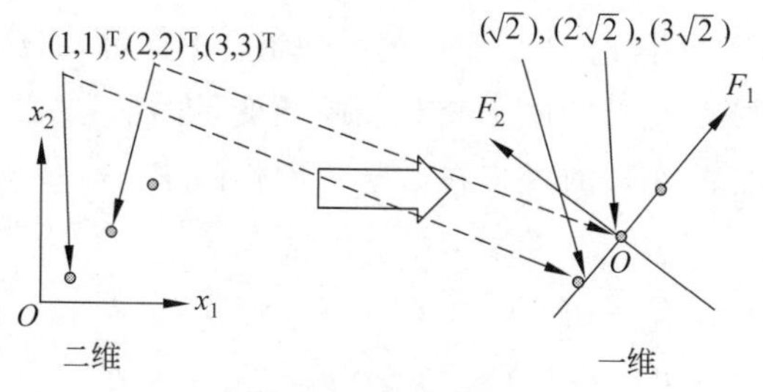

图 8-1　数据降维

数据方差越大，表示数据的分布越分散，从而越能保持原始空间中的距离信息。方差计算公式如下

$$\frac{1}{n}\sum_{l=1}^{n}(x_l-\bar{x})^{\mathrm{T}}(x_l-\bar{x}) \tag{8-4}$$

在几何上，投影方向总是沿着数据分布最分散的方向，此例中原始数据空间类别信息没有丢失，但是维度减少 50%。为了加深理解，我们在二维空间中讨论主成分的几何意义。设有 n 个样本，每个样本有二维，即 x_1 和 x_2，在由 x_1 和 x_2 所确定的二维平面中，n 个样本点所散布的情况如椭圆状，如图 8-2 所示。

由图 8-2 可以看出，这 n 个样本点沿着 F_1 轴方向有最大的离散性，这是第一个主成分。为了去掉相关性，第二个主成分应该正交于第一个主成分。如果只考虑 F_1 和 F_2 中的任何一个，那么包含在原始数据中的信息将会有损失。但是，根据系统精度的要求，可以只选择 F_1，如图 8-3 所示。

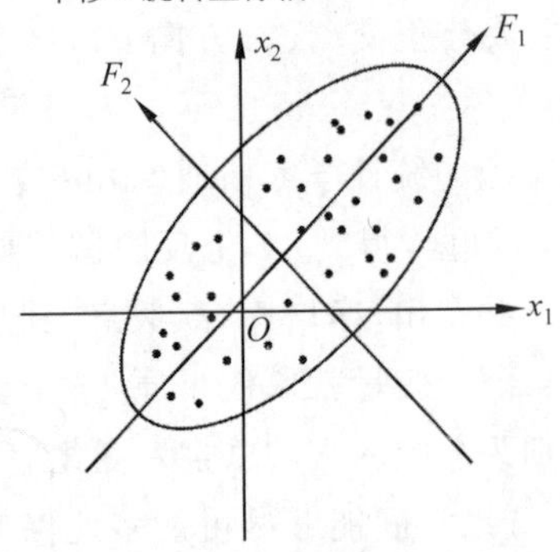

图 8-2　二维空间主成分分析的几何意义

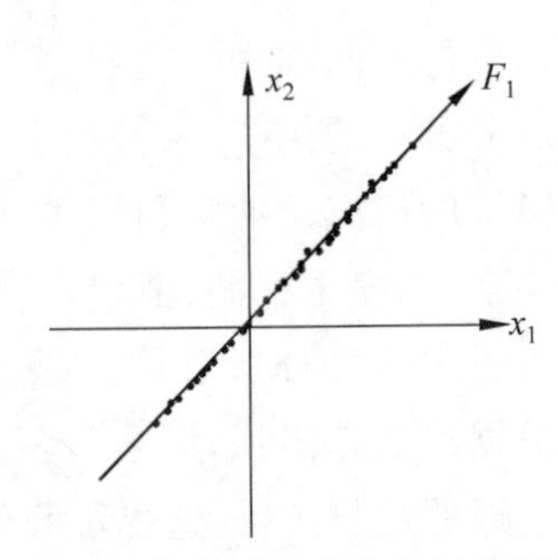

图 8-3　二维空间主成分分析几何解释

实际问题总是变成数学问题，然后去系统解决。下面讨论主成分分析方法的数学模型，我们约定：$\boldsymbol{X}$ 表示变量；如果 $\boldsymbol{X}$ 表示向量，则 $\boldsymbol{X}_i$ 表示向量的第 i 个分量；如果 $\boldsymbol{X}$ 表示矩阵，则 $\boldsymbol{X}_i$ 表示矩阵的第 i 个分量(列向量)，$\boldsymbol{X}_{ij}$ 表示第 j 个样本的第 i 个分量。

8.2　数学模型

假设我们所讨论的实际问题中，$\boldsymbol{X}$ 是 P 维变量，记为 $X_1, X_2, \cdots, X_P$，主成分分析就是要把这 P 个变量的问题，转变为讨论 P 个变量的线性组合的问题，而这些新的分量 $\boldsymbol{F}_1, \boldsymbol{F}_2, \cdots, \boldsymbol{F}_k (k \leqslant P)$，按照保留主要信息量的原则充分反映原变量的信息，并且相互独立。这种由讨论多维变量降为维数较低的变量的过程在数学上叫作降维。主成分分析通常的做法是，寻求向量的线性组合 $\boldsymbol{F}_i$。

$$
\begin{aligned}
&F_1 = u_{11}X_1 + u_{21}X_2 + \cdots + u_{p1}X_p \\
&F_2 = u_{12}X_1 + u_{22}X_2 + \cdots + u_{p2}X_p \\
&\vdots \\
&F_k = u_{1k}X_1 + u_{2k}X_2 + \cdots + u_{pk}X_p
\end{aligned}
\tag{8-5}
$$

满足如下条件：

(1) 每个主成分的系数平方和为 1，即 $u_{i1}^2 + u_{i2}^2 + \cdots + u_{ip}^2 = 1$；

(2) 主成分之间相互独立，无重叠的信息，即

$$\mathrm{Cov}(F_i, F_j) = 0, i \neq j, i, j = 1, 2, \cdots, p \tag{8-6}$$

(3) 主成分的方差依次递减，重要性依次递减，即

$$\mathrm{Var}(F_1) \geqslant \mathrm{Var}(F_2) \geqslant \cdots \geqslant \mathrm{Var}(F_p) \tag{8-7}$$

8.3　主成分的数学上的计算

8.3.1　两个线性代数的结论

(1) 若 $\boldsymbol{A}$ 是 p 阶正定或者半正定矩阵，则一定可以找到正交矩阵 $\boldsymbol{U}$，使

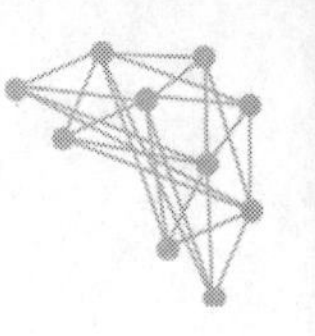

$$\boldsymbol{U}^{\mathrm{T}}\boldsymbol{A}\boldsymbol{U}=\begin{bmatrix}\lambda_1 & 0 & \cdots & 0\\ 0 & \lambda_2 & \cdots & 0\\ \vdots & \vdots & & \vdots\\ 0 & 0 & \cdots & \lambda_p\end{bmatrix}_{p\times p} \tag{8-8}$$

其中 $\lambda_i(i=1,2,\cdots,p)$是 $\boldsymbol{A}$ 的特征根。

(2) 若上述矩阵的特征根所对应的单位特征向量为 $\boldsymbol{u}_1,\boldsymbol{u}_2,\cdots,\boldsymbol{u}_p$，令

$$\boldsymbol{U}=(\boldsymbol{u}_1,\boldsymbol{u}_2,\cdots,\boldsymbol{u}_p)=\begin{bmatrix}u_{11} & u_{12} & \cdots & u_{1p}\\ u_{21} & u_{22} & \cdots & u_{2p}\\ \vdots & \vdots & & \vdots\\ u_{p1} & u_{p2} & \cdots & u_{pp}\end{bmatrix} \tag{8-9}$$

则实对称矩阵 $\boldsymbol{A}$ 属于不同特征根所对应的特征向量是正交的，即有

$$\boldsymbol{U}^{\mathrm{T}}\boldsymbol{U}=\boldsymbol{U}\boldsymbol{U}^{\mathrm{T}}=\boldsymbol{I} \tag{8-10}$$

8.3.2　基于协方差矩阵的特征值分解

主成分分析方法的核心概念在于降维后的方差保持。因此，为了计算主成分，用 F 表示降维空间的特征，为了计算方差，首先计算均值 $F=\boldsymbol{u}^{\mathrm{T}}\boldsymbol{X}$，$\bar{\boldsymbol{F}}=\frac{1}{n}\sum_{F}F$。基于此，最大化降维后数据的方差，有如下优化目标。

$$\text{Max}:\frac{1}{n-1}\sum_{\boldsymbol{F}}(\boldsymbol{F}-\bar{\boldsymbol{F}})(\boldsymbol{F}-\bar{\boldsymbol{F}})^{\mathrm{T}}=\frac{1}{n-1}\sum_{x}(\boldsymbol{u}^{\mathrm{T}}(\boldsymbol{X}-\bar{\boldsymbol{X}}))(\boldsymbol{u}^{\mathrm{T}}(\boldsymbol{X}-\bar{\boldsymbol{X}}))^{\mathrm{T}}$$

$$\text{Max}:\frac{1}{n-1}\sum_{x}\boldsymbol{u}^{\mathrm{T}}(\boldsymbol{X}-\bar{\boldsymbol{X}})(\boldsymbol{X}-\bar{\boldsymbol{X}})^{\mathrm{T}}\boldsymbol{u}=\boldsymbol{u}^{\mathrm{T}}\left(\frac{1}{n-1}\sum_{x}(\boldsymbol{X}-\bar{\boldsymbol{X}})(\boldsymbol{X}-\bar{\boldsymbol{X}})^{\mathrm{T}}\right)\boldsymbol{u} \tag{8-11}$$

$$\text{s.t.}\quad \boldsymbol{u}^{\mathrm{T}}\boldsymbol{u}=1$$

令 $\sum_{x}=\frac{1}{n-1}\sum_{x}(\boldsymbol{X}-\bar{\boldsymbol{X}})(\boldsymbol{X}-\bar{\boldsymbol{X}})^{\mathrm{T}}$，则引入拉格朗日乘子 λ，得到拉格朗日函数，即

$$J(\boldsymbol{u})=\boldsymbol{u}^{\mathrm{T}}\sum_{x}\boldsymbol{u}-\lambda(\boldsymbol{u}^{\mathrm{T}}\boldsymbol{u}-1) \tag{8-12}$$

对其求偏导，则有如下结果

$$\begin{gathered}\frac{\partial J(\boldsymbol{u})}{\partial \boldsymbol{u}}=2\sum\nolimits_{x}\boldsymbol{u}-2\lambda\boldsymbol{u}=0\\ \sum\nolimits_{x}\boldsymbol{u}=\lambda\boldsymbol{u}\\ \boldsymbol{u}^{\mathrm{T}}\sum\nolimits_{x}\boldsymbol{u}=\lambda\end{gathered} \tag{8-13}$$

根据主成分分析的定义，$\boldsymbol{u}$ 即主成分投影向量，用其作为投影可保留最多的信息。

考虑到 $\boldsymbol{\Sigma}_X$ 是 $\boldsymbol{X}$ 的协方差矩阵，由于 $\boldsymbol{\Sigma}_X$ 为对称矩阵，则利用线性代数的知识可得，存在正交矩阵 $\boldsymbol{U}$，使得

$$\boldsymbol{U}^{\mathrm{T}}\boldsymbol{\Sigma}_X\boldsymbol{U}=\begin{bmatrix}\lambda_1 & & 0\\ & \ddots & \\ 0 & & \lambda_p\end{bmatrix} \tag{8-14}$$

这里，λ_i 表示降维后的方差信息，请读者自行证明。

8.3.3 主成分分析的步骤

本节总结一下主成分分析的过程，首先约定

$$\boldsymbol{\Sigma}_X=\left(\frac{1}{n-1}\sum_{i=1}^{n}(x_i-\bar{x})(x_i-\bar{x})^{\mathrm{T}}\right)_{p\times p} \tag{8-15}$$

$$\boldsymbol{X}_i=(x_{1i},x_{2i},\cdots,x_{pi})^{\mathrm{T}}\quad(i=1,2,\cdots,n)$$

第一步：由 X 的协方差矩阵 $\boldsymbol{\Sigma}_X$，求出其特征根，即解方程 $|\boldsymbol{\Sigma}-\lambda\boldsymbol{I}|=0$，可得特征根 $\lambda_1\geqslant\lambda_2\geqslant\cdots\geqslant\lambda_p\geqslant0$。

第二步：分别求出特征根所对应的特征向量 $\boldsymbol{U}_1,\boldsymbol{U}_2,\cdots,\boldsymbol{U}_p$，$\boldsymbol{U}_i=(u_{1i},u_{2i},\cdots,u_{pi})^{\mathrm{T}}$。

第三步：给出合适的主成分个数，$\boldsymbol{F}_i=\boldsymbol{U}_i^{\mathrm{T}}X$，$i=1,2,\cdots,k(k\leqslant p)$。

第四步：计算所选出的 k 个主成分的得分，将原始数据的中心化值，即

$$\boldsymbol{X}_i^*=\boldsymbol{X}_i-\bar{\boldsymbol{X}}=(x_{1i}-\bar{x}_1,x_{2i}-\bar{x}_2,\cdots,x_{pi}-\bar{x}_p)^{\mathrm{T}} \tag{8-16}$$

代入前 k 个主成分的表达式，分别计算出各个主成分的得分，并按得分值的大小排序，选择其中特征值大的主成分用来特征提取。考虑将 3 个点(1,1)、(2,2)、(3,3)进行主成分分析，求其特征向量和特征值，请读者自行练习这个例子。

8.4 主成分分析的性质

1. 均值

$$\boldsymbol{E}(\boldsymbol{U}^{\mathrm{T}}\boldsymbol{x})=\boldsymbol{U}^{\mathrm{T}}\bar{\boldsymbol{x}} \tag{8-17}$$

2. 方差为所有特征根之和

$$\lambda_1+\lambda_2+\cdots+\lambda_p=\sigma_1^2+\sigma_2^2+\cdots+\sigma_p^2 \tag{8-18}$$

这说明主成分分析把 p 维随机变量的总方差分解成为 p 个不相关的随机变量的方差之和。协方差矩阵 $\boldsymbol{\Sigma}$ 的对角线上的元素之和等于特征根之和，即方差，请读者自行证明该等式，这对理解主成分分析法至关重要。

3. 关于如何选择主成分个数

(1) 贡献率：第 i 个主成分的方差在全部方差中所占比重为 $\lambda_i\Big/\sum_{i=1}^{p}\lambda_i$，称为贡献率，反映了原来 i 个特征向量的信息有多大的提取信息能力。

(2) 累积贡献率：前 k 个主成分共有多大的综合能力，用这 k 个主成分的方差和在全部方差中所占比重 $\sum_{i=1}^{k}\lambda_i\Big/\sum_{i=1}^{p}\lambda_i$ 描述，称为累积贡献率。

进行主成分分析的目的之一是用尽可能少的主成分 $F_1,F_2,\cdots,F_k(k\leqslant p)$ 代替原来的 p 维向量。到底应该选择多少个主成分，在实际工作中，主成分个数取决于能够反映原来变量一定比例的信息量，比如选择累积贡献率≥95%的主成分。

例 设 x_1,x_2,x_3 的协方差矩阵为

$$\boldsymbol{\Sigma}=\begin{bmatrix}1&-2&0\\-2&5&0\\0&0&2\end{bmatrix} \tag{8-19}$$

由 $|\boldsymbol{\Sigma}-\lambda \boldsymbol{I}|=0$，解得特征根为 $\lambda_1=5.83, \lambda_2=2.00, \lambda_3=0.17$。

再由 $(\boldsymbol{\Sigma}-\lambda \boldsymbol{I})\boldsymbol{U}=0$，即 $\Sigma \boldsymbol{U}=\lambda \boldsymbol{U}$，解得

$$\boldsymbol{U}_1=\begin{bmatrix} 0.383 \\ -0.924 \\ 0.000 \end{bmatrix}, \quad \boldsymbol{U}_2=\begin{bmatrix} 0 \\ 0 \\ 1 \end{bmatrix}, \quad \boldsymbol{U}_3=\begin{bmatrix} 0.924 \\ 0.383 \\ 0.000 \end{bmatrix} \tag{8-20}$$

因此，第一个主成分的贡献率为 $5.83/(5.83+2.00+0.17)=72.875\%$，尽管第一个主成分的贡献率并不小，但在本题中第一个主成分不含第三个原始变量的信息，所以应该取后两个主成分。

4. 原始变量与主成分之间的相关系数

因为 $F_j=u_{1j}x_1+u_{2j}x_2+\cdots+u_{pj}x_p$，其中 $j=1,2,\cdots,m, m\leqslant p$，又有 $\boldsymbol{F}=\boldsymbol{U}^{\mathrm{T}}\boldsymbol{X}$，即 $\boldsymbol{UF}=\boldsymbol{X}$，所以可以得到

$$\begin{bmatrix} x_1 \\ x_2 \\ \vdots \\ x_p \end{bmatrix}=\begin{bmatrix} u_{11} & u_{12} & \cdots & u_{1p} \\ u_{21} & u_{22} & \cdots & u_{2p} \\ \vdots & \vdots & & \vdots \\ u_{p1} & u_{p2} & \cdots & u_{pp} \end{bmatrix}\begin{bmatrix} F_1 \\ F_2 \\ \vdots \\ F_p \end{bmatrix} \tag{8-21}$$

8.5　基于主成分分析的人脸识别方法

人脸识别是生物特征识别的一种，是计算机以人的脸部图像或者视频作为研究对象，从而进行人的身份确认。近年来，人脸识别作为一门既有理论价值又有应用价值的研究课题，越来越受到研究者的重视和关注，各种各样的人脸识别方法层出不穷。主成分分析方法就是其中一种。其思想出发点来自人脸的相关性很大，冗余信息多，所以人脸识别的核心问题是提取特征，那么如何去掉冗余信息呢？可以利用主成分分析的方法完成这一任务，计算过程如图 8-4 所示。

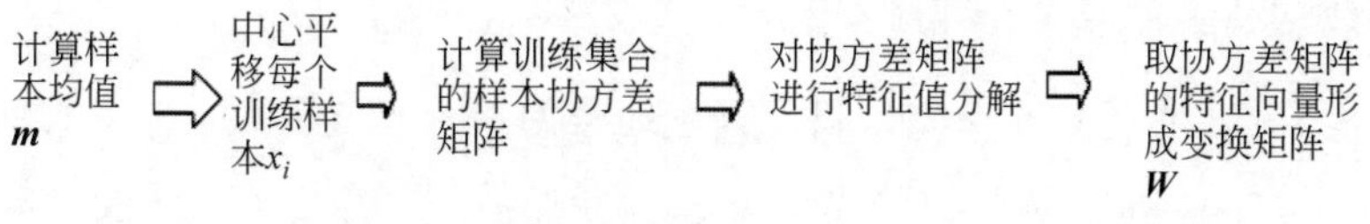

计算样本均值 $\boldsymbol{m}$ ⇨ 中心平移每个训练样本 x_i ⇨ 计算训练集合的样本协方差矩阵 ⇨ 对协方差矩阵进行特征值分解 ⇨ 取协方差矩阵的特征向量形成变换矩阵 $\boldsymbol{W}$

图 8-4　计算过程

输入训练样本集合的协方差矩阵定义为

$$\boldsymbol{\Sigma}_x=\frac{1}{n-1}\sum_{i=1}^{n}(\boldsymbol{x}_i-\bar{\boldsymbol{x}})(\boldsymbol{x}_i-\bar{\boldsymbol{x}})^{\mathrm{T}} \tag{8-22}$$

这里，$\bar{\boldsymbol{x}}$ 是人脸样本均值。PCA 降维是按照特征向量所对应特征值的大小对特征向量排序，选择前 k 个对应最大特征值的特征向量构成变换矩阵 $\boldsymbol{W}_{p\times k}$，这样就完成了从 p 维空间到 k 维空间的投影。对于如图 8-5 所示 64×64 数据集合，其 8 个主成分特征人脸的可视化图如图 8-6 所示。基于以上主成分提取低维向量作为特征进行人脸识别，大大简化了模式识别系统。

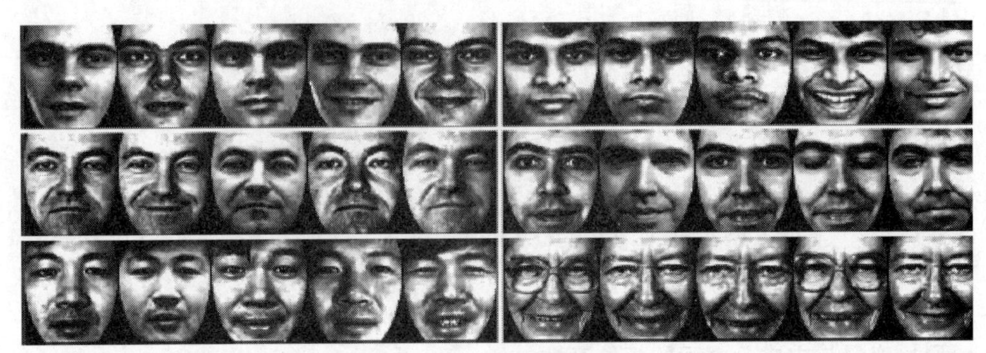

图 8-5　64×64 数据集合

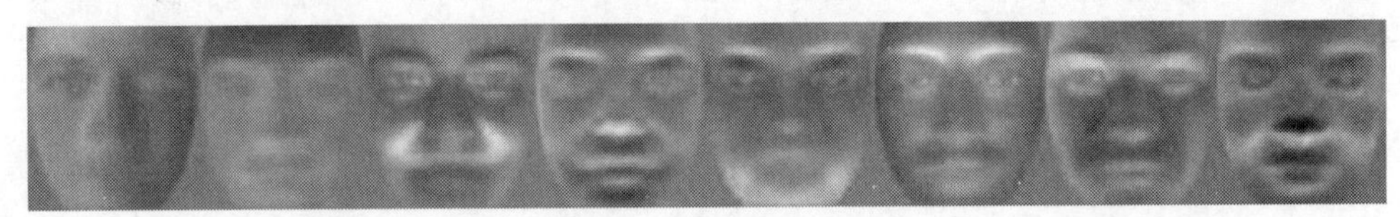

图 8-6　可视化图

8.6 总　　结

PCA 的好处是对数据进行降维处理，我们可以对新求出的"主元"向量的重要性进行排序，根据需要取前面最重要的部分，将后面的维数省去，这样可以达到降维从而简化模型或是对数据进行压缩的效果，同时最大程度地保持了原有数据的信息。PCA 技术的一大优点是，它是无参数限制的，在 PCA 的计算过程中完全不需要人为地设定参数或是根据任何经验模型对计算进行干预。但是，这一点同时也可以看作缺点。如果用户对观测对象有一定的先验知识，掌握了数据的一些特征，却无法通过参数化等方法对处理过程进行干预，就可能得不到预期的效果，效率也不高。

课后习题

1. 主成分分析的协方差矩阵属于________矩阵，其不同特征值所对应的特征向量相互________。

2. 请简要概括主成分分析的基本思想，并尝试从拉格朗日乘子法求解含约束的优化问题的角度对主成分分析进行推导。

3. 设随机变量 $X=(X_1,X_2)'$ 的协方差矩阵为 $\boldsymbol{\Sigma}=\begin{bmatrix}2 & 1\\1 & 2\end{bmatrix}$，试求 X 的特征根和特征向量，并写出主成分。

第 9 章　神经网络与深度学习

引　言

本章介绍深度学习方法，深度学习的概念源于人工神经网络的研究，含多个隐藏层的多层感知器就是一种深度学习结构。深度学习通过组合低层特征形成更加抽象的高层表示属性类别或特征，以发现数据的分布式特征表示。研究深度学习的动机在于建立模拟人脑进行分析学习的神经网络，它模仿人脑的机制解释数据，如图像、声音和文本等。本章首先介绍传统神经网络模型，之后介绍深度学习算法，以及经典深度学习网络模型。

9.1　神经网络及其主要算法

人工神经网络(artificial neural networks，ANN)，是由大量处理单元经广泛互连而组成的人工网络，用来模拟脑神经系统的结构和功能，而这些处理单元就是人工神经元。人工神经网络可看成以人工神经元为节点，用有向加权弧连接起来的有向图。在此有向图中，人工神经元是对生物神经元的模拟，而有向弧则是轴突-突触-树突对的模拟。有向弧的权值表示相互连接的两个人工神经元间相互作用的强弱。

9.1.1　前馈神经网络

构成前馈神经网络的各神经元接受前一级输入，并输出到下一级，无反馈，可用一个有向无环图表示。图的节点分为两类，即输入节点与计算单元。每个计算单元可有任意个输入，但只有一个输出，而输出可耦合到任意多个其他节点的输入。前馈神经网络通常分为不同的层，第 i 层的输入只与第 $i-1$ 层的输出相连，这里认为输入节点为第一层，因此，所谓具有单层计算单元的网络，实际上是一个两层网络。输入和输出节点由于可与外界相连，直接受环境影响，所以输入层和输出层称为可见层，其他的中间层则称为隐藏层，如图 9-1 所示。

9.1.2　感知器

感知器(perceptron)模型是美国学者罗森勃拉特(Rosenblatt)为研究大脑的存储、学习和认知过程而提出的一类具有自学习能力的神经网络模型，它把神经网络的研究从纯理论探讨引向从工程上的实现。感知器是一种双层神经网络模型：一层为输入层；另一层具有

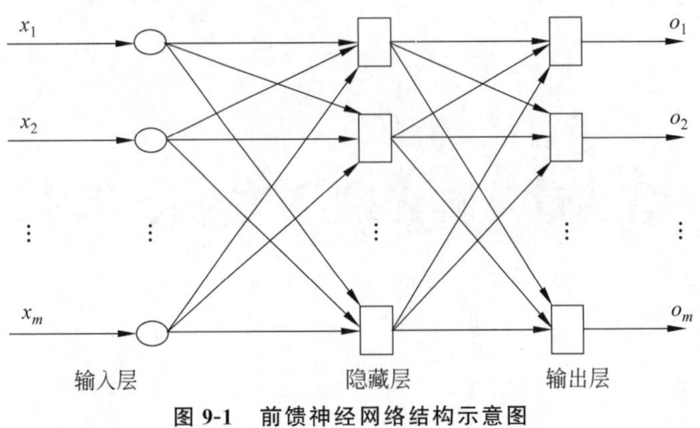

图 9-1　前馈神经网络结构示意图

计算单元,可以通过监督学习建立模式判别的能力,如图 9-2 所示。

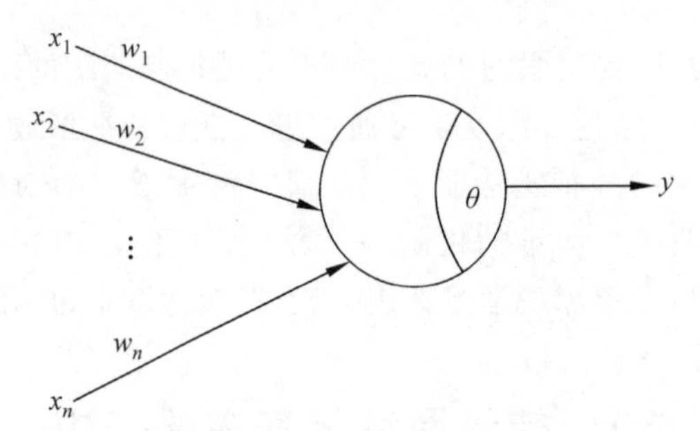

图 9-2　感知器模型示意图

学习的目标是通过改变权值使神经网络由给定的输入得到给定的输出。作为分类器,可以用已知类别的模式向量或特征向量作为训练集,当输入为属于第 j 类的特征向量 $\boldsymbol{X}$ 时,应使对应该类的输出 $y_1=1$,而其他神经元的输出则为 0(或-1),设理想的输出为

$$\boldsymbol{Y}=(y_1,y_2,\cdots,y_m)^{\mathrm{T}} \tag{9-1}$$

实际的输出为

$$\hat{\boldsymbol{Y}}=(\hat{y}_1,\hat{y}_2,\cdots,\hat{y}_m)^{\mathrm{T}} \tag{9-2}$$

为了使实际的输出逼近理想输出,可以反复依次输入训练集中的向量 $\boldsymbol{X}$,并计算出实际的输出 $\hat{\boldsymbol{Y}}$,对权值 ω 作如下的修改

$$\omega_{ij}(t+1)=\omega_{ij}(t)+\Delta\omega_{ij}(t) \tag{9-3}$$

其中

$$\Delta\omega_{ij}=\eta(y_i-\hat{y}_j)x_i \tag{9-4}$$

感知器的学习过程与求取线性判别函数的过程是等价的,此处只指出感知器的一些特性:①两层感知器只能用于解决线性可分问题;②学习过程收敛很快,且与初始值无关。单层感知器不能表达的问题被称为线性不可分问题。1969 年,Minsky 证明了“异或”问题是线性不可分问题。

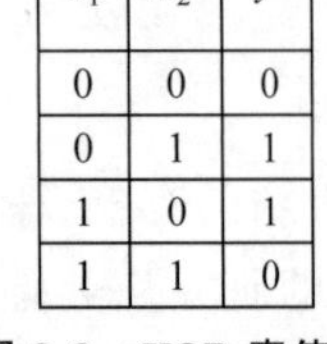

x_1	x_2	y
0	0	0
0	1	1
1	0	1
1	1	0

图 9-3　XOR 真值表

“异或”(XOR)问题运算的定义和相应的逻辑运算真值表如图 9-3 所示。

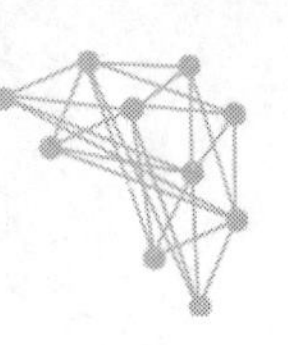

$$y(x_1,x_2)=\begin{cases}0, & x_1=x_2\\1, & \text{其他}\end{cases} \tag{9-5}$$

如果“异或”问题能用单层感知器解决，则由 XOR 的真值表可知 x_1，x_2 和 y 必须满足如下的方程组

$$\begin{cases}x_1+x_2-y<0\\x_1+0-y\geqslant 0\\0+0-y<0\\0+x_2-y\geqslant 0\end{cases} \tag{9-6}$$

显然，该方程组无解，这就说明单层感知器是无法解决异或问题的。异或问题是一个只有两个输入和一个输出，且输入和输出都只取 1 和 0 两个值的问题，分析起来比较简单。对于比较复杂的多输入变量函数来说，到底有多少是线性可分的？多少是线性不可分的呢？相关研究表明，线性不可分函数的数量随着输入变量个数的增加而快速增加，甚至远远超过线性可分函数的个数。也就是说，单层感知器不能表达问题的数量远远超过它所能表达问题的数量。这也难怪当 Minsky 给出单层感知器的这一致命缺陷时，会使人工神经网络的研究跌入漫长的黑暗期。

9.1.3　反向传播算法

当神经元的输出函数为 Sigmoid 函数时，在很宽松的条件下，三层前馈网络可以逼近任意的多元非线性函数，突破了二层前馈网络线性可分的限制。这种三层或三层以上的前馈网络通常又叫作多层感知器(multi-layer perceptron，MLP)。三层前馈网络的适用范围大大超过二层前馈网络，但学习算法较为复杂，主要困难是中间的隐藏层不直接与外界连接，无法直接计算其误差。为解决这一问题，提出了反向传播(back-propagation，BP)算法。其主要思想是从后向前(反向)逐层传播输出层的误差，以间接算出隐藏层误差。算法分为两个阶段：第一阶段(即正向传播过程)输入信息从输入层经隐藏层逐层计算各单元的输出值；第二阶段(即反向传播过程)输出误差逐层向前算出隐藏层各单元的误差，并用此误差修正前导层的权值。

具体来说，反向传播算法的基本思想是：对于样本集 $S=\{(X_1,Y_1),(X_2,Y_2),\cdots,(X_s,Y_s)\}$，逐一根据样本$(X_k,Y_k)$计算出实际输出 O_k 和误差测度 E_1，用输出层的误差调整输出层的权矩阵，并用此误差估计输出层的直接前导层误差来估计更前一层的误差，如此获得所有其他各层的误差估计，并用这些估计实现对权矩阵的修改，形成将输出端表现出的误差沿着与输入信号相反的方向逐级向输入端传递的过程，即对 $\boldsymbol{W}^{(1)},\boldsymbol{W}^{(2)},\cdots,\boldsymbol{W}^{(L)}$ 各做一次调整，重复这个循环，直到 $\sum E_p<\varepsilon$。在反向传播算法中，通常采用梯度法修正权值，为此要求输出函数可微，通常采用 Sigmoid 函数作为输出函数，如图 9-4 所示。

假设图 9-5 是一个简单的前向传播网络，用 BP 算法确定其中的各连接权值时，其具体过程如下。首先，由图 9-5 可知

$$I_3=W_{13}x_1+W_{23}x_2\quad O_3=f(I_3) \tag{9-7}$$

$$I_4=W_{34}O_3\quad O_4=y_1=f(I_4) \tag{9-8}$$

$$I_5=W_{35}O_3\quad O_5=y_2=f(I_5) \tag{9-9}$$

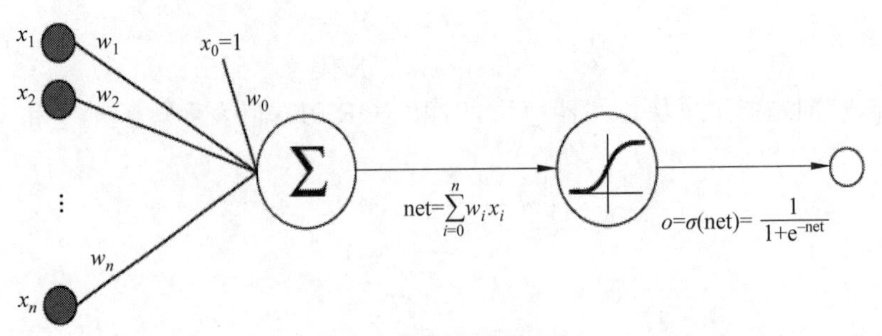

图 9-4　神经网络示意图

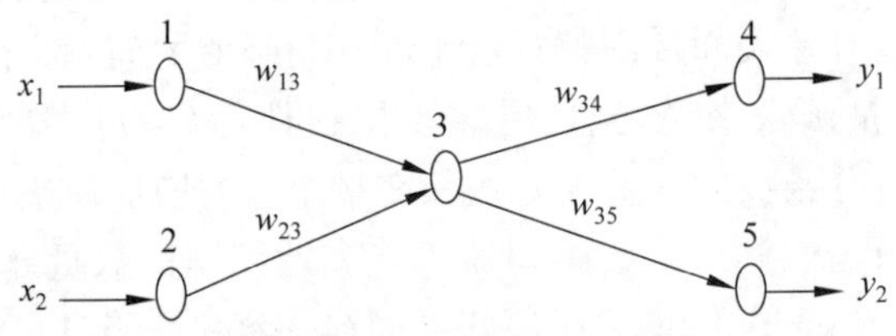

图 9-5　前向传播网络示意图

$$e=\frac{1}{2}[(y'_1-y_1)^2+(y'_2-y_2)^2] \tag{9-10}$$

反向传输时计算过程如下。

(1) 计算$\frac{\partial e}{\partial \boldsymbol{W}}$。

$$\begin{aligned}
\frac{\partial e}{\partial W_{13}}&=\frac{\partial e}{\partial I_3}\cdot\frac{\partial I_3}{\partial W_{13}}=\frac{\partial e}{\partial I_3}x_1=\delta_3 x_1\\
\frac{\partial e}{\partial W_{23}}&=\frac{\partial e}{\partial I_3}\cdot\frac{\partial I_3}{\partial W_{23}}=\frac{\partial e}{\partial I_3}x_2=\delta_3 x_2\\
\frac{\partial e}{\partial W_{34}}&=\frac{\partial e}{\partial I_4}\cdot\frac{\partial I_4}{\partial W_{34}}=\frac{\partial e}{\partial I_4}O_3=\delta_4 O_3\\
\frac{\partial e}{\partial W_{35}}&=\frac{\partial e}{\partial I_5}\cdot\frac{\partial I_5}{\partial W_{35}}=\frac{\partial e}{\partial I_5}O_3=\delta_5 O_3
\end{aligned} \tag{9-11}$$

(2) 计算 δ。

$$\begin{aligned}
\delta_4&=\frac{\partial e}{\partial I_4}=(y_1-y'_1)f'(I_4)\\
\delta_5&=\frac{\partial e}{\partial I_5}=(y_2-y'_2)f'(I_5)\\
\delta_3&=(\delta_4 W_{34}+\delta_5 W_{35})f'(I_3)
\end{aligned} \tag{9-12}$$

也就是说,δ_3 的计算要依赖于与它相邻的上层节点的 δ_4 和 δ_5 的计算,三层前馈网络的输出层与输入层单元数是由问题本身决定的。作为模式判别时,输入单元数是特征维数,输出单元数是类数。但中间隐藏层的单元数如何确定,则缺乏有效的方法。一般来说,问题越复杂,需要的隐藏层单元越多;或者说同样的问题,隐藏层单元越多,越容易收敛。但是隐藏层单元数过多,会增加使用时的计算量,而且会产生“过学习”效果,使对未出现过的样本的

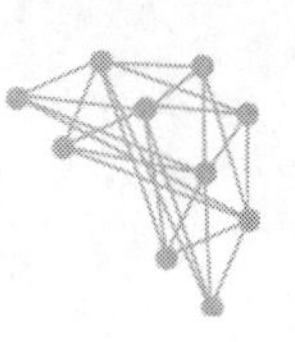

推广能力变差。对于多类的模式识别问题来说，要求网络输出把特征空间划分成一些不同的类区（对应不同的类别），每一隐藏层单元可形成一个超平面。我们知道，N 个超平面可将 D 维空间划分成的区域数为

$$M(N,D)=\sum_{i=0}^{D} N_i \tag{9-13}$$

当 $N<D$ 时，$M=2^N$。设有 P 个样本，我们不知道它们实际上应分成多少类，为保险起见，可假设 $M=P$，这样，当 $N<D$ 时，可选隐藏层单元数 $N=\log_2 P$ 作为参考数。因为所需隐藏层单元数主要取决于问题复杂程度而非样本数，只是复杂的问题确实需要大量样本。

当隐藏层单元数难以确定时，可以先选较多的隐藏层单元数，待学习完成后，再逐步删除一些隐藏层单元，使网络更为精简。删除的原则可以考虑某个隐藏层单元的贡献。例如，其输出端各权值绝对值大小，或输入端权向量是否与其他单元相近。更直接的方法是，删除某个隐藏层单元，继续一段学习算法；如果网络性能明显变坏，则恢复原状，逐个测试各隐藏层单元的贡献，把不必要的删去。从原理上讲，BP 算法完全可用于四层或更多层的前馈网络。三层网络可以应付任何问题，但对于较复杂的问题，更多层的网络有可能获得更精简的结果。遗憾的是，BP 算法直接用于多于三层的前馈网络时，陷入局部极小点而不收敛的可能性很大。此时需要运用更多的先验知识缩小搜索范围，或者找出一些原则来逐层构筑隐藏层。

BP 算法理论基础牢固，推导过程严谨，物理概念清晰，通用性好，所以它是目前用来训练前向多层网络较好的算法。但是，该学习算法的收敛速度慢，网络中隐节点个数的选取尚无理论上的指导，而且从数学角度看，BP 算法是一种梯度最速下降法，这就可能出现局部极小问题。当出现局部极小问题时，从表面上看误差符合要求，但这时所得到的解并不一定是问题的真正解，所以 BP 算法是不完备的。

9.2 深度学习

9.2.1 深度学习算法基础与网络模型

深度学习（deep learning）的概念是 2006 年左右 Geoffrey Hinton 等提出的，对传统的人工神经网络算法进行了改进，通过模仿人的大脑处理信号时的多层抽象机制完成对数据的识别分类。深度学习中的 deep，指的是神经网络多层结构。在传统的模式识别应用中，基本处理流程是首先对数据进行预处理，之后在预处理后的数据上进行特征提取（feature extraction），然后利用这些特征采用各种算法，如 SVM、CRF 等训练出模型，并将测试数据的特征作为模型的输入、输入分类或标注的结果。在这个流程中，特征提取是至关重要的步骤，特征选取的好坏直接影响模型分类的性能。而在实际应用中，设计合适的特征是一项充满挑战的工作，以图像为例，目前常用的特征还是少数几种，如 SIFT、HOG 等。而深度学习方法可以首先从原始数据中无监督地学习特征，将学习到的特征作为之后各层的输入，这样就省去了人工设计特征的步骤，很多人对此寄予厚望。虽然 20 世纪 80 年代研究者已经提出神经网络算法，但在长时间内神经网络的应用范围有很大的局限。浅层网络的学习能力有限，而在计算神经网络模型参数的过程中，人们主要使用的方法是首先随机化初始网络各层参数的权重，之后根据训练数据上方差函数最小的原则，采用梯度下降法迭代计算参数。

这种方法并不适用于深层网络的参数训练，模型的参数往往收敛不到全局最优解。为此，深度学习提出不同的参数学习策略，首先逐层学习网络参数，之后进行调优。具体地，首先逐层训练模型参数，将上一层的输出作为本层的输入，经过本层的编码器(即由激励函数构成)产生输出，调整本层的参数使得误差最小，如此即可逐层训练，每一层的学习过程都是无监督学习。最后可使用反向传播等算法对模型参数进行微调，用监督学习调整所有层。常用的深度学习方法有栈式 AutoEncoder、Sparse Coding、RBM(restrict Boltzmann machine)等。

9.2.2 深度学习算法原理

深度学习的概念源于人工神经网络的研究，含多个隐藏层的多层感知器就是一种深度学习结构。深度学习的动机在于建立能够模拟人脑进行分析学习的神经网络，以此模仿人脑的机制解释图像、声音、文本等数据。深度学习具有学习和决策的能力，以下几个环节发挥了重大的作用。

1. 激活函数

激活函数(activation function)是深度学习能学习到非线性特征的一个重要原因，没有激活函数的神经网络，只是一些线性映射层的多层堆叠，无论怎么增加层数，也很难从数据中学习到表达能力强的特征。这与生物神经系统的激活机制十分类似，神经元在接受其他神经元释放的神经递质时，只有当刺激达到一定强度时才会传递信号。

常用的激活函数有 Sigmoid、Tanh、ReLU 等，其中 Sigmoid 是较为流行的激活函数，它在神经网络中使用十分频繁。Sigmoid 函数的定义如下

$$\text{Sigmoid}(x)=\frac{1}{1+\mathrm{e}^{-x}}\in(0,1) \tag{9-14}$$

图 9-6 给出了 Sigmoid 函数与其导数。如图 9-6(a)所示，Sigmoid 函数单调递增，值域范围限制在(0,1)区间，这也很形象地描绘了神经元受到激活的情形——原点左侧几乎没有被激活，而右侧能得到较好的激活。此外，可以从图 9-6 看出 Sigmoid 函数在原点左右两侧非常平坦，对应的 Sigmoid 激活函数导数趋向于 0，这样，在根据链式法则反向传播时，往往会导致梯度趋于 0，容易引起梯度消失的问题。

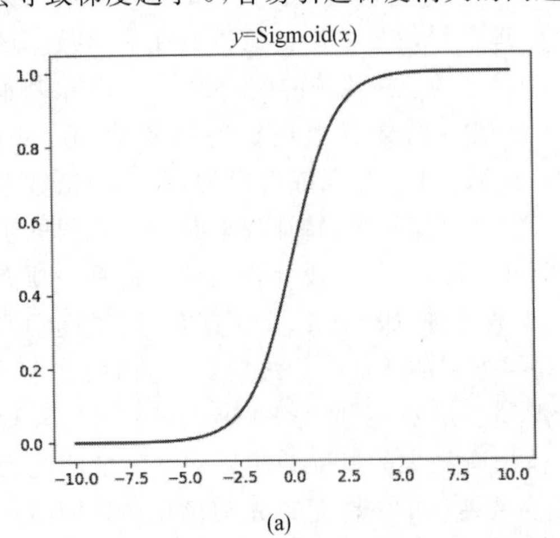

(a)

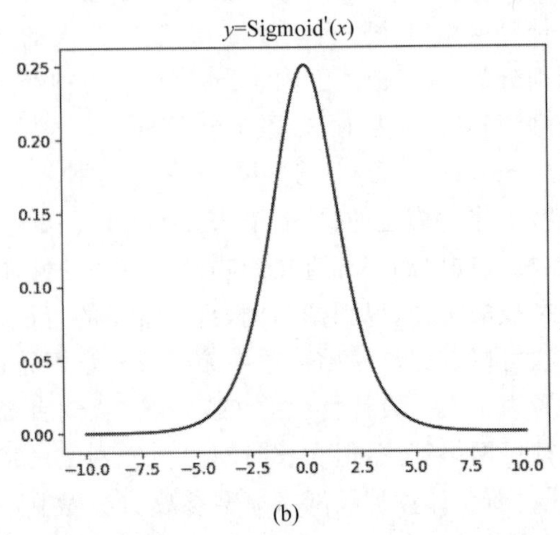

(b)

图 9-6 Sigmoid 函数与其导数

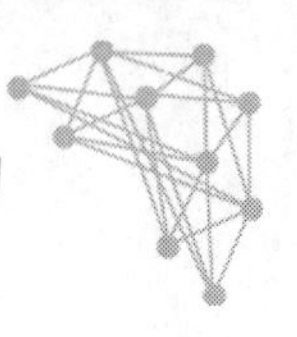

另一个常用的激活函数为双曲正切函数 Tanh，即

$$\mathrm{Tanh}(x)=\frac{1-\mathrm{e}^{-2x}}{1+\mathrm{e}^{-2x}}\in(-1,1) \tag{9-15}$$

Tanh 函数与其导数的图像如图 9-7 所示。与 Sigmoid 相比，该激活函数将输入数据压缩到(−1,1)区间，且均值为 0，但也同样存在着梯度消失的问题。

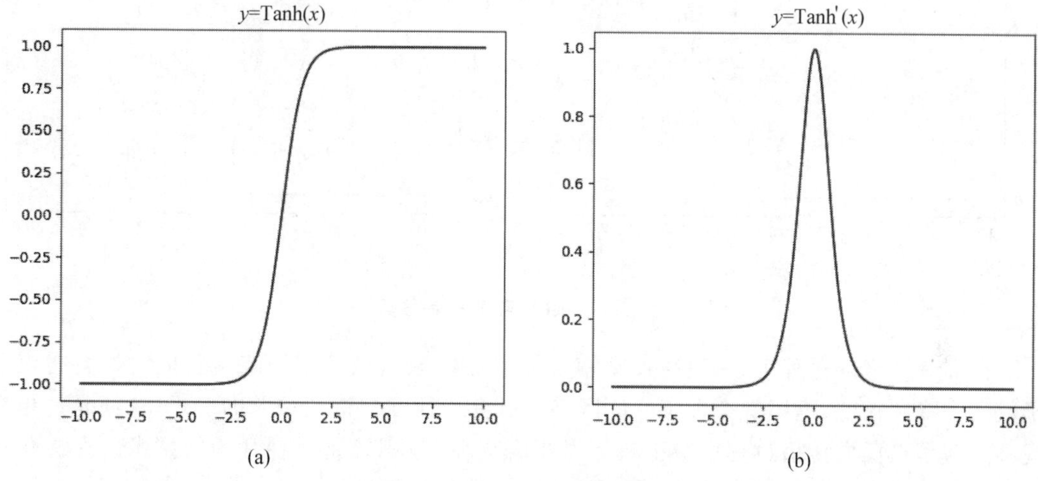

图 9-7　Tanh 函数与其导数

线性整流函数 ReLU(rectified linear unit)的出现较好地解决了 Sigmoid、Tanh 带来的梯度消失的问题，其又称为修正线性单元，近些年应用十分广泛，表达形式也十分简单，即

$$\mathrm{ReLU}(x)=\begin{cases}x, & x\geqslant 0\\ 0, & x<0\end{cases} \tag{9-16}$$

相比前面两个激活函数，ReLU 激活函数的优点是在激活区域的导数为恒定的非 0 值，且求导计算简单，在缓解梯度消失问题的同时，也能加快网络的收敛速度。但由于原点左侧的导数恒为 0，在梯度反传时流经该神经元后梯度就都变成了 0，之后的权重无法得到更新，造成“死亡神经元”的问题。针对这个问题，一些其他激活函数被提出，但仍不妨碍 ReLU 成为近年来人们最常用的激活函数。ReLU 函数与其导数如图 9-8 所示。

2. 反向传播与正则化策略

在神经网络训练阶段，在神经网络中的数据流动分为正向传播和反向传播两个环节。数据从神经网络的输入层，依次与中间隐藏层的参数进行运算，一直传播到输出层，这个过程称为正向传播。得到输出后，通过目标函数或者损失函数计算预测值与实际值的误差，而反向传播则是应用链式法则，求解损失函数对所有待优化参数的梯度，并一步步更新中间参数。

在训练深度学习网络的过程中，正向传播与反向传播是交替进行的，反向传播需要在正向传播中得到的中间变量来进行计算，而每次正向传播前都要反向传播来更新参数，因此，在训练过程中有许多中间变量需要存储，这也是深度学习需要占用较大内存或者显存的原因。而当一个神经网络训练完成，参数固定后，若想用它进行任务的推断，则只进行数据正向传播即可。

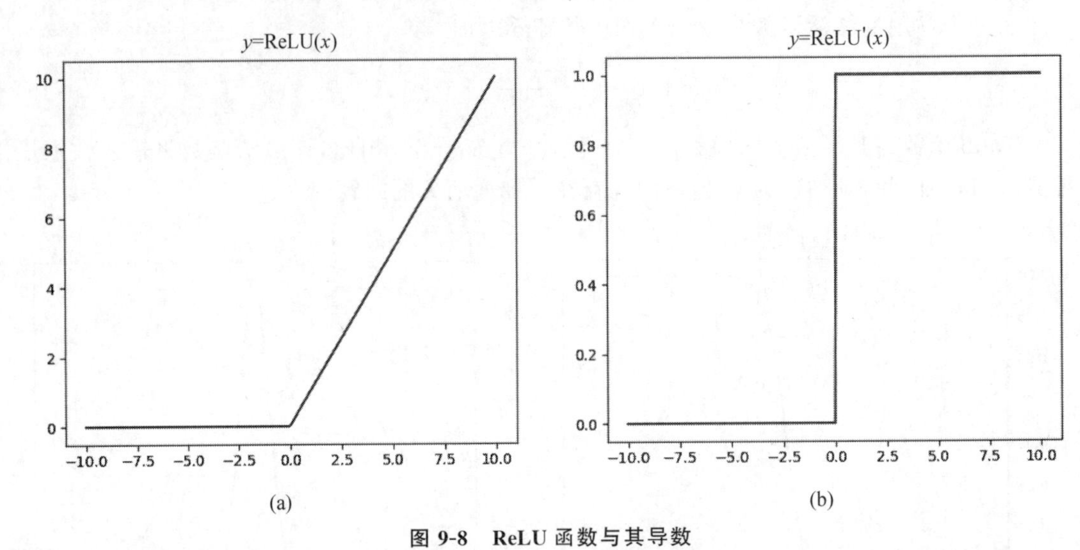

图 9-8 ReLU 函数与其导数

在训练网络的过程中，一般通过观察误差函数判断这个模型训练是否成功。有时误差函数已经降到很低，但用这个训练好的网络测试其他数据却得到较差的表现，这便是过拟合现象。为了在反向传播过程中减少模型过拟合现象，正则化是一种常用的技术。在优化模型参数时，往往通过最小化目标函数或者损失函数实现，即$\min_w J(w;X,y)$，其中w为待优化的参数；X和y分别为训练样本与对应的标签。为了让模型能够适应不同的数据集，避免过拟合，往往希望权重尽可能小，于是考虑加入正则项$\Omega(w)=\frac{1}{2}\|w\|_2^2$作为参数范数惩罚减小权重。添加正则项后的目标函数变成了$J(w;X,y)=J(w;X,y)+\alpha\Omega(w)$，其中$\alpha$是调节惩罚项权重的参数。正则项的存在，使得梯度多了一个w的一次项，于是在更新参数时会有一个常数衰减$w\leftarrow(1-\varepsilon\alpha)w-\varepsilon\nabla_w J(w;X,y)$，其中$\varepsilon$为学习率，$\nabla_w J()$为目标函数对参数$w$的梯度。

3. 优化算法

当模型和损失函数较简单时，可以通过求解析解的方式最小化误差。但如果模型或者损失函数较复杂，难以求得解析解，便只能通过一些有限迭代的优化算法降低损失函数的值，即数值解，人们也把这些深度学习中的优化算法称为优化器。深度学习中常用的优化器有很多种，如批量梯度下降(batch gradient descent，BGD)及其变种、自适应的方法(如AdaGrad、Adam 等)。每种优化器都有其利弊，需要根据任务选择合适的优化算法。本节主要介绍较为经典的随机梯度下降(stochastic gradient descent，SGD)算法。

梯度下降使用整个训练集的数据计算损失函数$J(w)$对参数的梯度$\nabla_w J(w)$，并沿梯度的反方向更新参数以最小化损失函数。但在一次更新中，BGD 的计算量十分巨大，每次迭代都要遍历整个训练集，会造成训练过程缓慢且不稳定。与 BGD 相比，SGD 每次更新时会对每个样本(或者每个批次的样本)进行梯度更新，可能每次更新并不都朝着整体最优的方向，但在训练速度快、学习率设置合适的前提下仍能较好地收敛。当然，SGD 也有其局限性，如更新频繁、容易产生振荡、容易收敛到局部最小值等。后续也有一些工作对 SGD 进行改进，如加入动量、加入自适应的方法等。

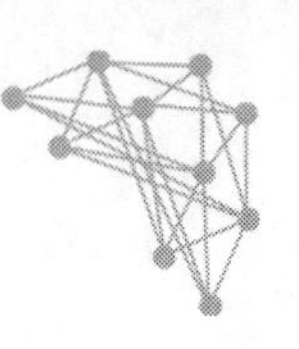

针对 SGD 存在的问题,可以选择使用自适应优化学习率的方法。自适应梯度(adaptive gradient,AdaGrad)优化算法对每个不同的参数调整不同的学习率,对于变化比较频繁的参数使用更小的步长进行更新,而较为稀疏的参数则用较大的步长更新。但如果 AdaGrad 没有在前期找到较优解,而后期学习率进一步降低,则更难以趋向最优解。均方根反向传播(root mean squared propagation,RMSProp)通过将 AdaGrad 中的梯度积累改变为指数加权移动平均,并结合这个值调节学习率的变化,使得其能够在不稳定的目标函数下很好地收敛。

自适应矩阵估计(adaptive moment estimation,Adam)收敛速度更快,其结合了 AdaGrad 与 RMSProp 两种优化算法的优点,同时又综合考虑之前时间的梯度动量,从而计算更新步长。实验表明,Adam 比其他自适应学习方法效果更好,有计算高效、内存占用少、自动调整学习率等优点,是一个性能较为优秀的优化器。

4. 学习率

为了最小化网络的损失函数,学习率是一个非常关键的超参数。这个超参数决定了权重更新的快或慢,如果学习率设置得较低,则网络训练会十分缓慢。相反,如果学习率设置得较高,则可能跳出最优解,使网络收敛到不理想的结果。因此,我们希望设置一个较为理想的学习率,来尽可能地减少网络的损失。

在训练神经网络时,一种常见的设置学习率的方法是在初始时使用较大的学习率,然后在后期减小学习率。但由于刚开始训练时,网络模型的权重是随机初始化的,此时使用较大的学习率可能导致模型的不稳定振荡。于是,有人提出 Warmup 预热学习率的方式(见图 9-9),最开始训练的几个 Epochs 使用较小的学习率,然后使学习率慢慢增大,直到模型逐渐趋于稳定后达到预先设置的学习率进行训练,此后学习率再慢慢衰减,这样可以使得模型的收敛速度更快,得到的效果更佳。

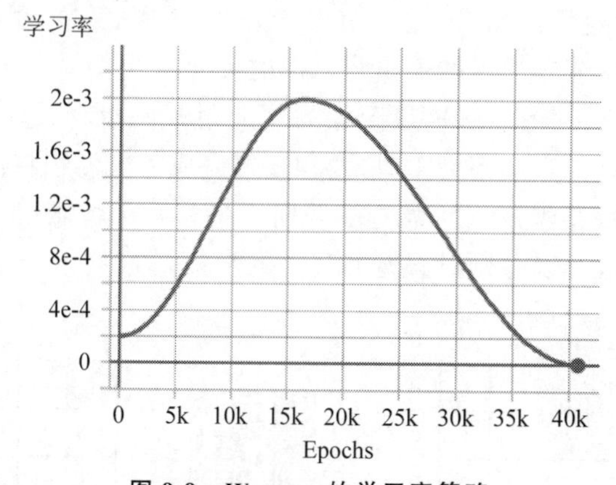

图 9-9　Warmup 的学习率策略

9.2.3　卷积神经网络算法原理

卷积神经网络的出现是深度学习能够在计算机视觉领域大放异彩的重要原因。本节将介绍卷积神经网络中的一些重要结构,包括卷积层、池化层、全连接层、归一化层等。这些部件的灵活组合使得卷积神经网络能够学习到数据的更复杂、高层次的特征和模式。

1. 卷积层

卷积层是卷积神经网络的核心组成部分，也是卷积神经网络能够提取非线性特征的重要依据。

卷积的过程由卷积核与输入图像运算完成，如图 9-10 所示。卷积核通常为一个正方形矩阵，也被称作滤波器或者卷积模板。将卷积核在输入图像上沿高度或者宽度滑动，输入图像在卷积窗口内的每个元素与卷积核上对应位置的元素相乘后求和，便得到该窗口内的卷积输出。这个输出就是该局部邻域内的特征，卷积核的大小称为感受野。

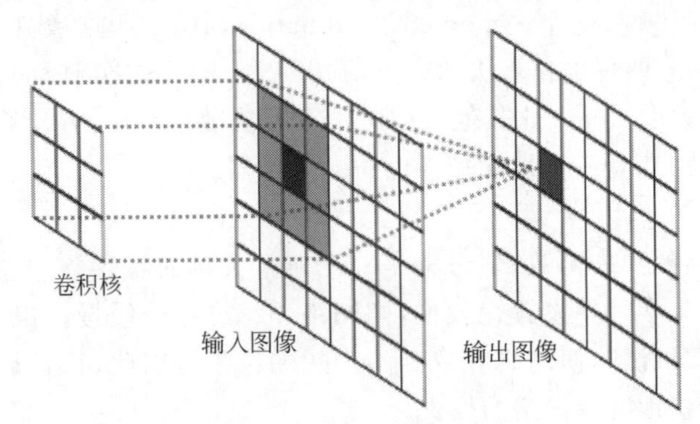

图 9-10　卷积过程示意图

使用一个卷积核遍历整幅图像时，卷积后的输出与原先图像的尺寸是不同的。这主要因为图像最边缘的像素点无法与卷积核的中心重合，无法映射到输出的特征图，导致输出的特征图尺寸较原图要小。同样，也应该考虑卷积模板在输入图像上滑动的准则，不同准则下得到的输出尺寸也有差异。因此下面先介绍填充和步幅两个概念。

填充(padding)操作指在原始图像的四周填充元素(通常为 0)即可，填充 0 的行数或者列数由卷积核的大小决定。例如，当卷积核大小为 3×3 时，只在输入图像的四周填充一行或者一列 0 元素，就能保证卷积后的输出与原图的尺寸一致。

如图 9-11 所示，卷积时将卷积核从图像的左上角开始滑动，这个滑动的步长是可以人为定义的，通常称为步幅。当步幅为 1 时，卷积核每完成一次卷积将向右移动一个像素(即 1 列)；完成该行的卷积后，卷积核返回最左端并向下平移一个像素(即 1 行)。有时为了满足某些特定任务的需求，也可以分别设置宽和高上的步幅。

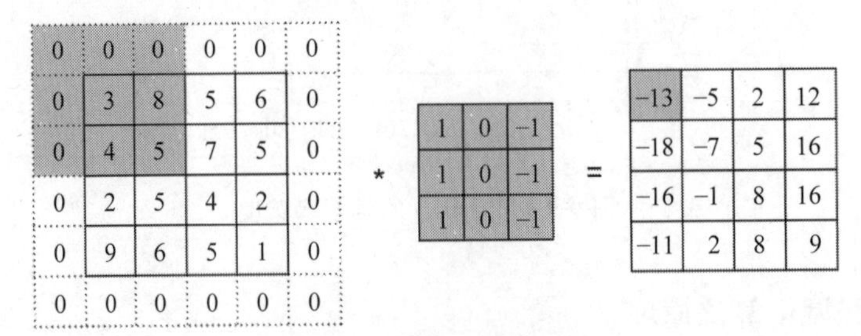

图 9-11　卷积过程的计算

2. 池化层

池化层在神经网络中往往在卷积层之间出现，其最直观的功能是缩小特征图的尺寸，这

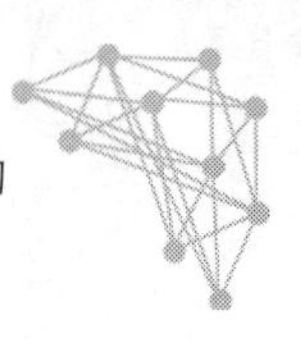

样一方面可以压缩参数量，简化网络的计算；另一方面还能聚合特征，使网络提取到不同尺度的信息。

池化操作是在一个池化窗口中(一般为 2×2) 进行计算，这一点与卷积类似，只是不像卷积核一样需要优化参数。常用的池化有最大池化与平均池化，最大池化是在池化窗口中取最大值，平均池化则是在池化窗口中取平均值。图 9-12 分别为最大池化与平均池化的示例。

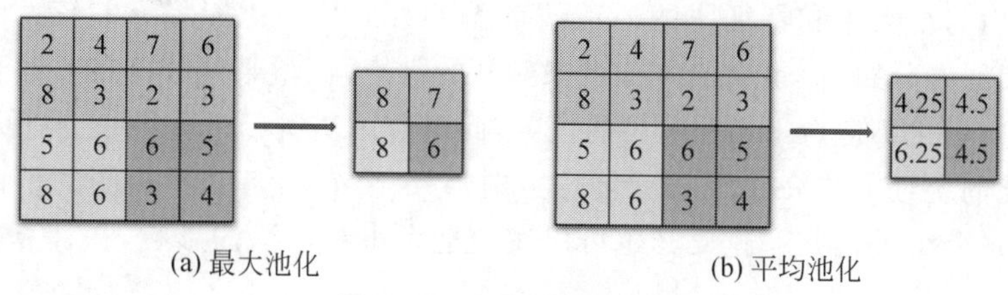

(a) 最大池化　(b) 平均池化

图 9-12　池化过程的计算

3. 全连接层

全连接层往往位于卷积神经网络的末端，其作用是将前面卷积层产生的特征图展开成一个一维向量，即输入图像包含高级语义信息的特征向量。如果是分类任务，往往在多个全连接层后得到一个维数等于类别数的特征向量，该向量的每一维即某个类别的概率。

4. 归一化层

常见的归一化方法有批归一化(batch normalization，BN)、层归一化(layer normalization，LN)、实例归一化(instance normalization，IN)、组归一化(group normalization，GN)等。

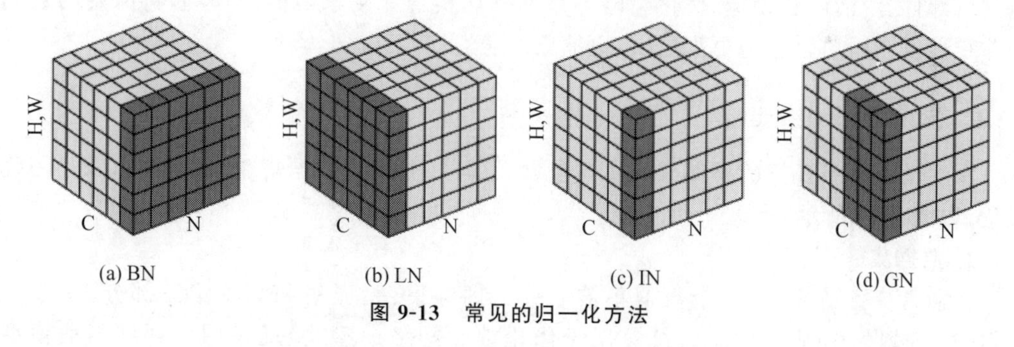

(a) BN　(b) LN　(c) IN　(d) GN

图 9-13　常见的归一化方法

批归一化层即 BN 层，它使得训练较深的神经网络成为可能，并且使网络可以更好、更迅速地收敛。数据在送入神经网络时，都是成批输入的，但如果不同批次数据分布差异较大，或者训练集与测试集数据分布差异较大，就会导致神经网络的性能降低，变得难以训练，或者产生过拟合现象。批归一化操作一般在卷积层之后，激活函数之前，对输入的一个批次特征图中的每个通道求解均值和方差，即对每个通道在这一批样本中做归一化操作。这样会使得整个神经网络在不同层的数值都相对稳定，也可以减少训练时梯度爆炸等情况的发生。

值得注意的是，使用批归一化训练时，往往希望批的大小尽可能大，这样可以让一个批次内的均值和方差更准确；但在测试时，单个样本的输出不应该依赖于某个批次的分布，这时可以使用整个训练集的均值和方差处理测试集的每个批次，具体来说，对于测试样本归一

化时的均值,可以通过直接计算训练集中所有 batch 均值的平均值来求得,对于方差则使用训练集中每个 batch 方差的无偏估计。

层归一化与 batch 无关,而是在特征图的通道、长与宽的维度上进行标准化,每个样本都计算独立的均值和方差。层归一化不依赖批大小的特点,使得其适合处理序列化的数据,例如自然语言处理中的循环神经网络,但在卷积神经网络中的表现不如批归一化等方法。

实例归一化将统计范围进一步缩小至单个通道的特征图,在特征图的每一通道上计算均值和方差,而与批大小和特征图的通道数都无关。批归一化能将方差较大的一批数据归一化到较为相似的分布,但也会给训练带来额外的噪声,使得某一样本的输出依赖于其他样本。同时,批归一化不适合 batch 较小的任务,此时应用实例归一化往往会有更佳的效果。

组归一化的统计方式介于层归一化与实例归一化,它将某一特征图的不同通道分为多个组,然后对每个组进行归一化。其也可以避免批大小对训练的影响,在计算机视觉任务中有不错的表现。

9.3 深度学习网络模型

计算机视觉任务的快速发展,依赖于深度学习网络模型的发展。在深度学习开发框架支持下,深度学习网络模型不断更新迭代,模型架构从经典的卷积神经网络(convolutional neural network,CNN)、循环神经网络(recurrent neural network,RNN),也称为递归神经网络,发展到 Transformer、多层感知机(multi-layer perceptron,MLP),它们可以统一视为通过网络部件、激活函数设定、优化策略等系列操作实现深度学习网络模型,将原始的数据采用非线性复杂映射转变为更高层次、更抽象的表达。

9.3.1 深度学习网络架构

深度学习网络模型的整体架构主要包含 3 部分,分别为数据集、模型组网以及学习优化过程,如图 9-14 所示。

1. 数据集

在通常任务情况下,整个数据集被划分为训练集、验证集和测试集三部分,一般采用 7∶1∶2 的划分比例。其中,训练集用于优化神经网络模型,验证集用于评估当前模型结果,测试集用于最终模型的预测。

2. 模型组网

网络模型一般由卷积、池化、全连接等隐藏单元组成。在模型组网时,根据所需要处理的数据和实际任务设计和调整模型的结构和隐藏层的数量(n 和 m)。通过调整网络模型的深度或宽度、采用跳跃连接、密集连接等操作,实现对模型结构的调整。

3. 学习优化过程

深度学习网络模型的训练过程即优化过程,模型优化最直接的目的是通过多次迭代更新寻找使得损失函数尽可能小的最优模型参数。通常,神经网络的优化过程可分为两个阶段:第一阶段,通过前向传播得到模型的预测值,并将预测值与真值标签进行比对,计算两者之间的差异并将其作为损失值;第二阶段,通过反向传播计算损失函数对每个参数的梯

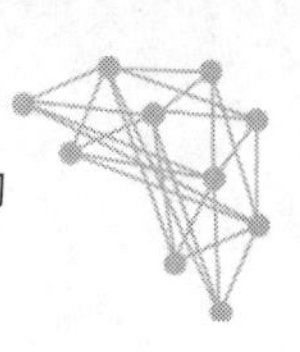

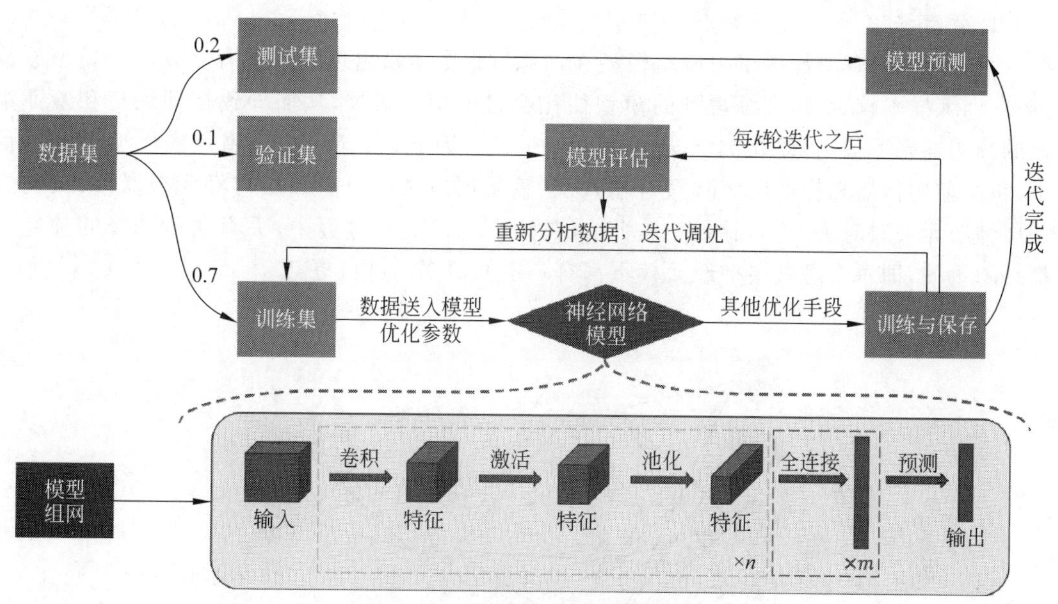

图 9-14　深度学习网络模型架构

度，根据预设的学习率和动量更新每个参数的值。

在学习优化过程中，首先将训练集送入搭建好的网络模型中，由网络模型对输入数据进行多次非线性映射，从而将原始数据变换至高维抽象特征空间中，并且与标签进行比对以计算损失。通过梯度反传进行迭代调优，使得网络模型能够正确分析和拟合数据的特性规律，每 k 次迭代之后，由验证集对当前模型性能进行评估，进而辅助模型调参。最后，当迭代优化完成之后，将训练好的模型在测试集上进行预测。

总之，一个“好”的网络模型通常具有以下特点。首先，模型易于训练，即训练步骤简单，且容易收敛。其次，模型精度高，即能很好地把握数据的内在本质，可以提取到有用的关键特征。最后，模型泛化能力强，即模型不仅在已知数据上表现良好，而且还能在与已知数据分布一致的未知数据集上表现鲁棒。

9.3.2　网络模型优化

深度学习网络模型的训练往往依赖于数据样本，样本的数量与多样性会直接影响模型最终的性能。如果训练样本太少或者网络模型过于复杂，则容易出现过拟合现象，导致模型鲁棒性和泛化能力变差。同时，深度学习网络模型通常是一种非线性的神经网络模型，其采用的损失函数是一个非凸函数。在模型迭代优化过程中，最小化损失函数本质上可以看作一种非凸优化问题，因此会存在许多局部最优解。当深层神经网络进行梯度反传时，损失误差经过每一层的传递会不断衰减，有可能出现梯度消失问题。深度学习网络模型一般具有很大的参数量，为模型的优化训练带来巨大挑战。

为了克服深度学习网络模型在训练过程中难以优化的问题，通常会引入多种训练优化技巧来分别解决模型过拟合、梯度弥散、参数量大等问题。下面介绍几种在训练中常用的方法，包括丢弃法(dropout)、权重衰减(weight decay)以及参数初始化(weights initialization)。

1. 丢弃法

丢弃法主要解决深度学习网络模型在训练过程中容易出现的过拟合问题。当模型参数较多,训练样本较少时,训练得到的模型往往会过度拟合数据,从而导致在训练集和验证集上的预测准确率很高,但在测试集上表现却很差。因此,丢弃法的作用是在模型训练过程中,每次前向传播和梯度反传时只有输入层、输出层以及部分隐藏层神经元被激活,其他隐藏层神经元被暂时丢弃。如图 9-15 所示,在整个迭代优化过程中,丢弃法所选择的神经元都是随机的,即每个隐藏层神经元权重都有一定的概率不进行更新。

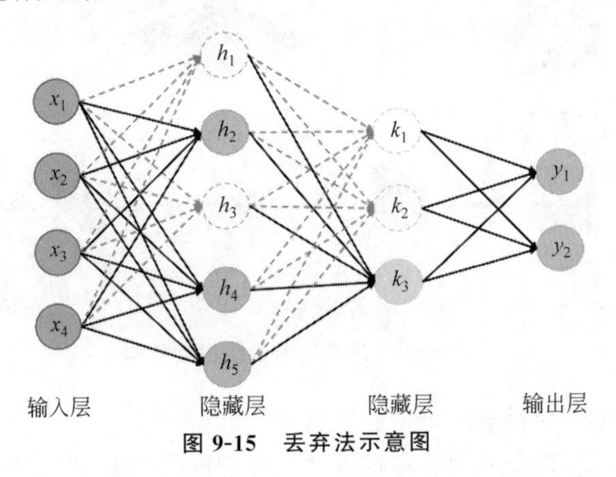

图 9-15　丢弃法示意图

丢弃法因为在每次迭代优化时按照一定概率选择部分神经元进行激活,将另一部分神经元从网络模型中暂时丢弃,所以能够有效降低网络模型的计算量,而且可以缓解网络模型的过拟合,达到一定的正则化效果。

2. 权重衰减

权重衰减是深度学习网络模型训练中另一种常见的用于有效缓解过拟合的方法,又称为 L_2 范数正则化。如式(9-17)所示,它在原来损失函数的基础上增加正则化项作为惩罚项,从而对模型的权重参数进行约束。该惩罚项由预先设定的一个超参数作为权重衰减项的系数,然后乘以模型参数权重的每个元素的平方和。该超参数通常是一个大于零的常数,常数值越大,表示在损失函数中所占比重越大,模型学到的权重参数越接近 0。

$$\mathcal{L}_{\text{new}}=\mathcal{L}(\omega)+\lambda\|\omega\|^2 \tag{9.17}$$

其中,ω 表示模型的权重参数,λ 是预先设定的惩罚项的超参数,$\mathcal{L}(\omega)$表示原来的损失函数。

计算完损失进行梯度反传时,正则化项会使得权重参数先乘以一个小于 1 的数,然后减去不包含正则化项的梯度。所以,模型的权重参数能够在迭代优化中不断衰减,有效地降低模型过拟合的可能性。

3. 参数初始化

参数初始化是深度学习网络模型在开始训练之前需要完成的一个关键过程,直接影响网络模型能否高效且精准地收敛。为了便于理解,假设模型所有的隐藏层都采用相同的激活函数,并且对模型所有参数进行全零初始化,那么,在反向传播的时候,每个隐藏层神经元的参数会计算得到相同的梯度,在参数迭代更新之后每个神经元的参数依旧是相同的,相当于每个隐藏层只有一个神经元起作用,这显然是不合理的。

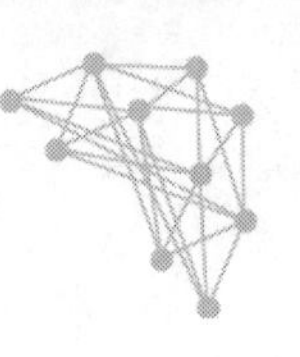

因此,通常选择采用高斯分布或者均匀分布等方式对模型参数进行随机初始化,使每个神经元具有不同的初始参数,以保证在反向传播时获得不同的梯度,从而使网络模型参数快速准确地收敛到全局最优值。

9.3.3　代表性的网络模型

随着深度学习的蓬勃发展,神经网络(neural network,NN)也逐渐由简单、浅层神经网络向复杂、深度神经网络的方向发展,其中典型的有 CNN 和 RNN。此外,近年来,Transformer 和 MLP 也逐渐席卷各大计算机视觉任务,成为继 CNN 之后比较前沿的视觉处理技术。

1. 卷积神经网络模型

LeCun 发表于 1998 年的 LeNet 可以看作 CNN 结构的开山之作,它第一次定义了卷积神经网络中的卷积层、池化层、全连接层等基本结构,其与当前常用的 CNN 结构十分类似,不同点在于卷积核的尺寸不一样,以及池化与激活函数两层顺序不同,其网络结构如图 9-16 所示。

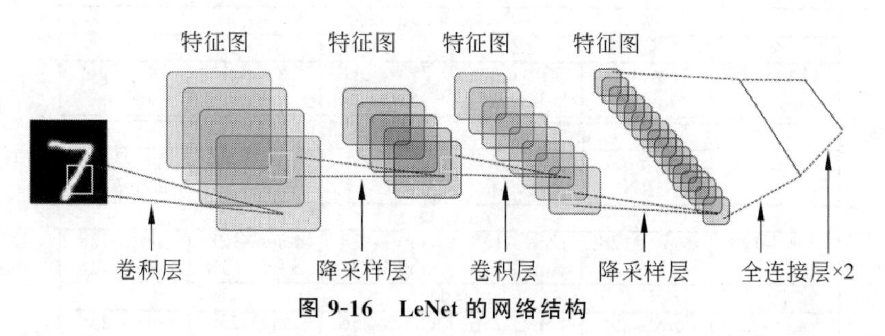

图 9-16　LeNet 的网络结构

2012 年提出的 AlexNet 成为卷积神经网络迈向深度卷积网络的一个重要标志,其将网络层数加深到 8 层,并在 ImageNet 分类任务大赛 ILSVRC 中以远超第二名的绝对优势夺得冠军,这在当时以手工设计特征为主的方法中脱颖而出,意味着神经网络能够提取到更多相比手工方法更有效的特征。AlexNet 的网络结构如图 9-17 所示,受限于当时的计算机算力,AlexNet 将网络设计为两组(two-group)可以采用双 GPU 训练的结构,这也是其能容纳更大参数量,网络更深的前提。此外,AlexNet 还针对神经网络中梯度消失和过拟合的问题,选择采用了 ReLU 激活函数以及通过 dropout 代替正则化等方法。

VGGNet 的结构十分简洁,采用 3×3 的卷积核替代了 7×7 或者 5×5 的卷积核,这样可以在保证相同感受野的前提下,增加网络的深度,用更少的参数量学习到更加复杂的模式。常用的 VGG 一般有两种深度,分别为 VGG16 与 VGG19。其中,VGG16 包含 13 个卷积层和 3 个全连接层,中间还穿插有激活函数、最大池化,我们也把类似这样由一系列卷积层,再加上最大池化层的操作称为一个 VGG 块,最后得到的特征图再经过 3 个全连接层得到最后的分类结果。图 9-18 为 VGG16 的网络结构。

VGG 出现后,人们逐渐达成网络深度对于模型性能至关重要的共识:深层的网络可以更好地拟合更加复杂的特征模式,有更加优良的表现。但是,随着网络层数越来越深,又出现另外的问题——梯度消失现象。重复地堆叠卷积层来增加网络深度,使得梯度在反向传

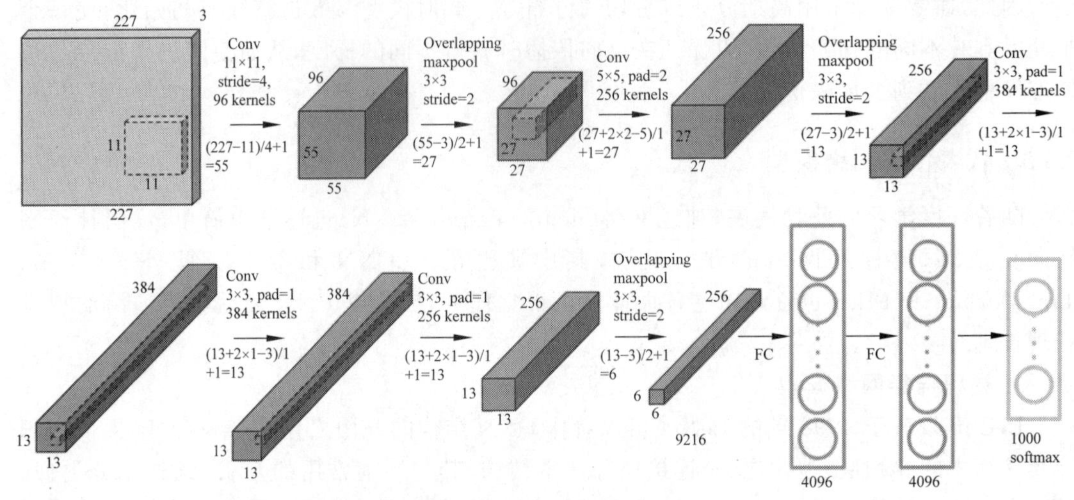

图 9-17　AlexNet 的网络结构

ConvNet Configuration					
A	A-LRN	B	C	D	E
11 weight layers	11 weight layers	13 weight layers	16 weight layers	16 weight layers	19 weight layers
input (224 × 224 RGB image)					
conv3-64	conv3-64 **LRN**	conv3-64 **conv3-64**	conv3-64 conv3-64	conv3-64 conv3-64	conv3-64 conv3-64
maxpool					
conv3-128	conv3-128	conv3-128 **conv3-128**	conv3-128 conv3-128	conv3-128 conv3-128	conv3-128 conv3-128
maxpool					
conv3-256 conv3-256	conv3-256 conv3-256	conv3-256 conv3-256	conv3-256 conv3-256 **conv1-256**	conv3-256 conv3-256 **conv3-256**	conv3-256 conv3-256 conv3-256 **conv3-256**
maxpool					
conv3-512 conv3-512	conv3-512 conv3-512	conv3-512 conv3-512	conv3-512 conv3-512 **conv1-512**	conv3-512 conv3-512 **conv3-512**	conv3-512 conv3-512 conv3-512 **conv3-512**
maxpool					
conv3-512 conv3-512	conv3-512 conv3-512	conv3-512 conv3-512	conv3-512 conv3-512 **conv1-512**	conv3-512 conv3-512 **conv3-512**	conv3-512 conv3-512 conv3-512 **conv3-512**
maxpool					
FC-4096					
FC-4096					
FC-1000					
softmax					

图 9-18　VGG16 的网络结构

播时越来越小，因此导致性能饱和，甚至开始迅速下降。

2015 年，何恺明等提出的残差网络 ResNet，及其后续发展的稠密连接网络(DenseNet)，通过引入残差连接的机制，较好地解决了这个问题。

随着深度学习网络模型深度越来越深，复杂度越来越高，过于庞大的模型给部署带来了

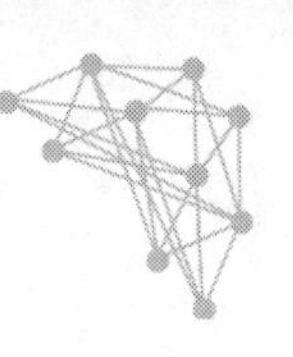

困扰，比如显存不足、实时性不够等。为了解决这些问题，谷歌公司在 2017 年提出 MobileNet，一种轻量化的、专注于移动端和嵌入式设备的卷积神经网络。MobileNet 的基本结构是深度可分离卷积(depthwise separable convolution)，其将传统卷积分解成深度卷积和逐点卷积两个步骤。

这样设计的好处是可以大幅降低参数量和计算量，但也难免会损失一定的准确率。在同样的模型参数和计算资源下，轻量的 MobileNet 准确率要超过同规模的其他网络，在移动端和嵌入式等应用场景下，使用同样的计算资源，MobileNet 表现更好。

后续也有一系列工作对 MobileNet 的不足进行了改进，例如，MobileNet v2 引入反残差模块(inverted residuals)，解决了深度方向卷积时的卷积核浪费的问题，并针对激活函数进行了调整，使得准确率和计算速度相比 MobileNet 都有较高的提升；MobileNet v3 改进了计算资源耗费较多的网络的输入层和输出层，并引入了 SE 模块(即前面介绍过的通道注意力机制)与神经结构搜索(NAS)来搜索最佳的网络配置与参数，其相比于 MobileNet v2 在准确率与计算速度上又有了进一步的提升。

2. 循环神经网络模型

由上述的各种网络结构可以发现，卷积神经网络主要是通过卷积、池化、归一化等一系列操作组成的隐藏层神经元，实现对特征的抽象表达，并且随着层数的增加逐渐扩大其感受野来获取全局信息，因此可以看作在空间维度的状态计算。然而，在处理某些实际任务时，上一时刻的输出往往对当前状态有重要影响，所以需要综合考虑时间上下文信息进行预测。为此，研究者提出能够用于描述时间上连续状态输出的循环神经网络。

循环神经网络是一种具有记忆功能的神经网络，通过引入状态变量存储历史信息，并且结合当前时刻的输入共同决定这一时刻的输出。因此，RNN 能够通过对序列数据进行有效建模，充分挖掘和利用时间上下文信息，常用于语言翻译、视频解说和图像生成等任务。RNN 的网络结构如图 9-19 所示。

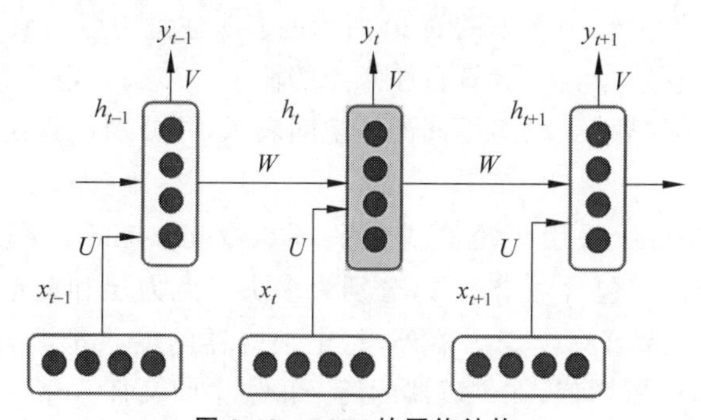

图 9-19　RNN 的网络结构

为了在时间维度上对序列数据进行有效建模，RNN 将隐藏层中每个隐藏单元的输出都保存到存储器(memory)中，在处理下一时刻($t+1$)的输入数据时，会结合下一时刻($t+1$)的输入信息与历史存储信息进行综合计算。具体来说，假设输入为随时间变化的序列向量 $\boldsymbol{X}=\{x_1,x_2,\cdots,x_{t-1},x_t,x_{t+1},\cdots,x_T\}$，$t$ 时刻的隐态 h_t 以及输出 y_t 可分别表示为

$$h_t=f(\boldsymbol{U}x_t+\boldsymbol{W}h_{t-1}+\boldsymbol{b}) \tag{9-18}$$

$$y_t=\mathrm{Softmax}(\boldsymbol{V}h_t+\boldsymbol{c}) \tag{9-19}$$

其中，h_t 表示 t 时刻的隐态，x_t 表示 t 时刻的输入，y_t 表示 t 时刻的输出，$\boldsymbol{U}$ 表示输入 x 的权重矩阵，$\boldsymbol{W}$ 表示隐态的权重矩阵，$\boldsymbol{V}$ 表示输出层的权重矩阵，$\boldsymbol{b}$ 和 $\boldsymbol{c}$ 表示偏置。

目前，随着 RNN 的不断发展，逐渐出现很多变体网络结构，例如多输入单输出的 RNN、单输入多输出的 RNN、多层 RNN、双向 RNN 等。值得注意的是，由于 CNN 与 RNN 具有不同的特点，因此可以通过组合 CNN+RNN 的方式充分发挥不同神经网络的性能优势。

3. Transformer 网络模型

在计算机视觉领域中，CNN 由于在各项任务中表现出非常出色的性能与优势，因此一直以来都占据着主流地位。然而，尽管 CNN 能够利用卷积等操作获取更加高级的抽象特征，但是为了捕获全局特征而不断堆叠加深隐藏层的数量势必会造成模型计算量的急剧增加，不符合模型设计的初衷。因此，如何有效解决 CNN 在以付出较少模型计算量为代价的前提下捕获全局上下文信息，成为现阶段急需攻克的一个技术难题。

2017 年，由 Google 公司提出的 Transformer 模型在自然语言处理任务中就取得了新的突破，极大地彰显了其强大的特征表示能力。受此启发，研究者将 Transformer 扩展到计算机视觉领域，令人惊讶的是，其在多个视觉子任务中表现出极大的优势与潜力。目前，基于 Transformer 的模型正如雨后春笋般地不断出现，并改善了各个视觉任务的性能。

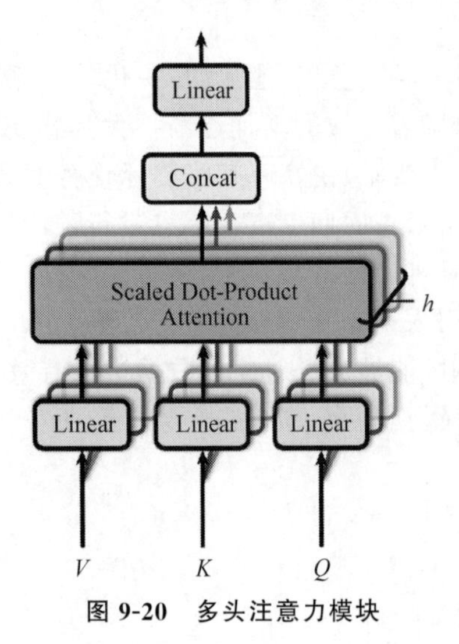

图 9-20　多头注意力模块

Transformer 的核心机制为自注意力(self-attention)。在注意力机制中，输入包括 3 部分，分别是查询(queries)、键(keys)和值(values)，其中键和值配对出现。注意力机制通过查询与键的运算获取注意力图(attention map)，并将其用于值的加权计算，从而得到最终的输出。自注意力采用相同的查询、键和值输入，而 Transformer 通过如图 9-20 所示的多头注意力(multi-head attention)模块计算自注意力的输出。多头注意力模块将输入映射为 h 组不同的子空间表示，并分别计算注意力输出，最后合并结果。

在结构上，Transformer 采用了堆叠编解码器(encoder and decoder stacks)架构，如图 9-21 所示。每个编码器都包含两个子层，分别为多头注意力层和前馈(feed forward)连接层，并采用了残差连接。除第一个编码器外，每个编码器的输入都源自上一个编码器的输出。解码器的结构与编码器类似，在编码器的两个子层中间又插入了一个多头注意力层，该多头注意力层以最后一个编码器的输出作为键和值的输入，计算编码器、解码器之间的多头注意力。在自然语言处理任务中，通常需要逐个对词元进行处理，而 Transformer 采用了并行计算，因此需要进行位置编码(positional encoding)与掩膜处理(masked multi-head attention)以使用输入序列的顺序信息。

Transformer 的主要技术优势包含两方面：一是采用自注意力的方式捕获全局上下文信息，从而建模目标的长距离依赖关系，能够提取出更为鲁棒的特征；二是通过并行化的处理方式，能够在同一时刻分析和处理不同空间位置与时间上下文的特征之间的相互关系，有

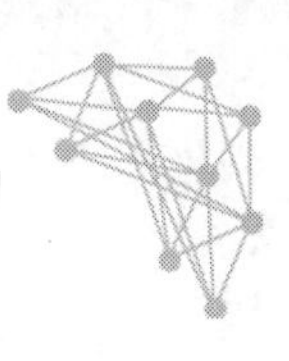

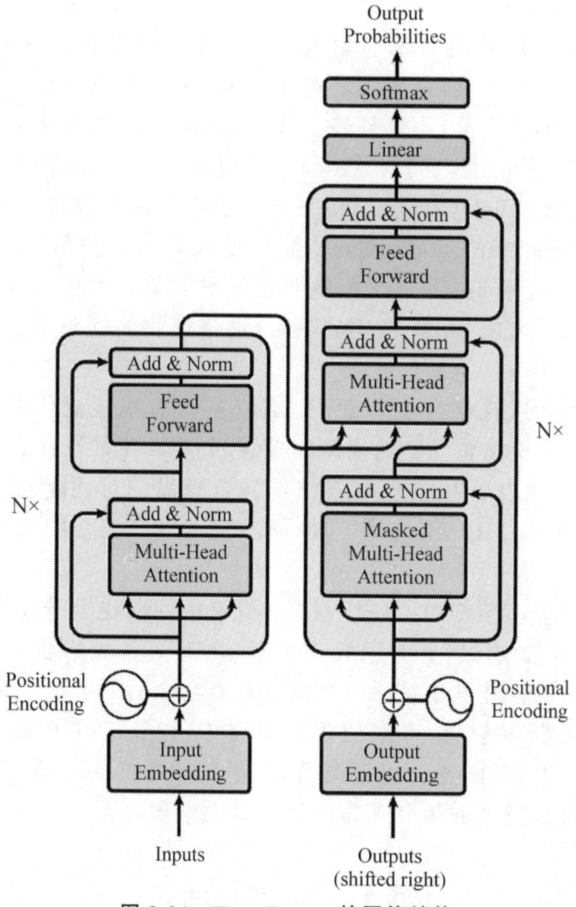

图 9-21　Transformer 的网络结构

效平衡了模型的性能与复杂度。在处理视觉任务时，研究者通常采用 Transformer 的堆叠编码器作为骨干网络，并在其末端串联其他网络以执行不同的下游任务。

4. MLP 网络模型

多层感知机(multi-layer perceptron，MLP)也是一种能够与 CNN、Transformer 相比肩的神经网络模型，也被人们称为人工神经网络(artificial neural network，ANN)。最简单的 MLP 模型可以仅包含 3 个层，分别为输入层、隐藏层和输出层，输入层用来接收外界的输入信号，隐藏层用来对输入信号进行加工变换，输出层用来输出处理后的结果。MLP 的网络结构如图 9-22 所示，第一层为输入层，最后一层为输出层，介于两者之间的其他层为隐藏层。图 9-22 中，输入层的神经元个数为 4 个，输出层的神经元个数为 3 个，隐藏层神经元个数为 5 个。每个相邻层之间的神经元都是完全连接的，而且隐藏层的数量需要根据实际任务需求确定。当隐藏层的数量多于两层时，该 MLP 模型也被称为深度神经网络(deep

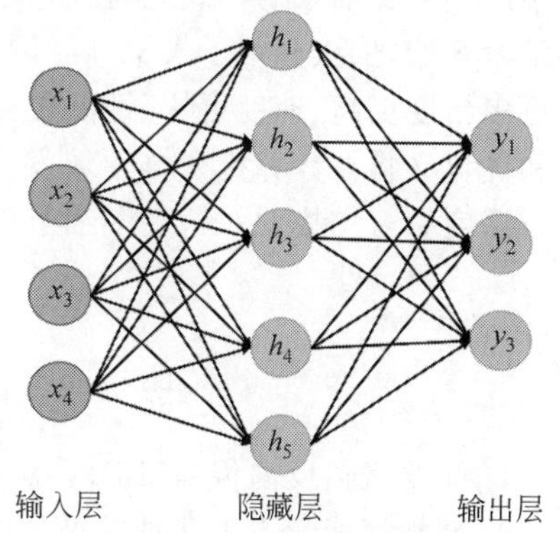

图 9-22　MLP 的网络结构

neural network,DNN)。

2021年5月,Google公司、牛津大学以及清华大学等研究团队对多层感知机进行了重新思考与定位。其中,牛津大学研究者尝试将Transformer中的注意力模块替换为MLP之后仍然能够取得十分优异的性能,不仅打破了Transformer一直以来对注意力模块的依赖,而且也充分验证了MLP的潜能。同时,Google公司提出了一种能够不依赖卷积和自注意力的MLP视觉网络模型MLP-Mix,该模型完全基于空间位置或特征通道重复利用的多层感知机,在仅使用基础矩阵乘法运算、数据布局变换和非线性映射等非常简单的操作条件下,实现了能够与CNN和Transformer相媲美且颇具竞争力的优越性能。同时,由清华大学提出的RepMLP尝试,结合MLP与CNN各自网络模块的优势来实现更好的性能提升,在多项视觉任务中带来了一些全新的启发。

上述工作从各自的角度让研究者看到了MLP在计算机视觉任务上的卓越能力,也看到了MLP方向进行新一轮视觉任务网络结构探索的趋势,比如设计完全MLP的新型网络结构、强调MLP本身的强表征力、嵌入和网络结构合理设计对性能的重要性、MLP在多类型视觉任务的发展,这使得MLP架构是否具有普适性,以及能否成为计算机视觉新范式等问题在学术界,引起广泛思考。

从计算机视觉任务模型架构的发展历程看,MLP的回归也充分说明了其具有强大的研究潜力。此外,在模型参数量与计算效率方面,MLP模型均优于同时期的CNN与Transformer,而且三者的性能基本持平。因此,MLP在今后的工业化部署中也具有不小的开发潜力。其实不妨大胆展望,在未来的视觉研究中,相比于在CNN、Transformer、MLP等架构中现有的网络模型,可能还会出现更合理、更高效的网络结构,以及在模型的部署应用方面其实都有非常多有价值的研究工作待研究者探索和实现。

9.4 总　　结

深度学习作为具有多级表示的表征学习方法,与传统机器学习方法相比,更加复杂,能够学习到更加抽象的模式和特征,也因此在计算机视觉领域得到了广泛的应用。本章从机器学习开始,依次介绍了人工神经网络、深度学习模型、卷积神经网络等基础算法和原理,随着更多精度更高、速度更快、性能更强大的深度学习网络的出现,深度学习算法与模型的设计和优化必将在计算机视觉领域发挥更加重要的作用。本章参考了作者本人的《计算机视觉与深度学习实战》一书,更多细节可以参考相关书籍和代码。

课后习题

1. 简要概括反向传播(BP)算法的基本原理。

2. 列举深度学习中几种常见的归一化方法。

3. 列举几种常见的避免模型过拟合的方法。

4. 尝试编程,实现使用简单的全连接网络或卷积神经网络,并在MNIST手写数字识别数据上进行训练与测试。

第 10 章　调制压缩神经网络

引　言

近年来,深度神经网络受到广泛关注,发展火热,已应用于许多不同的应用场景,在各种视觉任务中都大放异彩。但是,神经网络的出色表现依赖于深度神经网络大量的参数,所以高性能运算能力的 GPU 在神经网络实现中扮演着重要角色。对于有多网络层和神经节点的神经网络,压缩它们的存储空间以及降低运算成本都非常必要。另外,近年来,虚拟现实、增强现实以及智能穿戴设备的快速进步,为研究人员提供了前所未有的机会,可以解决将深度学习系统部署到资源有限的便携式设备的应用,对于移动设备如何压缩模型并应用于这些便携设备上是一件很重要的事情。

10.1　神经网络模型压缩概述

目前,模型压缩方法分为四大类:参数剪枝和共享法、低秩分解法、迁移/压缩卷积滤波器法,以及知识蒸馏法。基于参数剪枝和共享的压缩方法主要关注网络里多余的参数,试图去除冗余和不重要的参数;基于低秩分解的压缩方法用分解矩阵或者向量的理论分析神经网络中的有信息量的参数;基于迁移/压缩卷积滤波器的压缩方法设计了特殊结构的卷积滤波器来减少存储空间和降低计算复杂度;基于知识蒸馏的压缩方法是学习一个蒸馏网络,训练一个精简的神经网络去模拟一个大网络的输出。

表 10-1 简洁地总结了这 4 类方法。总体来说,参数剪枝和共享法、低秩分解法和知识蒸馏法适用于神经网络中的卷积层和全连接层,在压缩的同时可以保证网络性能。另外,迁移/压缩卷积滤波器法只适用于有卷积层的模型。其中,低秩分解法和迁移/压缩卷积滤波

表 10-1　网络压缩方法简介

方法名称	方法描述	应　用
参数剪枝和共享	减少对网络性能影响小的参数	卷积层和全连接层
低秩分解	使用矩阵/向量分解估计信息参数	卷积层和全连接层
迁移/压缩卷积滤波器	设计特殊的卷积滤波器结构来节省参数	卷积层
知识蒸馏	使用大型模型的蒸馏知识训练紧凑的神经网络	卷积层和全连接层

器法提供了端到端的通道,很容易在 CPU/GPU 的环境下实现,比较简单直接。而参数剪枝和共享法用不同的具体方法实现任务,比如量化向量、向量二值化和稀疏约束,通常需要多个步骤才能实现压缩。

早期的研究表明,网络剪枝的方法对降低网络计算复杂度和解决训练过程中的过拟合问题非常有效,之后研究者发现剪枝方法用于简化神经网络的结构可以提高网络的普适性,因此可用于网络的压缩和加速。这里主要介绍参数剪枝和共享法,这种方法广泛应用于神经网络的压缩中,来减少参数量,并保持网络的性能。根据减少冗余的方式,神经网络的参数剪枝和共享技术可进一步分为 3 类,即量化和二值化、参数共享,以及结构矩阵。

10.1.1 量化与二值化

对神经网络进行量化可以通过减少每个权重的比特数来实现压缩,也有方法提出首先剪掉不重要的连接,再训练稀疏连接的网络,然后用权值共享的方法量化连接的权值,最后对量化的权值用哈夫曼(Huffman)编码法进行编码,形成编码表来进一步降低存储空间。图 10-1 中,首先通过正常网络训练学习,然后剪掉小权重连接,最后重新学习训练网络,来调整剩余的稀疏连接的最终权重。这一工作在所有基于参数量化的方法中取得了良好的效果。有研究工作表明,Hessian 权重可以用来衡量网络参数的重要性,并提出了最小化网络参数的平均 Hessian 加权量化误差的方法。更加有效的情况是,把每个权值都用 1 比特的数值表示,即二值化的神经网络。

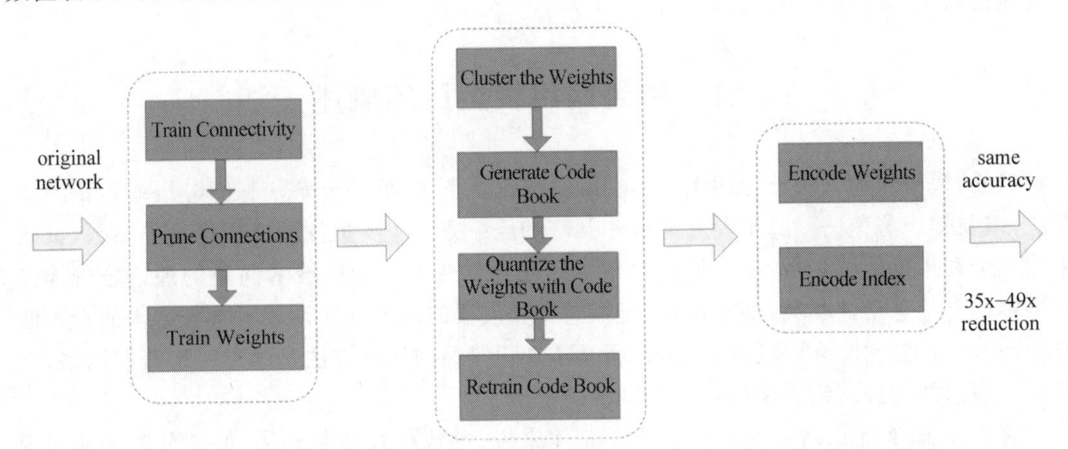

图 10-1 三阶段压缩方法:剪枝、量化和编码(输入是原始模型,输出是压缩模型)

10.1.2 剪枝与共享

神经网络的剪枝与共享都用来降低网络的计算复杂度,解决过拟合的问题,用这个方法压缩网络的研究都倾向于剪枝预训练好的神经网络的冗余的、没有信息量大的权值;减少整个网络的参数量和操作数;使用低成本散列函数将权重分组到散列桶中,用来进行参数共享;还有的方法是去除冗余的连接、量化权值,并用哈夫曼编码来编码已经量化的权值;而一种简单的正则化法是基于软权值共享,在训练或者再训练过程中都用到量化和剪枝的方法。值得注意的是,上述提到的剪枝方法通常用于神经网络的连接剪枝。用稀疏约束训练简洁

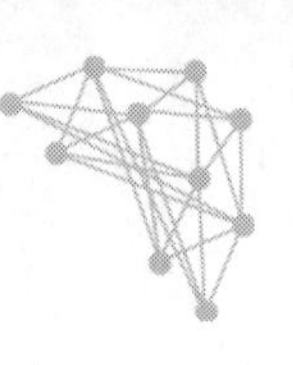

的神经网络的方法也越来越火，那些稀疏约束通常在神经网络的优化问题中作为 L0 或 L1-范数正则化函数。这类方法的缺点是，在剪枝和共享过程中有一些潜在的问题：首先，用 L1 或者 L2 正则化剪枝需要更多的迭代次数来实现收敛；另外，所有的剪枝标准都需要手动设置所有层的灵敏度，这就需要对参数进行微调，可能对于某些应用来说这个过程很麻烦。

相比于参数共享方法，将网络的权重二值化可以达到更大的压缩比率，在此先介绍几个经典的二值化网络。BinaryConnect 工作中提出，在深层网络的训练和测试期间执行的大多数计算涉及通过实值激活（在反向传播算法的识别或前向传播阶段）或梯度计算（在反向传播中）。而 BinaryConnect 将前向传播和反向传播中用于计算的浮点数权值二值化为（−1, 1），从而将乘法运算变为加减运算。这样既压缩了网络模型空间，又可以加快运算速度。BinaryConnect 的 DropConnect 是一个非常有效的正则化器，它在传播过程中用零随机取代一半的权重。在 BinaryConnect 网络基础上，BNN 网络提出了一种训练二值化网络的方法，实时对权值和激活函数都进行了二值化，同时在反传时计算全精度的梯度，进行权值更新。文献[1]中提出的两种二值化方法，也是后续我们借鉴的二值化的分界方法，即

$$x^b = \text{Sign}(x) = \begin{cases} +1, & x \geqslant 0 \\ -1, & \text{其他} \end{cases} \tag{10-1}$$

其中，x^b 是二值化的变量（权值或者激活层），x 是全精度的变量，这种方法操作起来很容易实现。而第二种二值化的方法为

$$x^b = \begin{cases} +1, & p = \sigma(x) \\ -1, & 1-p \end{cases} \tag{10-2}$$

其中，σ 是“硬激活”函数，即

$$\sigma(x) = \text{clip}\left(\frac{x+1}{2}, 0, 1\right) = \max\left(0, \min\left(1, \frac{x+1}{2}\right)\right) \tag{10-3}$$

随机二值化比激活函数效果好，但更难实现，因为它需要硬件在量化时生成随机的位。而 XNOR 网络通过对卷积神经网络中的权重甚至中间表示进行二值化，准确度与全精度神经网络近似。该文中二值化方法是用二元运算找到卷积的最佳近似值，并且证明了神经网络二值化方法可以使 ImageNet 分类准确率与全精度的深度网络的准确率相当，同时需要更少的内存和更少的浮点运算。在二进制权值网络中，所有权值都用二进制值近似。具有二进制权值的卷积神经网络比具有单精度权值的等效网络小得多$\left(\text{约缩减为原来}\frac{1}{32}\right)$。此外，当权值是二进制时，可以仅通过加法和减法估计卷积运算，从而实现 2 倍加速。大型 CNN 的二进制权值近似可适用于小型便携式设备的存储器，同时保持相同的精度水平。具体来说，XNOR 网络的卷积层和全连接层的权重和输入都用二进制值近似。二进制权值和二进制的输入可方便地实现卷积运算。如果卷积的所有操作数都是二进制的，那么可以通过 XNOR 和位移操作估计卷积计算，这样做最主要的效果是可以实现提速。表 10-2 具体描述了用二值化权值训练一个深度神经网络的过程。首先，在前向传播过程中，通过计算 B 和 A 对每一层卷积层的权值进行二值化，其中 B 为二值化权值，A 为缩放因子；然后，在反传过程中，反传梯度通过近似权值 $\widetilde{W}$ 计算而得；最后，通过梯度下降法（SGD）实现参数的更新。

表 10-2　用二值化权值训练一个 L 层的深度神经网络

输入：一个 batchsize 的输入和输出$(\boldsymbol{I},\boldsymbol{Y})$，损失函数$(\boldsymbol{Y},\hat{\boldsymbol{Y}})$，当前权值 W^t 和当前学习率 η^t。
输出：更新后的权值 W^{t+1} 和更新后的学习率 η^{t+1}。

1：二值化权值
2：对于 $l=1\sim L$
3：对于第 l 层中的第 k 个权值
4：$A_{lk}=\frac{1}{n}\|W_{lk}^t\|_{l1}$
5：$B_{lk}=\text{sign}(W_{lk}^t)$
6：$\widetilde{W}_{lk}=A_{lk}B_{lk}$
7：$,\hat{\boldsymbol{Y}}=\text{BinaryForward}(\boldsymbol{I},B,A)$　　//类似标准前向传播过程
8：$\frac{\partial c}{\partial\widetilde{W}}=\text{BinaryBackward}\left(\frac{\partial c}{\partial,\hat{\boldsymbol{Y}}},\widetilde{W}\right)$　　//类似标准反向传播过程，其中用 $\widetilde{W}$ 代替 W^t
9：$W^{t+1}=\text{UpdateParameters}\left(W^t,\frac{\partial c}{\partial\widetilde{W}},\eta_t\right)$　　//利用更新算法(比如 SGD 算法或者 ADAM 算法)
10：$\eta^{t+1}=\text{UpdateParameters}(\eta^t,t)$　　//任何学习率对应表

然而，与使用原始的全精度权值相比，二值化模型的性能通常显著下降。这主要有几个原因：①CNN 的二值化可以基于离散优化来解决，然而这在以前的工作中一直被忽视；②现有方法未考虑反向传播过程中的量化损耗、权值损耗和类内紧凑性；③使用一组二进制卷积核比只使用一个二进制卷积核能更好地近似全精度卷积核。我们提出了一种新颖的二值网络优化方法以解决这些问题，实现对 CNN 压缩，并保持精度。

10.2　调制压缩神经网络

可以将调制卷积核(M-Filter)引入深度神经网络，以便更好地近似原始卷积核。为此，我们设计了一种简单且特定的调制过程，该过程可在每一层复制并且较易实现。二值化或量化过程被定义为一个投影，它导致一个新的损失函数，可以在反向传播的同一个框架中解决。此外，我们进一步考虑损失函数中的类内紧凑性，并获得调制卷积网络(MCN)。如图 10-2 所示，M-Filter 和二值化卷积核可以端到端的方式联合优化，从而形成紧凑和便携的学习架构。由于模型复杂度低，因此这种架构不易过度拟合，仅适用于资源受限的环境。具体而言，与现有的基于 CNN 的二值化卷积核相比，MCN 将全精度模型的卷积层所需的存储空间约缩减至原来的$\frac{1}{32}$，同时实现了迄今为止的最佳性能，甚至接近全精度卷积核。总结来说：

(1) MCN 基于离散优化方法构建二值化的深度神经网络，该方法可以在端到端框架中学习更新二值化卷积核和一组最佳的调制卷积核。与 XNOR 网络方法不同的是，在权值计算中只考虑卷积核重建，基于学习机制的离散优化提供了一种综合的方法来计算二值化 CNN，在统一框架中考虑二值化后卷积核的损耗、softmax 损耗和特征损失。

(2) MCN 开发了 M-Filter 来重建非二元化卷积核，这形成了一种新的体系结构来计算

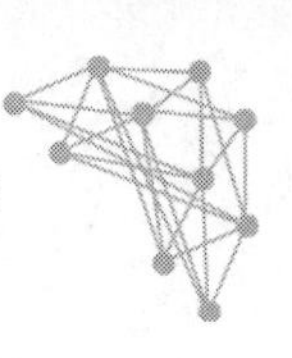

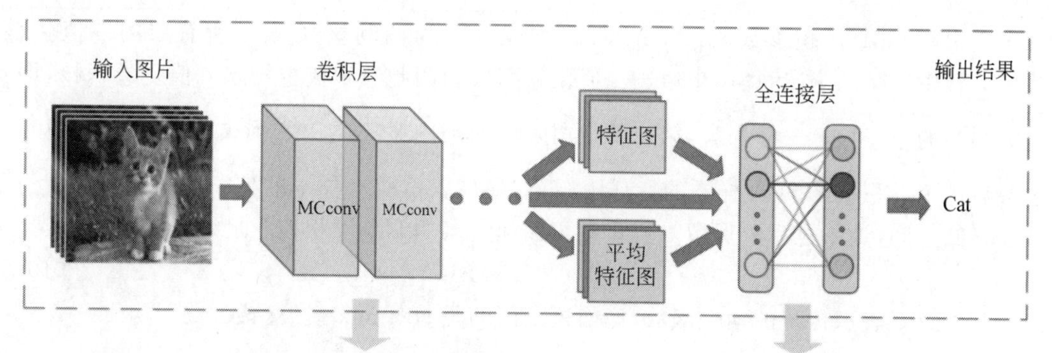

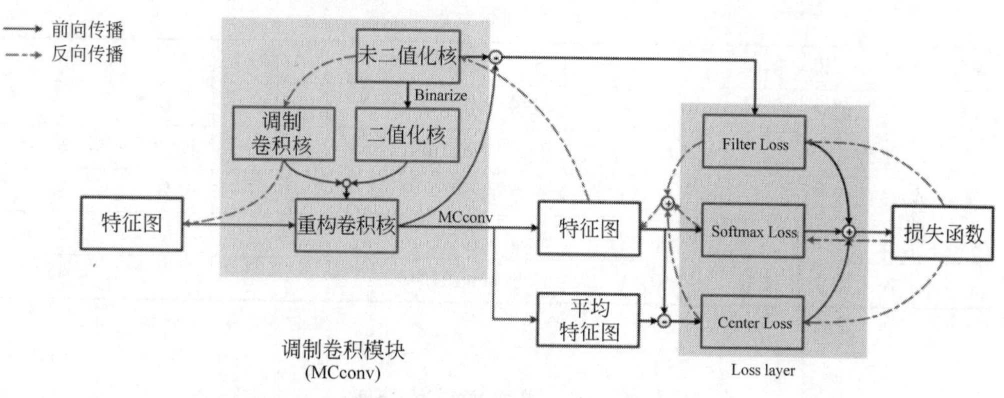

图 10-2　调制卷积网络(MCN)

不同的 CNN。通过考虑损耗函数的类内紧凑性以及卷积核损耗和 softmax 损耗,进一步提高了性能。

(3) 高度压缩的 MCN 模型优于最先进的二值化模型,可与众所周知的全精度的残差网络等网络相媲美。

接下来的章节将分别介绍 MCN 网络的损失函数、前向卷积、反向传播,以及实验验证部分。

10.3　损 失 函 数

为了约束 CNN 具有二值化权值,MCN 引入了一种新的损失函数。考虑了两个方面:基于二值化滤波器的非二进制卷积滤波器重构;基于输出特征的类内紧凑性。新的损失函数由三部分组成,包括 softmax 损失函数、核损失函数和中心损失函数。为了便于理解,表 10-3中列出了后文中要用的符号。另外,C_i^l 表示第 l 层卷积层中的未二值化的原始卷积核,其中,$l\in\{1,2,\cdots,N\}$;$\hat{C}_i^l$ 表示对 C_i^l 二值化后得到的二值化卷积核;M^l 表示第 l 层卷积层的调制卷积核,一个卷积层共享一个调制卷积核,即该卷积层所有的 C_i^l 都由一个共同的 M^l 调制,M_j^l 表示 M^l 的第 j 个平面;$\circ$ 表示调制过程,则核损失函数和中心损失函数(center loss)为

$$L_M=\frac{\theta}{2}\sum_{i,l}\|C-C\circ M\|^2+\frac{\lambda}{2}\sum_m\|f_m(\hat{C},M)-\bar{f}(\hat{C},M)\|^2 \tag{10-4}$$

其中，θ 和 λ 是超参数，$\overrightarrow{M}=\{M^1,M^2,\cdots,M^N\}$ 为调制核，$\hat{C}$ 表示所有层的二值化核。式(10-4)中定义的"∘"运算用来通过二值化卷积核和调制卷积核重构未二值化卷积核，即式(10-4)中的第一项——核损失，第二项是用来增强类内紧凑的中心损失函数 $f_m(\hat{C},M)$，表示最后一个卷积层第 m 个样本的特征图，$\bar{f}(\hat{C},M)$ 表示所有样本的特征图的平均值。为了减少存储空间，训练过后只保留二值化卷积核和共享的调制卷积核。最终定义损失函数为

$$L=L_S+L_M \tag{10-5}$$

其中，L_S 表示传统的损失函数，比如这里用的是 softmax 损失函数。

表 10-3　符号说明

符号	说　明	符号	说　明	符号	说　明
C	未二值化核	$\hat{C}$	二值化核	M	调制核
Q	重构核	$\overrightarrow{M}$	所有层的调制核	K	核的平面数
i	核的序号	j	平面的序号	N	层数
m	样本序号	l	层序号		
g	输入特征图序号	h	输出特征图序号		

10.4 前向卷积

10.4.1 重构卷积核

所有的卷积层中都用三维卷积核，其中每个三维卷积核的尺寸都为 $K\times W\times W$（一个卷积核），即有 K 个平面，每个平面都是一个尺寸为 $W\times W$ 的二维卷积核。为了用三维卷积核，我们扩张网络的输入的通道，比如，当 $K=4$ 时，从 RGB 三通道扩展为 RRRRGGGGBBBB 或者 RGB+X，此处的 X 代表任何一个通道。经过扩展的步骤，可以直接在卷积过程使用前面提到的三维卷积核。

为了重构未二值化核，我们引入给予二值化核和调制核的调制过程，一个调制核是被看作为二值化核的权重矩阵，它的尺寸为 $K\times W\times W$，如果用 M_j 表示调制卷积核 M 的第 j 个平面，我们定义"∘"运算为

$$\hat{C}_i\circ M=\sum_j^K \hat{C}_i * M'_j \tag{10-6}$$

其中，$M'_j=(M_j,\cdots,M_j)$ 是个三维矩阵，通过对二维矩阵 M_j 复制 K 份得到的，$j=1,2,\cdots,K$，"$*$"是点乘的操作符号。在公式(10-6)中，M 是一个可学习的核，用来生成基于原始卷积核 C_i 和"∘"运算的重构卷积核 $\hat{C}_i$，并且会产生公式(10-7)中的损失值，对于卷积核的调制过程如图 10-3 所示。另外，"∘"运算会产生一个新矩阵（称为重构卷积核），比如 $\hat{C}_i * M'_j$，这个过程可以详细表示为下列公式

$$Q_{ij}=\hat{C}_i * M'_j \tag{10-7}$$

$$Q_i=\{Q_{i_1},Q_{i_2},\cdots,Q_{i_K}\} \tag{10-8}$$

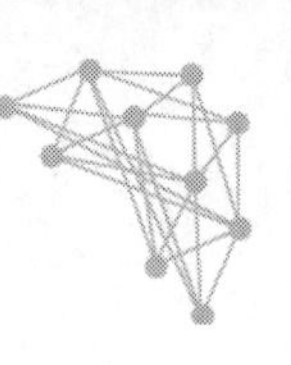

在测试过程中，Q_i 不是预定义好的，而是通过公式(10-7)计算得到的，一个例子正如图 10-3 所示，用重构卷积核 Q_i 去拟合原始卷积核 C_i 来缓解由于二值化过程造成的信息损失问题。另外，在调制过程中，需要 $M \geqslant 0$。

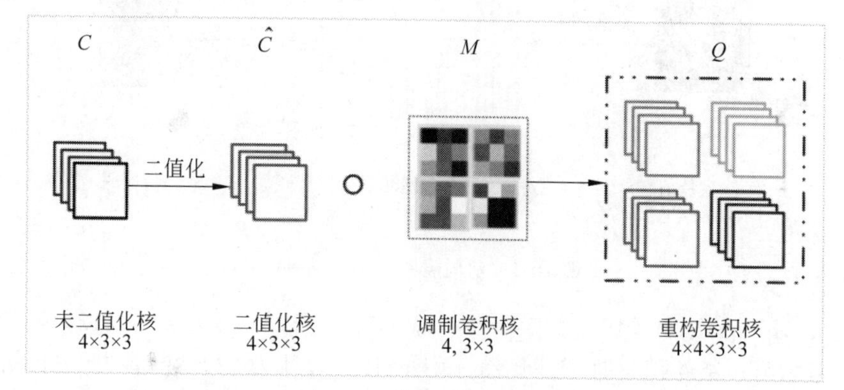

图 10-3　生成重构核过程

在式(10-7)中的二值化卷积核的值由最近邻聚类思想得到，即

$$\hat{c}_i = \begin{cases} a_1, & |c_i - a_1| < |c_i - a_2| \\ a_2, & \text{其他} \end{cases} \tag{10-9}$$

其中，c_i 和 $\hat{c}_i$ 分别是 C_i 和 $\hat{C}_i$ 中的数值，a_1 和 a_2 通过对未二值化的卷积核的数值进行 k-means 聚类算法求得。虽然 c_i 是一个浮点数，但是可以用两个值表示，存储时对两个数进行编码，即可压缩神经网络模型的存储空间。

10.4.2　调制网络的前向卷积过程

按照图 10-3 中生成的调制核的方式，一个原始卷积核通过调制卷积核调制后，能够生成一组维度为 $K \times K \times W \times W$ 的重构卷积核，第一个 K 对应调制卷积核的通道数，第二个 K 对应原始卷积核的通道数。在网络里，重构卷积核用来前向卷积生成特征图，用第 l 层的重构核 Q^l 去计算 $l+1$ 层的输出特征图 F^{l+1}，则输出特征图为

$$F^{l+1} = \text{MCconv}(F^l, Q^l) \tag{10-10}$$

其中，MCconv 表示卷积运算。图 10-4 是一个简单的前向卷积过程，一个输入特征图和一个输出特征图。在 MCconv 中，一个输出特征图的一个通道由下面公式得到，即

$$F_{h,k}^{l+1} = \sum_{i,g} F_g^l \otimes Q_{i_k}^l \tag{10-11}$$

$$F_h^{l+1} = (F_{h,1}^{l+1}, \cdots, F_{h,K}^{l+1}) \tag{10-12}$$

其中，$\otimes$ 表示卷积运算，$F_{h,k}^{l+1}$ 是 $l+1$ 卷积层的第 h 个特征图的第 k 个通道，F_g^l 表示 l 层卷积层的第 g 个特征图。在图 10-4 中，$h=1$，$g=1$，即输入特征图的尺寸为 $1 \times 4 \times 32 \times 32$，通过一组重构卷积核卷积后，生成的输出特征图尺寸为 $1 \times 4 \times 30 \times 30$。也就是说，通过 MCconv 卷积层后，输出特征图的通道数和输入特征图通道数保持一致。

在图 10-5 中，以多个输入/输出特征图为例说明，一个输出特征图是 10 个输入特征图和 10 组重构卷积核卷积后加和得到的，具体对应到图 10-5，对于第一个输出特征图，$h=1$，

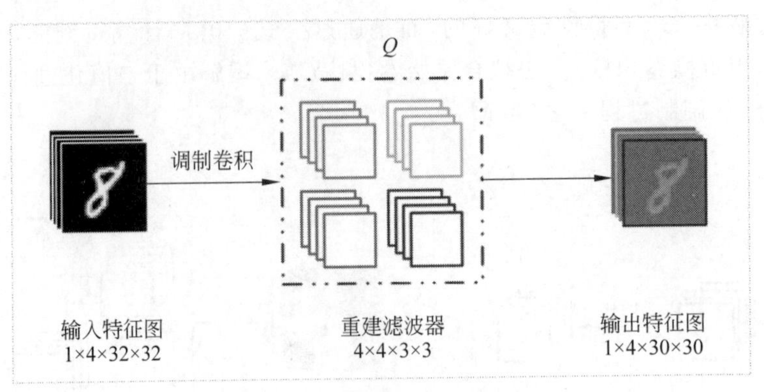

图 10-4　前向卷积($h=1, g=1$)

$i=1,2,\cdots,10, g=1,2,\cdots,10$;对于第二个输出特征图,$h=2, i=11,12,\cdots,20, g=1,2,\cdots,10$。考虑第一层卷积层时,若网络的输入图片的尺寸为 32×32,首先,图片的每个通道先复制 4 份,生成最终输入到网络的输入,尺寸为 4×32×32。

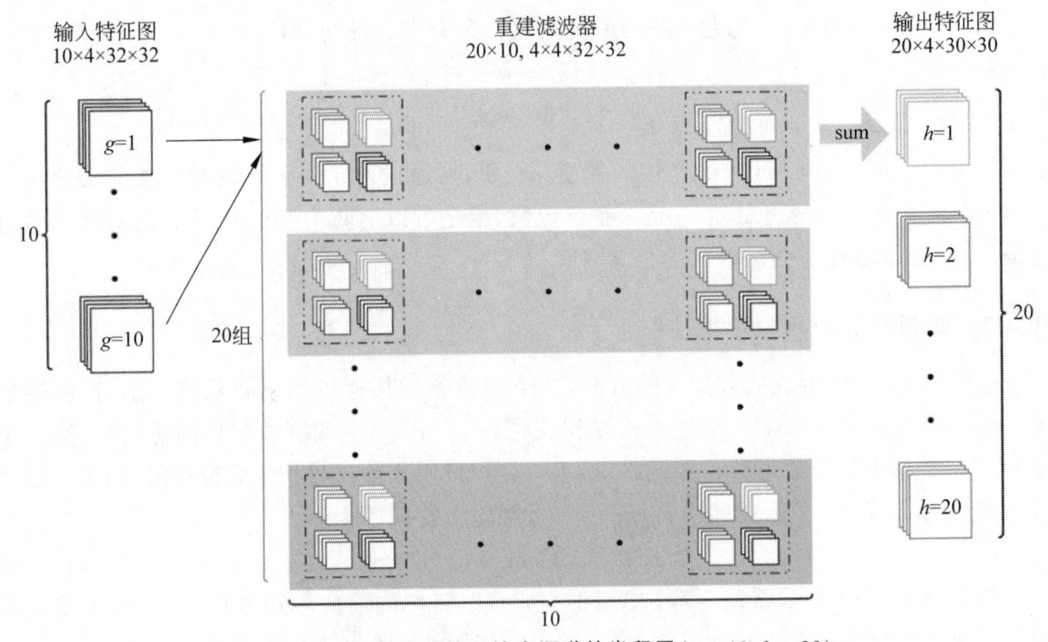

图 10-5　MCN 网络多输入输出通道的卷积层($g=10, h=20$)

值得指出的是,每个特征映射中的输入和输出通道的数量是相同的,因此,通过简单地在每一层复制相同的 MCconv 模块,很容易实现 MCN 网络。

10.5　调制卷积神经网络模型的梯度反传

在所提出的新的卷积神经网络模型中,需要被学习更新的参数为原始卷积核 C_i 和调制卷积核 M,这两种卷积核共同学习,在每个卷积层中,先更新原始卷积核 C_i,再更新调制卷积核 M。

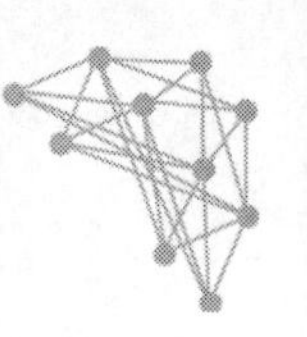

在卷积神经网络中，每层的原始卷积核 C_i 都需要更新，我们定义 δ_C 为原始卷积核 C_i 的梯度，即

$$\delta_C = \frac{\partial \mathcal{L}}{\partial C_i} = \frac{\partial \mathcal{L}_S}{\partial C_i} + \frac{\partial \mathcal{L}_M}{\partial C_i} \tag{10-13}$$

$$C_i = C_i - \eta_1 \delta_C \tag{10-14}$$

其中，$\mathcal{L}$表示训练误差，η_1 为学习率，进一步可以得到

$$\frac{\partial \mathcal{L}_S}{\partial C_i} = \frac{\partial \mathcal{L}_S}{\partial Q} \cdot \frac{\partial Q}{\partial C_i} = \sum_j \frac{\partial \mathcal{L}_S}{\partial Q_{ij}} \cdot M'_j \tag{10-15}$$

$$\frac{\partial \mathcal{L}_M}{\partial C_i} = \theta \sum_j (C_i - \hat{C}_i \circ M_j) \tag{10-16}$$

其中，$\hat{C}_i$ 是原始卷积核 C_i 二值化后得到的。

在卷积神经网络中，每次迭代时，更新原始卷积核后，在每层卷积层，都需要更新调制卷积核，定义 δ_M 是调制核的梯度，即

$$\delta_M = \frac{\partial \mathcal{L}}{\partial M} = \frac{\partial \mathcal{L}_S}{\partial M} + \frac{\partial \mathcal{L}_M}{\partial M} \tag{10-17}$$

$$M \leftarrow |M - \eta_2 \delta_M| \tag{10-18}$$

进一步，可以得到

$$\frac{\partial \mathcal{L}_S}{\partial M} = \frac{\partial \mathcal{L}_S}{\partial Q} \cdot \frac{\partial Q}{\partial M} = \sum_{i,j} \frac{\partial \mathcal{L}_S}{\partial Q_{ij}} \cdot C_i \tag{10-19}$$

根据式(10-4)，可以得到：

$$\frac{\partial \mathcal{L}_M}{\partial M} = -\theta \sum_{i,j} (C_i - \hat{C}_i \circ M_j) \cdot \hat{C}_i \tag{10-20}$$

其中，η_2 为调制核的学习率。

通过对调制核的更新，可以达到调制核自学习的目的，使网络的性能更好。关于中心损失的求导细节可以从相关文献中找到。表 10-4 描述了 MCN 的算法。

表 10-4　MCN 训练算法

参数说明：$\mathcal{L}$是损失函数，Q 是重构函数，λ_1 和 λ_2 是衰减系数，N 是网络层数，Binarize()对二值化卷积进行滤波，Update()基于下面算法更新参数。

输入：一组 minibatch 的输入数据和标签、未二值化的原始卷积核 C、调制卷积核 M，以及它们的学习率 η_1 和 η_2。

输出：更新后的未二值化卷积核 C^{t+1}、更新后的调制卷积核 M^{t+1}、更新后的相应的学习率 η_1^{t+1} 和 η_2^{t+1}。

1：{1.计算参数的反传梯度}
2：{1.1 前向传播：}
3：对于 $k=1 \sim N$：
4：$\hat{C} \leftarrow$ Binarize(C) (根据式(10-6))
5：根据式(10-7)、式(10-8)计算 Q
6：根据式(10-10)～式(10-12)计算卷积特征图
7：{1.2 反向传播(注意梯度不是二值化值)：}

续表

8：计算 $\delta_Q=\dfrac{\partial\mathcal{L}}{\partial Q}$

9：对于 $k=N\sim1$：

10：根据式(10-13)，式(10-15)～式(10-16)计算 δ_C

11：根据式(10-17)，式(10-19)～式(10-20)计算 δ_M

12：{2.累加参数梯度：}

13：对于 $k=1\sim N$：

14：　$C^{t+1}\leftarrow\text{Update}(\delta_C,\eta_1)$

15：　$M^{t+1}\leftarrow\text{Update}(\delta_M,\eta_2)$

16：　$\eta_1^{t+1}\leftarrow\lambda_1\eta_1$

17：　$_2^{t+1}\leftarrow\lambda_2\eta_2$

10.6　MCN 网络的实验验证

将 MCN 用在图像分类数据集 CIFAR-10/100 上对网络进行验证，MCN 中的特殊的卷积层可用于任何有卷积层的神经网络，比如简单几层的 CNN、VGG、AlexNet，还有残差网络(ResNets)上。而在实验中，我们在图像分类任务中主要用的基础网络包括简单的卷积网络和宽残差网络(Wide-ResNets)。在下面的文章中，U-MCN 是未二值化的全精度 MCN 的简称。

CIFAR-10 和 CIFAR-100 是自然图像的带标签的分类数据集，都出自同一规模更大的数据集。CIFAR-10 一共包含 60 000 张图片，其中有 50 000 张图片用于训练数据集，一共分为 5 个数据批次，每批都是 10 000 张图片；有 10 000 张图片用于测试，单独构成一批。这些图片都是 RGB 三通道彩色图片，CIFAR-10 数据集一共有 10 类图像，即鸟、狗、猫、鹿、马、羊、青蛙、卡车、飞机和汽车，每类包含 5000 张图片，其示例图像如图 10-6 所示。而 CIFAR-100 数据集类似于 CIFAR-10，不同的是它有 100 个类，每个类中有 600 个图像。每个类别都有 500 个训练图像和 100 个测试图像。CIFAR-100 中的 100 个类又分为 20 个超类。每个图像都有一个“精细”标签(所属的类)和一个“粗糙”标签(所属的超类)。

在实验中，我们用的调制卷积核和卷积核的尺寸都为 4×3×3(K＝4)，我们将传统的卷积层用新设计的调制卷积层代替，如图 10-7 所示，该网络正是用于 MNIST 数据集上的结构。在所有的实验中，在卷积层后加入最大池化层和 ReLU 激活层，在全连接层后加入 Dropout 层来避免过拟合。在 CIFAR-10/100、SVHN 和 ImageNet 数据集上，基于宽残差网络测试 MCN，宽残差网络和 MCN 基本模块如图 10-8 所示。宽残差将整个网络分为 4 个阶段。由于 1×1 内核不传播任何调制卷积核信息，因此 bottleneck 结构不在 MCN 中使用。除了 Wide-ResNets 中的普通卷积层(Conv)被调制卷积层(MCconv)取代外，Wide-ResNets 和 MCN 的结构是相同的。学习率 η_1 和 η_2 的初始值分别设定为 0.1 和 0.01，学习率衰减设定为 0.2。

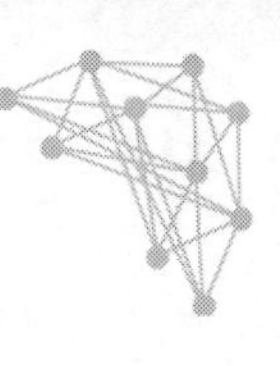

图 10-6　CIFAR-10 数据集示例图像

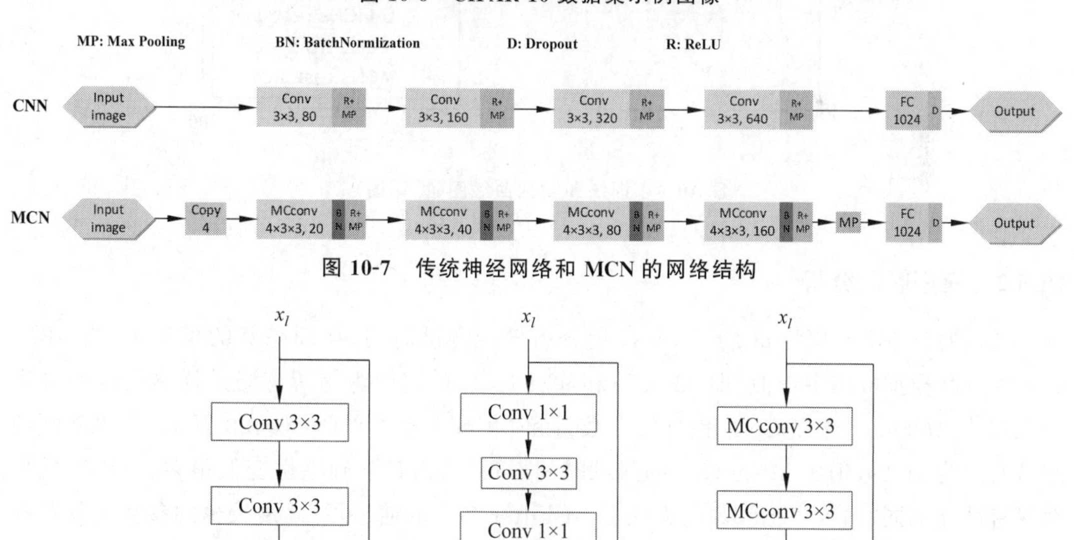

图 10-7　传统神经网络和 MCN 的网络结构

图 10-8　宽残差网络和 MCN 基本模块

10.6.1 模型收敛效率

MCN 模型基于二进制化的训练过程，在 Torch 平台上实现。宽度为 16-16-32-64 的 20 层 MCN 在训练 200 代数之后收敛无波动，使用两块 1080Ti GPU 的训练过程大约需要 3 小时。图 10-9 中绘制了 MCN 和 U-MCN 的训练和测试准确率曲线，U-MCN 的架构与 MCN 的架构相同。其中，实线是训练过程中的曲线，虚线是测试过程中的曲线。可以清楚地看出，MCN 模型（蓝色曲线）和与其对应的未二元化全精度 U-MCN 模型（红色曲线）的速度收敛相似。

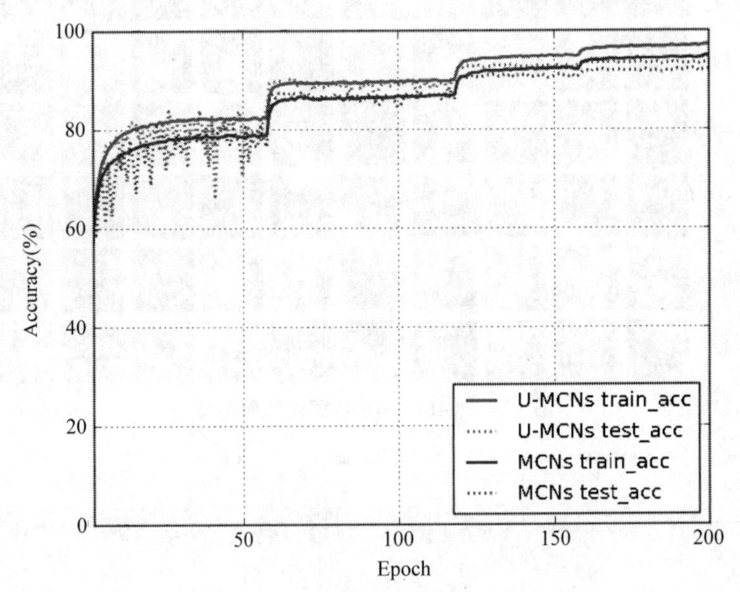

图 10-9　训练和测试曲线图（见彩图）

10.6.2 模型时间分析

通过对比 MCN 模型和 LBCNN 模型分析模型测试时间，在训练好的模型上，当 MCN 和 LBCNN 模型准确率近似（即 93.98％和 92.96％）时，它们跑完所有测试样本的时间分别为 8.7s 和 160.6s。当 LBCNN 模型的参数量和 MCN 模型类似时（即 430 万个），LBCNN 的测试时间为 16.2s，仍比 MCN 模型的测试时间慢很多，而且准确率也变低很多。MCN 模型在保持性能的同时，效率也较高的原因是 M-Filter 多余的通道，可以用较少的参数使其具有比较好的表征能力。

10.6.3 实验结果

在 CIFAR-10/100 数据集上进行结果测试，各个数据集上的准确率如表 10-5 所示，我们也将 MCN 的性能和各种用二值化压缩网络模型的方法以及未压缩的神经网络进行对比，如 LBCNN、BinaryConnect、Binarized Nenural Networks（BNN）、XNOR 网络和 estNet-101。对于每个数据集，MCN 模型的训练方法和参数将在下面描述。

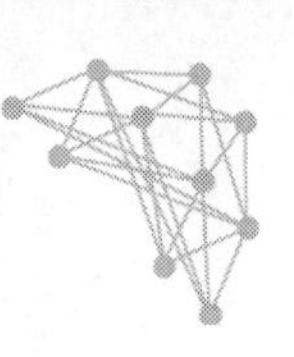

表 10-5　CIFAR-10/100 数据集上的分类准确率(%)

模型	MCN-1	MCN	LBCNN	BCN	BNN	XNORNet	ResNet101
CIFAR-10	95.47	95.39	92.99	91.73	89.85	89.83	93.57
CIFAR-100	77.96	78.13	—	—	—	—	74.84

在数据集 CIFAR-10 和 CIFAR-100 上用的网络模型和训练参数一样，都是 34 层的 MCN 网络，网络宽度为 64-64-128-256，全连接层的隐藏节点数为 512 个，MCN 网络在 CIFAR-10 和 CIFAR-100 上准确率达到 95.39% 和 78.13%，从表 10-5 中可以看出，相比于目前性能最好的二值化网络来说，MCN 的性能更高。相比于全精度网络 ResNet-101 模型，MCN 也有更好的性能，这也进一步说明了 MCN 模型的性能好，图 10-9 展示了 MCN 和 U-MCN 模型在 CIFAR-10 数据集上的训练和测试曲线。另外，我们也用 VGG16 模型作为基础模型测试 MCN 的性能，在 CIFAR-10 数据集上的准确率达到 93.42%，与全精度的 VGG16 模型的性能(即准确率达到 93.68%)相当，这进一步说明 MCN 在压缩的同时，性能基本没有下降。

课后习题

1. 相比于使用全连接神经网络处理图像，使用卷积神经网络处理图像有哪些好处？为什么？

2. 现有的神经网络模型压缩方法主要包括哪些？它们各自的原理和特点是什么？

3. 二值量化网络的前向传播和反向传播过程分别是怎样的？调制压缩神经网络针对前向传播和反向传播过程分别做了怎样的改进？

4. 请自选分类数据集，编程实现调制压缩神经网络，并与非量化的全精度网络性能进行对比。

第 11 章　批量白化技术

引　　言

批量标准化是一种非常实用的用来加速深度神经网络训练的技术。该技术由 Ioffe 和 Szegedy 于 2015 年提出，它有效解决了内部激活值协相关性偏移(internal covariate shift)问题——深度神经网络的某层的激活值的分布随着前面层的权重更新操作而改变，从而使得训练神经网络非常困难。其由于能非常有效地稳定训练并加速收敛，目前已经广泛用于各种各样的神经网络架构中。批量标准化技术对每一小批量(mini-batch) 训练样例经过深度神经网络每一层后的激活值进行标准化操作，这种标准化操作使得每一层的输出(即下一层的输入)有零均值和单位方差的统计属性。本章将进一步介绍批量标准化的更一般化操作形式——对神经网络的隐藏层的输出进行白化操作，即对数据的每个维度进行中心化，去除维度间的协相关性，保证每个维度具有单位方差。

11.1　批量标准化技术

令 $\{x_i \in \mathbb{R}, i=1,2,\cdots,m\}$表示小批量训练样例(数目为 m)在某层某个神经元的原始输出，批量标准化将进行如下变换，即

$$\hat{x}_i = \gamma \frac{x_i - \mu}{\sqrt{\sigma^2 + \varepsilon}} + \beta \tag{11-1}$$

其中，$\hat{x}_i$ 是变换后的输出，$\mu = \frac{1}{m}\sum_{j=1}^{m} x_j$ 和 $\sigma^2 = \frac{1}{m}\sum_{j=1}^{m}(x_j - \mu)^2$ 是该小批量训练样例的均值和方差，$\varepsilon > 0$ 是一个比较小的常量，用来防止出现整除零的情况，且能够保证数值计算的稳定性。γ、β 是额外的可学习的参数。批量标准化技术一个非常重要的特征是，该标准化操作是嵌入在神经网络中的一个操作，需要保证推理计算(前向传播) 以及梯度求导(反向传播)都通过该操作。因此，批量标准化可以被认为是一个封装的模块(module)，且该模块能够插入神经网络架构中，特别是在线性模块以及非线性模块之间。

批量标准化方法的研究动机来自一个著名的事实——对输入数据进行白化(whitening)操作(如中心化、去协相关性，以及使数据的尺度单位化)能够加速模型的训练。在优化模型的目标函数时，由于白化操作提高了输入数据的协方差矩阵的条件情况

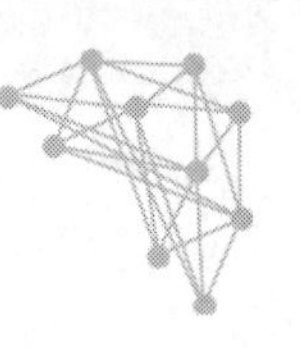

(conditioning),从而提高了模型的优化目标的 Hessian 矩阵的条件情况,因此,对输入数据进行白化操作更可能使得权重更新是沿着牛顿(Newton)梯度方向进行,因而更容易优化。批量标准化技术基于这一点,不仅探求白化神经网络的输入,也进一步探求白化神经网络的隐藏层的输出。然而,批量标准化仅执行了标准化操作,即隐藏层的激活值被中心化以及调整为单位尺度,但是没有去除各神经单元的协相关性,也就是说,它并没有对激活值进行完全的白化操作。

11.2　批量白化方法

批量标准化已经被证实是一种非常有效的技术。一个有趣的问题是,如果进一步使用去协相关性操作拓展标准化操作(即白化操作)——是否有助于提高神经网络的训练?直观地说,白化操作能够进一步提高模型的 Hessian 矩阵的条件情况。例如,当输入数据接近完全相关时,标准化操作基本上不能进一步提高协方差矩阵的条件情况,然而此时白化操作可以,因此白化操作直观上能够进一步提高神经网络的训练效率。此外,之前的研究也表明去协相关性的激活值(decorrelated activations)意味着更好的特征表示(如很少的冗余),以及使得神经网络拥有更好的泛化能力,这也进一步说明白化操作有很大的潜力,比标准化操作更有利于提高神经网络的效果。

本节介绍批量白化(Batch Whitening,BW)方法。首先介绍相关的数学描述。令 $\boldsymbol{X}\in\mathbb{R}^{d\times m}$ 表示神经网络某层的小批量输入数据矩阵,其中 d 表示神经节点数目(输入的维度),m 表示样例数目。令 $\boldsymbol{x}_i\in\mathbb{R}^d$ 表示 $\boldsymbol{X}$ 的第 i 列向量,该列向量也就是第 i 个训练样例的向量表示。白化操作 $\phi:\mathbb{R}^{d\times m}\rightarrow\mathbb{R}^{d\times m}$ 可以表示为

$$\phi(\boldsymbol{X})=\boldsymbol{\Sigma}^{-\frac{1}{2}}(\boldsymbol{X}-\boldsymbol{\mu}\cdot\boldsymbol{1}^{\mathrm{T}}) \tag{11-2}$$

其中,$\boldsymbol{\mu}=\frac{1}{m}\boldsymbol{X}\cdot\boldsymbol{1}$ 是数据矩阵 $\boldsymbol{X}$ 的基于样例的均值,$\boldsymbol{\Sigma}=\frac{1}{m}(\boldsymbol{X}-\boldsymbol{\mu}\cdot\boldsymbol{1}^{\mathrm{T}})(\boldsymbol{X}-\boldsymbol{\mu}\cdot\boldsymbol{1}^{\mathrm{T}})^{\mathrm{T}}+\varepsilon\boldsymbol{I}$ 是对 $\boldsymbol{X}$ 矩阵进行了中值化后的协方差矩阵。此处,$\boldsymbol{1}$ 表示所有值为 1 的列向量,$\varepsilon>0$ 是用来保证数值稳定性的正数(防止 $\boldsymbol{\Sigma}$ 为奇异矩阵)。白化变换 $\phi(\boldsymbol{X})$ 确保了经过变换的数据 $\hat{\boldsymbol{X}}=\phi(\boldsymbol{X})$ 的协方差矩阵为单位矩阵,即 $\hat{\boldsymbol{X}}\hat{\boldsymbol{X}}^{\mathrm{T}}=\boldsymbol{I}$。

虽然式(11-2)给出了数据白化变换的解析表达式,然而,一个问题是白化变换不是唯一的,并且存在无穷多的白化变换。为了说明这一点,假设某一白化变换为 $\phi'(\boldsymbol{X})$。对于该白化变换,可以左乘任意正交矩阵 $\boldsymbol{Q}\in\mathbb{R}^{d\times d}$,因此有 $\boldsymbol{Q}\phi'(\boldsymbol{X})\phi'(\boldsymbol{X})^{\mathrm{T}}\boldsymbol{Q}^{\mathrm{T}}$,这说明 $\boldsymbol{Q}\phi'(\boldsymbol{X})$ 也为白化变换。既然有无穷多个白化变换可供选择,一个自然而然的问题是,这些不同的白化变换是否有不同的效果?如果有,应该选择哪个白化变换?为了回答这些问题,下面首先讨论随机坐标交换(stochastic axis swapping,SAS)。

11.2.1　随机坐标交换问题

给定一个数据点在标准坐标基下的表示为 $\boldsymbol{x}\in\mathbb{R}^d$,该点在另外一个正交坐标基 $\{\boldsymbol{d}_1,\boldsymbol{d}_2,\cdots,\boldsymbol{d}_d\}$ 下的表示为 $\hat{\boldsymbol{x}}=\boldsymbol{D}^{\mathrm{T}}\boldsymbol{x}$。其中 $\boldsymbol{D}=[\boldsymbol{d}_1,\boldsymbol{d}_2,\cdots,\boldsymbol{d}_d]$ 为正交矩阵。定义随机坐标交换如下。

定义 11.1　假定某一机器学习模型采用迭代更新算法更新其参数,更新方法是基于随

机采样的批量训练样例。如果一个数据样例 $\boldsymbol{x}$ 在某次迭代中的表示为$\hat{\boldsymbol{x}}_1=\boldsymbol{D}_1^{\mathrm{T}}\boldsymbol{x}$，而在另一次迭代中的表示为 $\hat{\boldsymbol{x}}_2=\boldsymbol{D}_2^{\mathrm{T}}\boldsymbol{x}$，并且有 $\boldsymbol{D}_1=\boldsymbol{P}\boldsymbol{D}_2$，其中 $\boldsymbol{P}\neq\boldsymbol{I}$ 是排列矩阵（permutation matrix），且该排列矩阵由该批训练样例的统计量决定。这样的现象被称为随机坐标交换。

随机坐标交换会使得训练变得困难，因为对输入的坐标表示（即向量的维度）进行随机排列会使得学习算法不能学到相关的规律。此处以神经网络最后的输出层为例进行阐述。神经网络（或者基于参数表示的线性分类器）在学习过程中，其某一神经单元（或者维度）是有隐含含义的。若某一神经单元本身的含义是学“猫”的概念，但经过这种坐标变换，导致此神经单元又变成学“狗”的概念了。如果在训练的迭代过程中，这种坐标变换现象非常显著，将使得学习器学不到任何规律，其将输出随机的猜测。

接下来阐述对神经网络的激活值进行白化变换时，如果选择了不合适的白化变换，将会产生随机坐标交换问题。以 PCA 白化操作为例，PCA 白化操作的白化变换矩阵为

$$\boldsymbol{\Sigma}_{\mathrm{PCA}}^{-\frac{1}{2}}=\boldsymbol{\Lambda}^{-\frac{1}{2}}\boldsymbol{D}^{\mathrm{T}} \tag{11-3}$$

其中，$\boldsymbol{\Lambda}=\mathrm{diag}(\sigma_1,\sigma_2,\cdots,\sigma_d)$和 $\boldsymbol{D}=[\boldsymbol{d}_1,\boldsymbol{d}_2,\cdots,\boldsymbol{d}_d]$分别是 $\boldsymbol{\Sigma}$ 的特征值和特征向量，即 $\boldsymbol{\Sigma}=\boldsymbol{D}\boldsymbol{\Lambda}\boldsymbol{D}^{\mathrm{T}}$。PCA 白化变换可以看作原始的数据（在中心化以后）经由旋转变换 $\boldsymbol{D}^{\mathrm{T}}$ 和紧接着的拉伸变换 $\boldsymbol{\Lambda}^{-\frac{1}{2}}$ 组成。不失一般性，可以通过固定的第一个元素的符号（如规定为正）确保分解 $\boldsymbol{d}_i$ 是唯一的。由于 $\boldsymbol{\Lambda}$ 和 $\boldsymbol{D}$ 相对应的特征值和特征向量经过排列变换后仍然是一个有效的白化变换，在这种情况下，就会发生随机坐标交换。针对这种情况，可以通过限定 $\boldsymbol{\Lambda}$ 的对角线元素（即特征值）按照降序排列，确保 $\boldsymbol{\Lambda}$ 和 $\boldsymbol{D}$ 是唯一的，以避免在这种情况下的随机坐标交换问题。

然而，即使保证了 $\boldsymbol{\Lambda}$ 和 $\boldsymbol{D}$ 矩阵是唯一的，针对 PCA 白化操作也无法避免随机坐标交换。此处给出一个例子，如图 11-1 所示。在某次迭代训练中，给定小批量训练数据，如图 11-1(a)所示，PCA 白化将首先使用 $\boldsymbol{D}^{\mathrm{T}}=[\boldsymbol{d}_1^{\mathrm{T}},\boldsymbol{d}_2^{\mathrm{T}}]^{\mathrm{T}}$ 对这批数据进行旋转得到新的坐标基，然后基于这个新的坐标基通过使用 $\boldsymbol{\Lambda}^{-\frac{1}{2}}=\mathrm{diag}(1/\sqrt{\sigma_1},1/\sqrt{\sigma_2})$（其中 $\sigma_1>\sigma_2$）对这批数据进行拉伸操作，使得该批数据是白化的。考虑另一次迭代，如图 11-1(b)所示，在这次迭代中有两个数据点（标为红色的点）发生了一定的扰动，在这种情况下，对协方差矩阵进行特征值分解后将得到和上次迭代同样的特征向量，但是不同的特征值，并且有 $\sigma_1<\sigma_2$。在这种情况下，规定特征值按降序排列，导致新的旋转矩阵为$(\boldsymbol{D}')^{\mathrm{T}}=[\boldsymbol{d}_2^{\mathrm{T}},\boldsymbol{d}_1^{\mathrm{T}}]^{\mathrm{T}}$。因此，那些标记为蓝色的点在这次迭代中相对之前的迭代有不同的表示，并且这种表示是基于坐标变换的，因而经历了随机坐标交换。这种坐标变换其实等价于交换了$\hat{\boldsymbol{x}}$的两个神经节点且保持它们之后的神经连接不变（见图 11-1(c)），这样一种交换顺序将使得之后层的输入有不同的表示，进而伤害了学习。

为了进一步支撑该论断，本文在基本的多层感知机（multilayer perceptron，MLP）上进行了实验，该实验采用 MNIST 数据集。此数据集有 60 000 个手写字符图像数据，共 10 个类。为了进行有效的对比，使用了一个 2 层的多层感知机和一个 4 层的多层感知机。每层的神经单元数目为 100。本书使用梯度下降方法（即每次迭代的梯度基于所有的训练数据集）训练该网络。图 11-2 给出了各个方法在初始学习率为{0.1,0.5,1,5}中的最好的实验结果。其中，使用 plain 指代没有对激活值进行白化的网络，用 WBN-PCA 指代对激活值进行

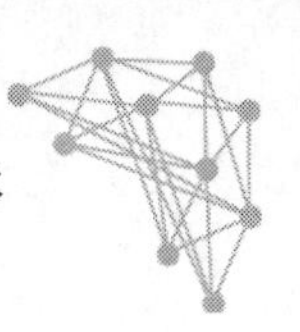

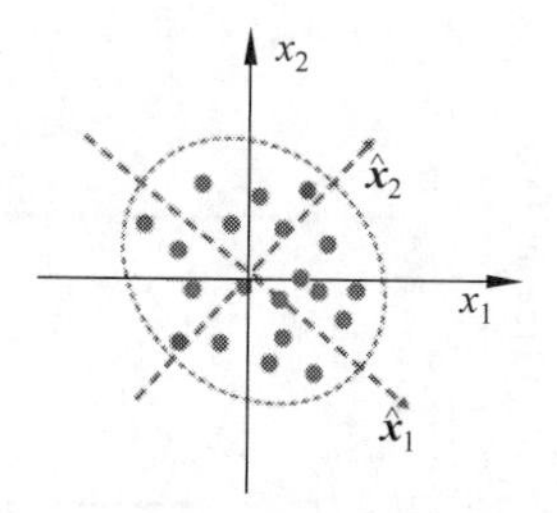

（a）原始小批量训练数据

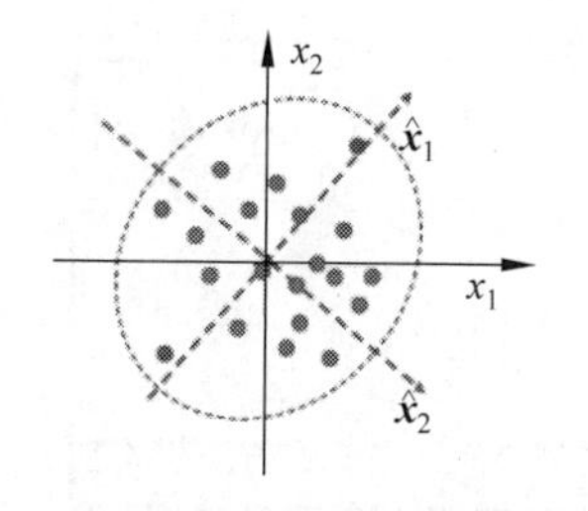

（b）迭代后小批量训练数据

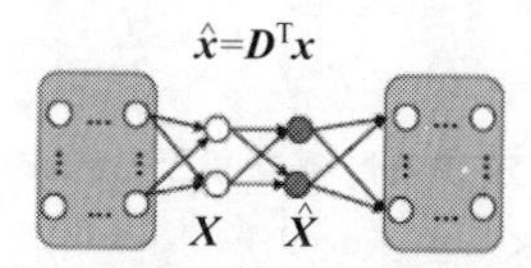

（c）神经节点间的神经连接

图 11-1　PCA 白化引起随机坐标交换（见彩图）

PCA 白化的网络。实验结果发现，在 2 层的多层感知机网络上，WBN-PCA 的结果也显著低于 plain。在这种简单的数据集，简单的网络（仅含一层隐藏层），WBN-PCA 的效果如此差，足以说明 PCA 白化激活值对训练神经网络不会有帮助。例如，对于 4 层的多层感知机，WBN-PCA 基本上是在执行随机猜测，这足以说明，其经历了严重的随机坐标交换问题。这个实验有力地说明，在神经网络中，若使用 PCA 白化，非常有可能产生随机坐标交换问题。

PCA 白化激活值引起随机坐标交换的主要原因在于其旋转操作在每次迭代时是不同的，这主要在于其旋转矩阵由变换的激活值所产生。激活值的改变主要来源于如下两方面：①每层的激活值的分布在不同的迭代中是变化的，这一点已经在批量标准化介绍中讨论过，即所谓的内部激活值协相关性偏移；②训练神经网络的优化算法通常基于随机的小批量数据，这样使得同一个数据在不同的迭代中，用来和其一起计算梯度的样例基本上不一样。

11.2.2　ZCA 白化

为了解决随机坐标交换问题，基于之上的分析，一个直接的想法是使用相同的旋转矩阵 $\boldsymbol{D}$，将变换后的输入再旋转回原来的坐标系，其具体白化表达式如下。

$$\boldsymbol{\Sigma}^{-\frac{1}{2}}=\boldsymbol{D}\boldsymbol{\Lambda}^{-\frac{1}{2}}\boldsymbol{D}^{\mathrm{T}} \tag{11-4}$$

这样的操作可以等价地认为仅在原始的坐标系下，沿着特征向量的方向对输入数据进行拉伸操作，以得到白化的输出。这样的白化方法被称作 ZCA 白化，其能使得变换后的数据和原始的数据在 2-范数的距离度量下距离最小。本节也在 MNIST 数据集上用多层感知机执行了 ZCA 白化实验。实验同之前一样。如图 11-2 所示，ZCA 白化（WBN-ZCA），相对于没有白化操作（plain）以及 PCA 白化（WBN-PCA）来说，显著提高了训练效果。这表明，使用 ZCA 白化能够非常有效地解决随机坐标交换问题。

给定小批量数据的输入 $\{\boldsymbol{x}_i, i=1,2,\cdots,m\}$，其中，$m$ 为样例的数目，基于 ZCA 白化变换的输出 $\hat{\boldsymbol{x}}_i$ 按如下公式计算。

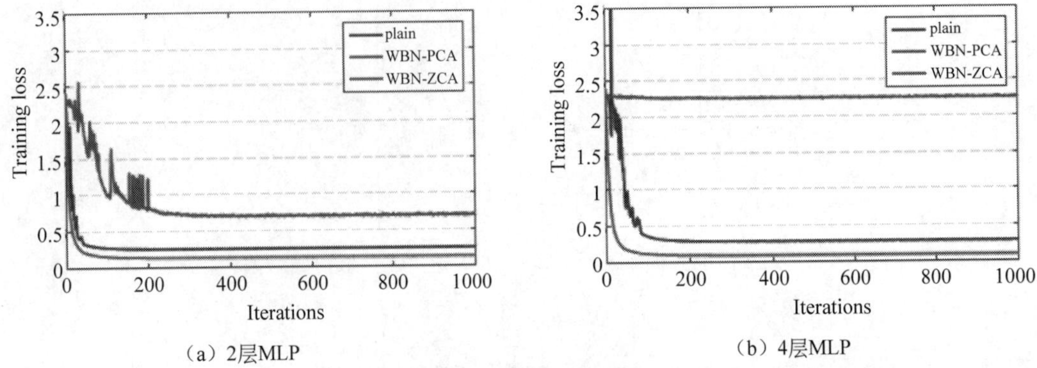

（a）2层MLP　　（b）4层MLP

图 11-2　白化激活值方法在多层感知机及 MNIST 数据集上的效果比较

来自参考文献：Decorrelated batch normalization

$$\boldsymbol{\mu}=\frac{1}{m}\sum_{j=1}^{m}\boldsymbol{x}_j$$

$$\boldsymbol{\Sigma}=\frac{1}{m}\sum_{j=1}^{m}(\boldsymbol{x}_j-\boldsymbol{\mu})(\boldsymbol{x}_j-\boldsymbol{\mu})^{\mathrm{T}}$$

$$\boldsymbol{D\Lambda D}^{\mathrm{T}}=\boldsymbol{\Sigma}$$

$$\boldsymbol{U}=\boldsymbol{\Lambda}^{-\frac{1}{2}}\boldsymbol{D}^{\mathrm{T}}$$

$$\tilde{\boldsymbol{x}}_i=\boldsymbol{U}(\boldsymbol{x}_i-\boldsymbol{\mu})$$

$$\hat{\boldsymbol{x}}_i=\boldsymbol{D}\tilde{\boldsymbol{x}}_i$$

接下来阐述如何计算白化变换的梯度。一个比较难的问题是如何计算特征值以及特征向量针对协方差矩阵的导数，即如何计算$\frac{\partial\boldsymbol{\Lambda}}{\partial\boldsymbol{\Sigma}}$和$\frac{\partial\boldsymbol{D}}{\partial\boldsymbol{\Sigma}}$，其中，$\boldsymbol{\Lambda}=\mathrm{diag}(\sigma_1,\sigma_2,\cdots,\sigma_d)$和 $\boldsymbol{D}$ 分别是 $\boldsymbol{\Sigma}$ 的特征值和特征向量。针对这一点，这里借鉴矩阵微分计算的研究成果，即给定$\frac{\partial\mathcal{L}}{\partial\boldsymbol{D}}\in\mathbb{R}^{d\times d}$和$\frac{\partial\mathcal{L}}{\partial\boldsymbol{\Lambda}}\in\mathbb{R}^{d\times d}$，其中$\mathcal{L}$是损失函数，反向传播公式为

$$\frac{\partial\mathcal{L}}{\partial\boldsymbol{\Sigma}}=\boldsymbol{D}\left(\left(\boldsymbol{K}^{\mathrm{T}}\odot\left(\boldsymbol{D}^{\mathrm{T}}\frac{\partial\mathcal{L}}{\partial\boldsymbol{D}}\right)\right)+\left(\frac{\partial\mathcal{L}}{\partial\boldsymbol{\Lambda}}\right)_{\mathrm{diag}}\right)\boldsymbol{D}^{\mathrm{T}}\tag{11-5}$$

其中，$\boldsymbol{K}\in\mathbb{R}^{d\times d}$为主对角线值全为 0 的矩阵，其他位置的值 $\boldsymbol{K}_{ij}=\frac{1}{\sigma_i-\sigma_j}[i\neq j]$[①]，这里的$\odot$表示基于元素的矩阵乘法操作，$\left(\frac{\partial\mathcal{L}}{\partial\boldsymbol{\Lambda}}\right)_{\mathrm{diag}}$表示设置$\frac{\partial\mathcal{L}}{\partial\boldsymbol{\Lambda}}$的非对角元素的值全部为 0。基于链规则，反向传播通过白化变化的公式如下。

$$\frac{\partial\mathcal{L}}{\partial\tilde{\boldsymbol{x}}_i}=\frac{\partial\mathcal{L}}{\partial\hat{\boldsymbol{x}}_i}\boldsymbol{D}$$

$$\frac{\partial\mathcal{L}}{\partial\boldsymbol{U}}=\sum_{i=1}^{m}\frac{\partial\mathcal{L}}{\partial\tilde{\boldsymbol{x}}_i}^{\mathrm{T}}(\boldsymbol{x}_i-\boldsymbol{\mu})^{\mathrm{T}}$$

---

① 具体实现时，使用一个小的正数避免除零操作。

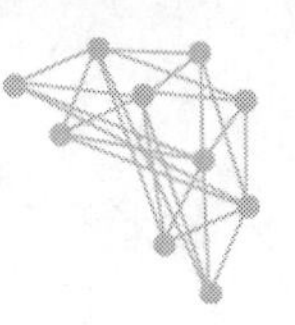

$$\frac{\partial \mathcal{L}}{\partial \boldsymbol{\Lambda}} = -\frac{1}{2}\frac{\partial \mathcal{L}}{\partial \boldsymbol{U}} \boldsymbol{D}\boldsymbol{\Lambda}^{-\frac{3}{2}}$$

$$\frac{\partial \mathcal{L}}{\partial \boldsymbol{D}} = \frac{\partial \mathcal{L}}{\partial \boldsymbol{U}}^{\mathrm{T}} \boldsymbol{\Lambda}^{-\frac{1}{2}} + \sum_{i=1}^{m} \frac{\partial \mathcal{L}}{\partial \hat{\boldsymbol{x}}_i}^{\mathrm{T}} \widetilde{\boldsymbol{x}}_i^{\mathrm{T}}$$

$$\frac{\partial \mathcal{L}}{\partial \boldsymbol{\Sigma}} = \boldsymbol{D}\left(\left(\boldsymbol{K}^{\mathrm{T}} \odot \left(\boldsymbol{D}^{\mathrm{T}} \frac{\partial \mathcal{L}}{\partial \boldsymbol{D}}\right)\right) + \left(\frac{\partial \mathcal{L}}{\partial \boldsymbol{\Lambda}}\right)_{\mathrm{diag}}\right)\boldsymbol{D}^{\mathrm{T}}$$

$$\frac{\partial \mathcal{L}}{\partial \mu} = \sum_{i=1}^{m} \frac{\partial \mathcal{L}}{\partial \widetilde{\boldsymbol{x}}_i}(-\boldsymbol{U}) + \sum_{i=1}^{m} \frac{-2\,(\boldsymbol{x}_i - \boldsymbol{\mu})^{\mathrm{T}}}{m}\left(\frac{\partial \mathcal{L}}{\partial \boldsymbol{\Sigma}}\right)_{\mathrm{sym}}$$

$$\frac{\partial \mathcal{L}}{\partial \boldsymbol{x}_i} = \frac{\partial \mathcal{L}}{\partial \widetilde{\boldsymbol{x}}_i}\boldsymbol{U} + \frac{2\,(\boldsymbol{x}_i - \boldsymbol{\mu})^{\mathrm{T}}}{m}\left(\frac{\partial \mathcal{L}}{\partial \boldsymbol{\Sigma}}\right)_{\mathrm{sym}} + \frac{1}{m}\frac{\partial \mathcal{L}}{\partial \boldsymbol{\mu}}$$

其中$\left(\frac{\partial \mathcal{L}}{\partial \boldsymbol{\Sigma}}\right)_{\mathrm{sym}}$表示对$\frac{\partial \mathcal{L}}{\partial \boldsymbol{\Sigma}}$进行对称化操作，其计算方式为$\left(\frac{\partial \mathcal{L}}{\partial \boldsymbol{\Sigma}}\right)_{\mathrm{sym}} = \frac{1}{2}\left(\frac{\partial \mathcal{L}}{\partial \boldsymbol{\Sigma}}^{\mathrm{T}} + \frac{\partial \mathcal{L}}{\partial \boldsymbol{\Sigma}}\right)$。注意，对称化$\frac{\partial \mathcal{L}}{\partial \boldsymbol{\Sigma}}$是必要的，基于扰动理论（perturbation theory），扰动 $\boldsymbol{\mu}$ 或者扰动 $\boldsymbol{x}_i$ 将使得 $\boldsymbol{\Sigma}$ 对称地扰动。

基于代数运算，能够得到简化的反向传播表达式：

$$\frac{\partial \mathcal{L}}{\partial \boldsymbol{x}_i} = \left(\frac{\partial \mathcal{L}}{\partial \widetilde{\boldsymbol{x}}_i} - \boldsymbol{f} + \widetilde{\boldsymbol{x}}_i^{\mathrm{T}}\boldsymbol{S} - \widetilde{\boldsymbol{x}}_i^{\mathrm{T}}\boldsymbol{M}\right)\boldsymbol{\Lambda}^{-\frac{1}{2}}\boldsymbol{D}^{\mathrm{T}} \tag{11-6}$$

其中，$\boldsymbol{f} = \frac{1}{m}\sum_{i=1}^{m}\frac{\partial \mathcal{L}}{\partial \widetilde{\boldsymbol{x}}_i}$，$\boldsymbol{S} = \boldsymbol{K}^{\mathrm{T}} \odot (\boldsymbol{\Lambda}\boldsymbol{F}_c^{\mathrm{T}} + \boldsymbol{\Lambda}^{\frac{1}{2}}\boldsymbol{F}_c\boldsymbol{\Lambda}^{\frac{1}{2}}) + \boldsymbol{K} \odot (\boldsymbol{F}_c\boldsymbol{\Lambda} + \boldsymbol{\Lambda}^{\frac{1}{2}}\boldsymbol{F}_c^{\mathrm{T}}\boldsymbol{\Lambda}^{\frac{1}{2}})$，$\boldsymbol{M} = (\boldsymbol{F}_c)_{\mathrm{diag}}$，$\boldsymbol{F}_c = \frac{1}{m}\left(\sum_{i=1}^{m}\frac{\partial \mathcal{L}}{\partial \widetilde{\boldsymbol{x}}_i}^{\mathrm{T}}\widetilde{\boldsymbol{x}}_i^{\mathrm{T}}\right)$。

11.3　批量白化模块

同批量标准化一样，批量白化可以看作一个神经网络的模块，该模块可以插在神经网络的每一层。算法 11.1 和 11.2 分别描述了批量白化的前向计算和反向传播。基于此前向计算和反向传播算法，可以像训练正常的神经网络一样，用基于小批量数据的随机梯度下降（stochastic gradient descent，SGD）算法或者其他优化算法（如 Adam）训练带有批量白化模块的神经网络。在训练阶段，均值 $\boldsymbol{\mu}$ 和白化矩阵 $\boldsymbol{\Sigma}^{-\frac{1}{2}}$ 是基于小批量训练数据计算的，使得该小批量训练数据的激化值是白化的，这样能够有效地加速训练。但是，在测试阶段，有可能数据是以在线数据流的方式抵达的，或者其批量数据的数目非常小，若仍采用基于小批量数据（即在线流数据）计算均值和白化矩阵，将使得其估计值非常不准确，因而导致所采用的方法无法满足实际的应用场景。为了解决这一问题，可以引入期望均值 $\boldsymbol{\mu}_E$ 和期望白化矩阵 $\boldsymbol{\Sigma}_E^{-\frac{1}{2}}$，用其作为推理阶段的均值和白化矩阵。通过初始化 $\boldsymbol{\mu}_E$ 为 0，$\boldsymbol{\Sigma}_E^{-\frac{1}{2}}$ 为 $\boldsymbol{I}$，且在每次迭代时使用指数运行平均方法（如算法 11.1 的第 10 行和第 11 行所示）来更新它们。

算法 11.1　批量白化激活值前向计算算法

输入：批量训练数据$\{\boldsymbol{x}_i, i=1,2,\cdots,m\}$，初始化的期望均值$\boldsymbol{\mu}_E$和期望白化矩阵$\boldsymbol{\Sigma}_E^{-\frac{1}{2}}$。

超参数：ε，运行平均的动量值λ。

输出：ZCA 白化后的激活值$\{\hat{\boldsymbol{x}}_i, i=1,2,\cdots,m\}$。

1：计算批量数据均值：$\boldsymbol{\mu}=\frac{1}{m}\sum_{j=1}^{m}\boldsymbol{x}_j$。

2：计算批量数据方差：$\boldsymbol{\Sigma}=\frac{1}{m}\sum_{j=1}^{m}(\boldsymbol{x}_j-\boldsymbol{\mu})(\boldsymbol{x}_j-\boldsymbol{\mu})^{\mathrm{T}}+\varepsilon\boldsymbol{I}$。

3：执行特征值分解：$\boldsymbol{D}\boldsymbol{\Lambda}\boldsymbol{D}^{\mathrm{T}}=\boldsymbol{\Sigma}$。

4：计算 PCA 白化矩阵：$\boldsymbol{U}=\boldsymbol{\Lambda}^{-\frac{1}{2}}\boldsymbol{D}^{\mathrm{T}}$。

5：计算 PCA 白化后的激活值：$\tilde{\boldsymbol{x}}_i=\boldsymbol{U}(\boldsymbol{x}_i-\boldsymbol{\mu})$。

6：计算 ZCA 白化后的激活值：$\hat{\boldsymbol{x}}_i=\boldsymbol{D}\tilde{\boldsymbol{x}}_i$。

7：更新期望均值：$\boldsymbol{\mu}_E\leftarrow(1-\lambda)\boldsymbol{\mu}_E+\lambda\boldsymbol{\mu}$。

8：更新期望方差：$\boldsymbol{\Sigma}_E^{-\frac{1}{2}}\leftarrow(1-\lambda)\boldsymbol{\Sigma}_E^{-\frac{1}{2}}+\lambda\boldsymbol{D}\boldsymbol{U}$。

算法 11.2　批量白化激活值反向传播算法

输入：小批量数据相对 ZCA 白化后的激活值的梯度信息$\left\{\frac{\partial\mathcal{L}}{\partial\hat{\boldsymbol{x}}_i}, i=1,2,\cdots,m\right\}$，其他前向计算保留的相关变量：①特征值；②$\tilde{\boldsymbol{x}}$；③$\boldsymbol{D}$。

输出：小批量数据相对原始激活值的梯度信息$\left\{\frac{\partial\mathcal{L}}{\partial\boldsymbol{x}_i}, i=1,2\cdots,m\right\}$。

1：计算相对 PCA 白化后的激活值$\tilde{\boldsymbol{x}}$的梯度信息：$\frac{\partial\mathcal{L}}{\partial\tilde{\boldsymbol{x}}_i}=\frac{\partial\mathcal{L}}{\partial\hat{\boldsymbol{x}}_i}\boldsymbol{D}$。

2：计算：$\boldsymbol{f}=\frac{1}{m}\sum_{i=1}^{m}\frac{\partial\mathcal{L}}{\partial\tilde{\boldsymbol{x}}_i}$。

3：计算主对角线元素为 0 的$\boldsymbol{K}$矩阵，其非主对角线元素为$\boldsymbol{K}_{ij}=\frac{1}{\sigma_i-\sigma_j}[i\neq j]$。

4：基于特征值生成$\boldsymbol{\Lambda}$对角矩阵。

5：计算$\boldsymbol{F}_c=\frac{1}{m}\left(\sum_{i=1}^{m}\frac{\partial\mathcal{L}}{\partial\tilde{\boldsymbol{x}}_i}^{\mathrm{T}}\tilde{\boldsymbol{x}}_i^{\mathrm{T}}\right)$和$\boldsymbol{M}=(\boldsymbol{F}_c)_{\mathrm{diag}}$。

6：计算$\boldsymbol{S}=\boldsymbol{K}^{\mathrm{T}}\odot(\boldsymbol{\Lambda}\boldsymbol{F}_c^{\mathrm{T}}+\boldsymbol{\Lambda}^{\frac{1}{2}}\boldsymbol{F}_c\boldsymbol{\Lambda}^{\frac{1}{2}})+\boldsymbol{K}\odot(\boldsymbol{F}_c\boldsymbol{\Lambda}+\boldsymbol{\Lambda}^{\frac{1}{2}}\boldsymbol{F}_c^{\mathrm{T}}\boldsymbol{\Lambda}^{\frac{1}{2}})$。

7：根据式(11-6)计算$\frac{\partial\mathcal{L}}{\partial\boldsymbol{x}_i}$。

对神经网络的激活值进行标准化(或者白化)实际上限制了神经网络的表达能力。Ioffe 和 Szegedy 在批量标准化方法中为了解决这个问题，提出使用额外的可学习参数γ和β(见式(11-1))。这些可学习的参数通常能够略微提升整个网络的效果，也可用来提高批量白化的效果。具体实现时，将这些可学习的参数和之后的整流线性单元(rectified linear unit，ReLU)合并，即可使用转换的整流线性单元(translated ReLU)。

前面的内容仅考虑了矩阵形式的输入$\boldsymbol{X}\in\mathbb{R}^{d\times m}$，这样的输入通常适用于多层感知机或

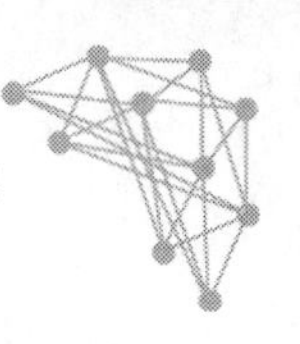

者循环神经网络(recurrent neural network,RNN)。然而,对于卷积神经网络(convolution neural network,CNN),其输入通常为 $\boldsymbol{X}_C \in \mathbb{R}^{h \times w \times d \times m}$,其中 h 和 w 表示特征映射(feature map)的高度和宽度,d 和 m 分别是特征映射和样例的数目。因此,对于卷积层的输入,需要采取不同的处理方式。批量白化也借鉴批量标准化的处理方法,将特征映射的每一个空间位置当作一个样例。因而,可以展开四维的 $\boldsymbol{X}_C$,使其变为二维矩阵 $\boldsymbol{X} \in \mathbb{R}^{d \times (h \cdot w \cdot m)}$,即认为有 $h \cdot w \cdot m$ 个训练样例和 d 个特征映射。然后基于展开的 $\boldsymbol{X}$ 进行批量白化操作。

如前面所述,批量白化也需要估计均值和白化矩阵,并且白化矩阵的参数数目是每层神经单元数目的平方,这意味着如果对每层都进行完全的白化,将需要平方级的样例来保证估计的精度,这在训练的批量数据比较小的场景下时,批量白化可能导致较差的训练效果,因而需要控制白化操作的度。本节提出对每层的神经单元进行分组,针对每组进行白化操作。对于每层 d 个神经单元的输出,将这些神经单元分组,每组有 $k_G < d$ 个神经单元,基于每组神经单元进行白化操作。因而,可以通过超参数 k_G 控制白化的程度。例如,如果设定 $k_G = 1$,批量白化即退化为批量标准化方法。此外,基于组的白化策略能减少计算开销。对某层进行全部白化操作的计算复杂度为 $O(d^2 \max(m, d))$,其中 m 为小批量训练数据样例数目,当使用基于组的白化策略时,其计算复杂度减小为 $O\left(\frac{d}{k_G}(k_G^2(\max(m, k_G)))\right)$。实际使用中,通常设定 $k_G < m$,因而计算复杂度为 $O(mdk_G)$。另外,基于组的白化策略也很容易并行实现。

11.4 分析和讨论

本节分析批量白化的一些主要性质,并讨论为什么将批量白化用于神经网络中能够使得该网络更容易优化(训练)以及有更好的泛化能力。为了方便阐述,本书以普通的多层感知机为例,其每层由一个含有可学习的参数 W_l 和 b_l 的线性变换 $s_l = f(h_{l-1}) = W_l h_{l-1} + b_l$ 和紧随的非线性变换 $h_l = g(s_l)$(如 ReLU)构成,其中 W_l、b_l 是可学习的参数,$l \in \{1, 2, \cdots, L\}$,为索引层数。本书约定 h_0 表示网络的输入 x,h_L 表示网络的输出。

11.4.1 提高模型的条件情况

本小节阐述白化激活值能够提高优化目标的 Fisher 信息矩阵(fisher information matrix,FIM)的条件情况(即有较小的条件数),因而使得相应的模型更容易优化。Grosse 等的研究结论表明,在如下两条假设下:①不同层的权重矩阵的梯度是不相关的;②每一层的激活值 h_l 和其非线性变换输入的梯度 $\frac{\partial \mathcal{L}}{\partial s_l}$ 是近似独立的情况下,优化目标的 Fisher 信息矩阵可表示为如下的对角块矩阵形式,即

$$
\boldsymbol{F} = \begin{bmatrix} \boldsymbol{\Psi}_0 \otimes \boldsymbol{\Gamma}_1 & & 0 \\ & \ddots & \\ 0 & & \boldsymbol{\Psi}_{L-1} \otimes \boldsymbol{\Gamma}_L \end{bmatrix}
$$

其中,$\otimes$ 表示 Kronecker 积,$\boldsymbol{\Psi}_{l-1} = \mathbb{E}(\bar{\boldsymbol{h}}_{l-1} \bar{\boldsymbol{h}}_{l-1}^{\mathrm{T}})$ 和 $\boldsymbol{\Gamma}_l = \mathbb{E}\left(\frac{\partial \mathcal{L}}{\partial s_l} \frac{\partial \mathcal{L}}{\partial s_l}^{\mathrm{T}}\right)$ 分别表示激活值 h_l 和

其非线性变换输入的梯度$\frac{\partial \mathcal{L}}{\partial s_l}$的二阶量协相关矩阵。如果对激活值进行白化操作，将得到$\boldsymbol{\Psi}_{l-1}=\boldsymbol{I}$。因此，Fisher 信息矩阵相对于每一层的子矩阵$\boldsymbol{F}_l$也将是对角块矩阵，其每一块为$\boldsymbol{\Gamma}_l$这样一种形式的矩阵将有可能获得好的条件情况。

11.4.2 近似的动态等距性

Saxe 等定义了动态等距性（dynamical isometry），即神经网络每层的 Jacobian 矩阵乘积的奇异值应该尽可能在 1 的附近，在这种情况下，神经网络更容易训练。批量白化能够使得每一层的 Jacobian 矩阵$\boldsymbol{J}$的奇异值接近 1，这样能够获得近似的动态等距性，因而更有可能用来训练更深的网络。考虑两个连续的层，若其输入h_l和h_{l-1}已经经过白化操作，则有$h_l=\mathrm{WBN}(g(f(h_{l-1})))$。如果$g()$能被看作是近似线性的（例如$f(h_{l-1})$在非线性函数输入的线性区域），那么这两层之间的变换可以近似为$h_l\approx \boldsymbol{J}h_{l-1}$。基于此，有$\mathrm{Cvo}[h_l]=\boldsymbol{J}\mathrm{Cov}[h_{l-1}]\boldsymbol{J}^{\mathrm{T}}$，其中$\mathrm{Cvo}[h_l]=\mathrm{Cvo}[h_{l-1}]=\boldsymbol{I}$。因此能得到$\boldsymbol{J}\boldsymbol{J}^{\mathrm{T}}=\boldsymbol{I}$。这意味着，在假设$g()$是近似线性的情况下，$\boldsymbol{J}$的所有奇异值均接近 1。这样的属性能够保证每层的激活值以及梯度值均在同一尺度内，这样就能缓解梯度爆炸（gradient explosion）和梯度坍塌（gradient vanish）问题。

11.5 总　　结

针对深度神经网络训练时参数空间的严重协相关性，以及随机梯度优化过程中的数据分布的不稳定性，本章介绍了对其隐藏层的输出进行白化操作，即对数据的每个维度进行中心化，去除维度间的协相关性，以及保证每个维度具有单位方差。这样的白化操作是基于批量数据的，并且该操作被设计为一个模块，且保证反向传播能通过该模块。本章具体解决了对 SVD 分解进行反向传播的技术难题，并且通过 ZCA 方式的白化操作控制了这种数据变化带来的数据扰动，使得白化隐藏层操作能够有效地提高训练速度。本章进一步阐述了分组批量白化方法，这种方法可以有效地控制白化的程度，并且能够有效平衡计算花费。

批量白化方法可以很方便地应用在各种类型的神经网络上，如将该模块插入线性模块和非线性模块之间。通过插入所提出的模块，深度神经网络将具有如下有利于加快训练或者提高泛化能力的属性：①其参数空间具有更好的条件数，因而可以使用更高的学习率且不易发散；②保证每层的神经单元的输入数据分布是稳定的，且各层之间具有近似相等的方差；③基于批量数据的 ZCA 方式的白化操作能引入一定的随机性，可使得网络避免过拟合。目前，批量白化方法在多层感知机，以及卷积神经网络上取得了非常不错的效果，其能使神经网络训练得更快，并且有更好的测试精度。

课后习题

1. 什么是批量标准化？批量标准化的过程是怎样的？批量标准化有什么样的作用？

2. 什么是特征的白化变换？ZCA 白化变换的过程是怎样的？请简要阐述 PCA 白化与 ZCA 白化的异同。

3. 请自选数据集(如图像分类数据集)和模型结构(如 CNN)，自行编写批量白化模块程序，并比较加入批量白化模块前后训练所得模型的性能。进一步，将特征进行可视化，比较并分析加入批量白化模块前后所得特征的差异。

第 12 章　正交权重矩阵

引　　言

深度神经网络主要由线性层、非线性层以及标准化层三类基础层构成。前面的内容已经从神经网络的基本原理入手,对这几类层做了简要介绍。本章主要针对线性层做进一步的扩展,考虑如何在神经网络的线性层中构建正交化约束并对其求解。在传统的信号处理领域,正交过滤器组能够保持信号的强度,以及能够检测非冗余的特征。受该特性启发,近年来,研究人员将正交矩阵用于深度神经网络中,发现其能明显地加速神经网络的训练,并能提高模型的泛化能力。本章介绍了在一般的深度神经网络中学习矩形正交矩阵(rectangular orthogonal matrix),将此问题建模为多个依赖的 Stiefel 流优化(optimization over multiple dependent stiefel manifolds, OMDSM) 问题,并使用了基于重参数化(Re-parameterization)技术的稳定求解方法。本章的阐述方式侧重于研究论文形式,提供了实验设计及结果来支撑相关的论述。

12.1　多个依赖的 Stiefel 流优化

本章介绍在深度网络中针对每一层学习一般的正交矩形权重矩阵 $\boldsymbol{W}^l \in \mathbb{R}^{n_l \times d_l}$。本书讨论更特殊的情况,如学习正交过滤器组,也就是说,$\boldsymbol{W}$ 的行向量组是正交的。基于此,优化目标函数如下。

$$\theta^* = \arg\min_\theta \mathbb{E}_{(x,y)\in D}[\mathcal{L}(\boldsymbol{y}, f(\boldsymbol{x};\theta))] \quad \text{s.t.} \quad \boldsymbol{W}^l \in \mathcal{O}_l^{n_l \times d_l}, \quad l=1,2,\cdots,L \tag{12-1}$$

其中,待优化的矩阵空间 $\mathcal{O}_l^{n_l \times d_l} = \{\boldsymbol{W}^l \in \mathbb{R}^{n_l \times d_l} : \boldsymbol{W}^l(\boldsymbol{W}^l)^{\mathrm{T}} = \boldsymbol{I}\}$ 事实上为 Stiefel 流形(manifold)[①],其为矩阵空间 $\mathbb{R}^{n_l \times d_l}$ 的嵌入子空间。此优化问题(即式(12-1))为限制优化问题,其相关特性如下: ①优化的参数空间实际上是多个嵌入的子流形; ②这些嵌入的子流形结构 $\{\mathcal{O}_1^{n_1 \times d_1}, \cdots, \mathcal{O}_L^{n_L \times d_L}\}$ 是相互依赖的,这种依赖性主要在于神经网络中第 l 层的待优化的权重矩阵 $\boldsymbol{W}^l$ 的输入受其前面层的权重矩阵 $\{\boldsymbol{W}^i, i<l\}$ 的影响; ③甚至,这种依赖性将随着网络变深而越来越强。因而,该优化问题被称为多个依赖的 Stiefel 流优化问题。

---

① 为方便讨论,首先假设 $n_l \leqslant d_l$,之后的小节会讨论如何处理 $n_l > d_l$ 的情况。

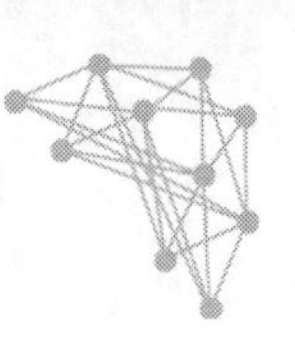

12.2　正交权重矩阵的特性

在求解多个依赖的 Stiefel 流优化问题之前，首先介绍正交权重矩阵应用于深度神经网络中的两个特性，即正交权重矩阵能够有效稳定激活值分布，以及规整化神经网络。

12.2.1　稳定激活值的分布

正交矩阵能够稳定深度神经网络每层的激活值的分布，该特性由定理 12.1 所述。

定理 12.1　令 $\boldsymbol{z}=\boldsymbol{W}\boldsymbol{x}$，其中 $\boldsymbol{W}\boldsymbol{W}^{\mathrm{T}}=\boldsymbol{I}$ 以及 $\boldsymbol{W}\in\mathbb{R}^{n\times d}$。本书有如下结论：①假设 $\boldsymbol{x}$ 的均值为 $\mathbb{E}_x[\boldsymbol{x}]=\boldsymbol{0}$，其协方差矩阵为 $\mathrm{Cov}(\boldsymbol{x})=\sigma^2\boldsymbol{I}$，那么可以获得 $\mathbb{E}_z[\boldsymbol{z}]=\boldsymbol{0}$，$\mathrm{Cov}(\boldsymbol{z})=\sigma^2\boldsymbol{I}$；②如果 $n=d$，则进一步有 $\|\boldsymbol{z}\|=\|\boldsymbol{x}\|$；③给定反向传播的梯度信息 $\frac{\partial\mathcal{L}}{\partial\boldsymbol{z}}$，则有 $\left\|\frac{\partial\mathcal{L}}{\partial\boldsymbol{x}}\right\|=\left\|\frac{\partial\mathcal{L}}{\partial\boldsymbol{z}}\right\|$。

证明：① 容易计算 $\boldsymbol{z}$ 的期望值，即

$$\mathbb{E}_z[\boldsymbol{z}]=\boldsymbol{W}\mathbb{E}_x[\boldsymbol{x}]=\boldsymbol{W}\boldsymbol{0}=\boldsymbol{0} \tag{12-2}$$

$\boldsymbol{z}$ 的协方差计算过程如下。

$$\begin{aligned}
\mathrm{Cov}(\boldsymbol{z})&=\mathbb{E}_z[\boldsymbol{z}-\mathbb{E}_z[\boldsymbol{z}]]^2\\
&=\mathbb{E}_x[\boldsymbol{W}(\boldsymbol{x}-\mathbb{E}_x[\boldsymbol{x}])]^2\\
&=\mathbb{E}_x[\boldsymbol{W}(\boldsymbol{x}-\mathbb{E}_x[\boldsymbol{x}])]\cdot\mathbb{E}_x[\boldsymbol{W}(\boldsymbol{x}-\mathbb{E}_x[\boldsymbol{x}])]^{\mathrm{T}}\\
&=\boldsymbol{W}\mathbb{E}_x[(\boldsymbol{x}-\mathbb{E}_x[\boldsymbol{x}])]\cdot\mathbb{E}_x[(\boldsymbol{x}-\mathbb{E}_x[\boldsymbol{x}])]^{\mathrm{T}}\boldsymbol{W}^{\mathrm{T}}\\
&=\boldsymbol{W}\,\mathrm{Cov}(\boldsymbol{x})\boldsymbol{W}^{\mathrm{T}}\\
&=\boldsymbol{W}\sigma^2\boldsymbol{I}\boldsymbol{W}^{\mathrm{T}}=\sigma^2\boldsymbol{W}\boldsymbol{W}^{\mathrm{T}}=\sigma^2
\end{aligned} \tag{12-3}$$

② 如果 $n=d$，$\boldsymbol{W}$ 为正交矩阵（方阵），那么有 $\boldsymbol{W}^{\mathrm{T}}\boldsymbol{W}=\boldsymbol{W}\boldsymbol{W}^{\mathrm{T}}=\boldsymbol{I}$。基于此，能得到 $\|\boldsymbol{z}\|=\boldsymbol{z}^{\mathrm{T}}\boldsymbol{z}=\boldsymbol{x}^{\mathrm{T}}\boldsymbol{W}^{\mathrm{T}}\boldsymbol{W}\boldsymbol{x}=\boldsymbol{x}^{\mathrm{T}}\boldsymbol{x}=\|\boldsymbol{x}\|$。

③ 与证明②类似，即 $\left\|\frac{\partial\mathcal{L}}{\partial\boldsymbol{x}}\right\|=\left\|\frac{\partial\mathcal{L}}{\partial\boldsymbol{z}}\boldsymbol{W}\right\|=\frac{\partial\mathcal{L}}{\partial\boldsymbol{z}}\boldsymbol{W}\boldsymbol{W}^{\mathrm{T}}\frac{\partial\mathcal{L}}{\partial\boldsymbol{z}}^{\mathrm{T}}=\left\|\frac{\partial\mathcal{L}}{\partial\boldsymbol{z}}\right\|$。

定理 12.1 的第一点表明，在神经网络的每一层中，在输入数据是白化的情况下，正交权重矩阵能确保经过线性变换的预激活值 $\boldsymbol{z}$ 是标准化的甚至是去相关的。标准化以及去相关的激活值能提高优化目标的 Fisher 信息矩阵的条件情况，进而能加速深度神经网络的训练。除此之外，如定理 12.1 的第二点和第三点所示，正交的过滤器组能很好地保持深度神经网络每层的激活值的 2-范数以及反向传播时的梯度值的 2-范数。

12.2.2　规整化神经网络

正交权重矩阵确保了每个过滤器是标准正交的，即 $\boldsymbol{w}_i^{\mathrm{T}}\boldsymbol{w}_j=0, i\neq j$ 且 $\|\boldsymbol{w}_i\|_2=1$，其中，$\boldsymbol{w}_i\in\mathbb{R}^d$ 表示第 i 个神经单元的输入权重向量，$\|\boldsymbol{w}_i\|_2$ 是 $\boldsymbol{w}_i$ 的欧几里得范数。这儿的约束实际上给过滤器组强加了 $n(n+1)/2$ 的约束。因此，正交权重矩阵可以看作对神经网络进行了规整化，由于其本质上是线性空间 $\mathcal{O}^{n\times d}$ 的嵌入子空间，因此其自由度为 $nd-n(n+1)/2$。注意，这样的规整化有可能损害神经网络的模型表达能力，尤其当神经网络不太深或者模型表达能力本身就不大时，有可能产生适得其反的效果。实际上，也可以将标准正交约束放松

到正交约束,即不需要限制$\|w_i\|_2=1$。一种实用的方法是对每个神经单元引入一个可学习的参数 g,将其初始化为1,然后随着训练的进行,微调 W 的范数(同样基于梯度下降,更新其参数)。这种技巧能够从某种程度修复正交权重矩阵的模型表达能力,这在不太深的神经网络中比较实用,但是对于非常深的或者模型表达能力很强的神经网络,基于实验观察,这样的处理是没有必要的。后续章节中讨论了如何权衡正交矩阵所引入的优化效率以及规整化能力。

12.3 正交权重标准化技术

针对求解 OMDSM 问题,一种直接的方案是使用黎曼(Riemannian)优化方法。然而,实际使用中,用黎曼优化方法求解 OMDSM 经历了严重的训练不稳定性,甚至无法收敛(具体见之后的实验部分)。本部分介绍一种比较稳定的求解 OMDSM 问题的方法——正交权重标准化。该方法采用了重参数化技巧。对于神经网络的某一层(指示为 l 层),该方法使用代理参数矩阵 $\boldsymbol{V}^l\in\mathbb{R}^{n_l\times d_l}$ 通过正交化变换 $\boldsymbol{W}^l=\phi(\boldsymbol{V}^l)$ 获得正交的权重矩阵 $\boldsymbol{W}^l$,然后要求反向传播通过该正交变换,在 $\boldsymbol{V}^l$ 空间中进行参数更新。

通过设计正交变换 $\phi:\mathbb{R}^{n_l\times d_l}\rightarrow\mathbb{R}^{n_l\times d_l}$ 以及 $\phi(\boldsymbol{V}^l)*\phi(\boldsymbol{V}^l)^{\mathrm{T}}=\boldsymbol{I}$,该方法能够确保 $\boldsymbol{W}^l$ 是正交的。除此之外,其要求在反向传播时,梯度求导将通过正交变换 ϕ。图 12-1 给出了对神经网络中某一隐藏层使用重参数化方法学习正交权重矩阵的示意图。其中不失一般性,以及为了简化描述,本文去掉了偏置节点,在之后的描述中也去掉了 $\boldsymbol{W}^l$ 和 $\boldsymbol{V}^l$ 的层索引 l。

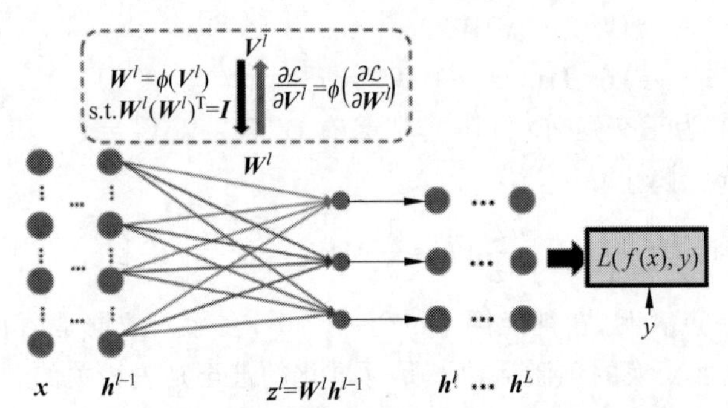

图 12-1 神经网络中某一隐藏层使用重参数化方法学习正交权重矩阵的示意图

12.3.1 设计正交变换

正交权重标准化方法使用线性变换表示 $\phi(\boldsymbol{V})$,此时 $\phi(\boldsymbol{V})=\boldsymbol{PV}$,其中 $\boldsymbol{P}$ 是线性矩阵。通常,这种向量变换问题均假设向量是零均值的,因此首先对 $\boldsymbol{V}$ 进行中心化操作,则有 $\boldsymbol{V}_c=\boldsymbol{V}-\boldsymbol{c}\boldsymbol{1}_d^{\mathrm{T}}$,其中,$\boldsymbol{c}=\frac{1}{d}\boldsymbol{V}\boldsymbol{1}_d$ 以及 $\boldsymbol{1}_d$ 为所有元素都是 1 的 d 维向量。进行中心化后,再对 $\boldsymbol{V}_c$ 进行正交变换。

一个值得注意的问题是,存在无穷多个 $\boldsymbol{P}$ 使得 $\boldsymbol{W}$ 是正交的,即有 $\boldsymbol{W}=\boldsymbol{PV}_c$ 和 $\boldsymbol{WW}^{\mathrm{T}}=\boldsymbol{I}$。例如,如果 $\hat{\boldsymbol{P}}$是满足要求的正交变换,那么 $\boldsymbol{Q}\hat{\boldsymbol{P}}$也同样是能够满足要求的正交变换,其中 $\boldsymbol{Q}\in$

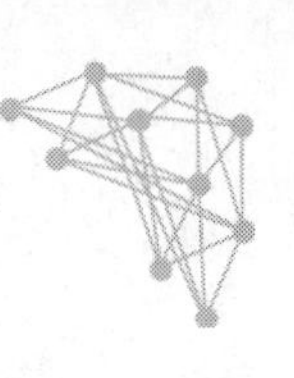

$\mathbb{R}^{n\times n}$ 是任意的正交矩阵，该结论来自 $\boldsymbol{W}\boldsymbol{W}^{\mathrm{T}}=\boldsymbol{Q}\hat{\boldsymbol{P}}\boldsymbol{V}_c\boldsymbol{V}_c^{\mathrm{T}}\hat{\boldsymbol{P}}^{\mathrm{T}}\boldsymbol{W}\boldsymbol{Q}^{\mathrm{T}}=\boldsymbol{Q}\boldsymbol{Q}^{\mathrm{T}}=\boldsymbol{I}$。因此，接下来的问题是讨论如何选择正交矩阵 $\boldsymbol{P}$。

考虑到之前的黎曼优化方法经历了不稳定问题，这种不稳定性很有可能是因为两个空间中的正交变换有无穷多种变换。为了使得所提出的解法稳定，一种可能的想法是使得 Jacobian 矩阵 $\frac{\mathrm{d}\boldsymbol{W}}{\mathrm{d}\boldsymbol{V}_c}$ 的奇异值接近 1。然而，这样的限制很难进行建模以及求解，正交权重标准化方法寻求一种可行的限制，如最小化 $\boldsymbol{W}$ 和 $\boldsymbol{V}_c$ 之间的欧几里得距离，即

$$
\begin{aligned}
&\min_{\boldsymbol{P}} \operatorname{tr}((\boldsymbol{W}-\boldsymbol{V}_c)(\boldsymbol{W}-\boldsymbol{V}_c)^{\mathrm{T}})\\
&\text{s.t. } \boldsymbol{W}=\boldsymbol{P}\boldsymbol{V}_c \ \& \ \boldsymbol{W}\boldsymbol{W}^{\mathrm{T}}=\boldsymbol{I}
\end{aligned}
\tag{12-4}
$$

其中，tr()表示矩阵的迹。求解该问题能够得到 $\boldsymbol{P}^*=\boldsymbol{D}\boldsymbol{\Lambda}^{-\frac{1}{2}}\boldsymbol{D}^{\mathrm{T}}$，$\boldsymbol{\Lambda}=\operatorname{diag}(\sigma_1,\sigma_2,\cdots,\sigma_n)$ 和 $\boldsymbol{D}$ 分别表示协方差矩阵 $\boldsymbol{\Sigma}=(\boldsymbol{V}-\boldsymbol{c}\boldsymbol{1}_d^{\mathrm{T}})(\boldsymbol{V}-\boldsymbol{c}\boldsymbol{1}_d^{\mathrm{T}})^{\mathrm{T}}$ 的特征值和特征向量。基于该结论，正交权重标准化方法最终使用的正交变换公式如下。

$$
\boldsymbol{W}=\phi(\boldsymbol{V})=\boldsymbol{D}\boldsymbol{\Lambda}^{-\frac{1}{2}}\boldsymbol{D}^{\mathrm{T}}(\boldsymbol{V}-\boldsymbol{c}\boldsymbol{1}_d^{\mathrm{T}})
\tag{12-5}
$$

正交权重标准化方法也曾尝试使用另外一个正交变换 $\boldsymbol{P}_{\mathrm{var}}=\boldsymbol{\Lambda}^{-\frac{1}{2}}\boldsymbol{D}^{\mathrm{T}}$，结果发现 $\boldsymbol{P}_{\mathrm{var}}$ 经历了不稳定性问题，无法收敛，具体的描述见之后的实验部分。因此，其推测最小化 $\boldsymbol{W}$ 和 $\boldsymbol{V}_c$ 之间的欧几里得距离方法，对确保求解 OMDSM 问题的稳定性至关重要。

12.3.2　反向传播

正交权重标准化期望对代理参数 $\boldsymbol{V}$ 进行参数更新操作，因而在反向传播时必须将梯度信息传播通过正交变换 $\phi(\boldsymbol{V})$。为了达到这一点，本小节利用了矩阵微分计算对于特征值分解的结论：给定损失函数相对于特征向量和特征值的梯度 $\frac{\partial\mathcal{L}}{\partial\boldsymbol{D}}\in\mathbb{R}^{n\times n}$ 和 $\frac{\partial\mathcal{L}}{\partial\boldsymbol{\Lambda}}\in\mathbb{R}^{n\times n}$，损失函数相对于协方差矩阵的梯度为

$$
\frac{\partial\mathcal{L}}{\partial\boldsymbol{\Sigma}}=\boldsymbol{D}\left(\left(\boldsymbol{K}^{\mathrm{T}}\odot\left(\boldsymbol{D}^{\mathrm{T}}\frac{\partial\mathcal{L}}{\partial\boldsymbol{D}}\right)\right)+\left(\frac{\partial\mathcal{L}}{\partial\boldsymbol{\Lambda}}\right)_{\mathrm{diag}}\right)\boldsymbol{D}^{\mathrm{T}}
\tag{12-6}
$$

其中，$\boldsymbol{K}\in\mathbb{R}^{n\times n}$ 为主对角线值全为 0 的矩阵，其他位置的值 $\boldsymbol{K}_{ij}=\frac{1}{\sigma_i-\sigma_j}[i\neq j]$，$\left(\frac{\partial\mathcal{L}}{\partial\boldsymbol{\Lambda}}\right)_{\mathrm{diag}}$ 表示将 $\frac{\partial\mathcal{L}}{\partial\boldsymbol{\Lambda}}$ 的非对角元素的值全部设置为 0。$\odot$表示基于元素的矩阵乘法操作。基于链规则，代理参数 $\boldsymbol{V}$ 的梯度信息 $\frac{\partial\mathcal{L}}{\partial\boldsymbol{V}}$ 可按如下式子计算

$$
\begin{aligned}
\frac{\partial\mathcal{L}}{\partial\boldsymbol{\Lambda}}&=-\frac{1}{2}\boldsymbol{D}^{\mathrm{T}}\frac{\partial\mathcal{L}}{\partial\boldsymbol{W}}\boldsymbol{W}^{\mathrm{T}}\boldsymbol{D}\boldsymbol{\Lambda}^{-1}\\
\frac{\partial\mathcal{L}}{\partial\boldsymbol{D}}&=\boldsymbol{D}\boldsymbol{\Lambda}^{\frac{1}{2}}D^{\mathrm{T}}\boldsymbol{W}\frac{\partial\mathcal{L}}{\partial\boldsymbol{W}}^{\mathrm{T}}\boldsymbol{D}\boldsymbol{\Lambda}^{-\frac{1}{2}}+\frac{\partial\mathcal{L}}{\partial\boldsymbol{W}}\boldsymbol{W}^{\mathrm{T}}\boldsymbol{D}\\
\frac{\partial\mathcal{L}}{\partial\boldsymbol{\Sigma}}&=\boldsymbol{D}\left(\left(\boldsymbol{K}^{\mathrm{T}}\odot\left(\boldsymbol{D}^{\mathrm{T}}\frac{\partial\mathcal{L}}{\partial\boldsymbol{D}}\right)\right)+\left(\frac{\partial\mathcal{L}}{\partial\boldsymbol{\Lambda}}\right)_{\mathrm{diag}}\right)\boldsymbol{D}^{\mathrm{T}}\\
\frac{\partial\mathcal{L}}{\partial\boldsymbol{c}}&=-\boldsymbol{1}_d^{\mathrm{T}}\frac{\partial\mathcal{L}}{\partial\boldsymbol{W}}^{\mathrm{T}}\boldsymbol{D}\boldsymbol{\Lambda}^{-\frac{1}{2}}\boldsymbol{D}^{\mathrm{T}}-2\cdot\boldsymbol{1}_d^{\mathrm{T}}(\boldsymbol{V}-\boldsymbol{c}\boldsymbol{1}_d^{\mathrm{T}})^{\mathrm{T}}\left(\frac{\partial\mathcal{L}}{\partial\boldsymbol{\Sigma}}\right)_{\mathrm{sym}}
\end{aligned}
$$

$$\frac{\partial \mathcal{L}}{\partial \boldsymbol{V}}=\boldsymbol{D}\boldsymbol{\Lambda}^{\frac{1}{2}}\boldsymbol{D}^{\mathrm{T}}\frac{\partial \mathcal{L}}{\partial \boldsymbol{W}}^{\mathrm{T}}+2\left(\frac{\partial \mathcal{L}}{\partial \boldsymbol{\Sigma}}\right)_{\mathrm{sym}}(\boldsymbol{V}-\boldsymbol{c}\boldsymbol{1}_d^{\mathrm{T}})+\frac{1}{d}\frac{\partial \mathcal{L}}{\partial \boldsymbol{c}}^{\mathrm{T}}\boldsymbol{1}_d^{\mathrm{T}} \tag{12-7}$$

其中，$\left(\frac{\partial \mathcal{L}}{\partial \boldsymbol{\Sigma}}\right)_{\mathrm{sym}}$ 表示对$\frac{\partial \mathcal{L}}{\partial \boldsymbol{\Sigma}}$进行对称化操作，其计算方式为$\left(\frac{\partial \mathcal{L}}{\partial \boldsymbol{\Sigma}}\right)_{\mathrm{sym}}=\frac{1}{2}\left(\frac{\partial \mathcal{L}}{\partial \boldsymbol{\Sigma}}^{\mathrm{T}}+\frac{\partial \mathcal{L}}{\partial \boldsymbol{\Sigma}}\right)$。给定 $\frac{\partial \mathcal{L}}{\partial \boldsymbol{V}}$，可以利用优化算法更新 $\boldsymbol{V}$。

12.3.3 正交线性模块

基于求解多个依赖的 Stiefel 流优化问题所采用的正交权重标准化方法，可以从实用的角度构建正交线性模块(orthogonal linear module，OLM)，该模块将正交权重标准化封装在卷积操作中。算法 12.1 和算法 12.2 分别给出了正交线性模块的前向推理以及反向传播方法。正交线性模块可以作为标准线性单元的一个可选替代模块。基于此，通过简单地用正交线性模块替换原始网络中的卷积模块，就能使得所训练的神经网络学习到正交的过滤器组。训练结束后，再基于式(12-5)计算获得正交权重矩阵 $\boldsymbol{W}$，然后保存 $\boldsymbol{W}$，使其可以如标准的线性(卷积)模块一样做前向推理。

算法 12.1 正交线性模块的前向推理计算

输入：小批量训练数据 $\boldsymbol{H}\in\mathbb{R}^{d\times m}$ 以及相关的参数 $\boldsymbol{b}\in\mathbb{R}^{n\times 1}$ 和 $\boldsymbol{V}\in\mathbb{R}^{n\times d}$。
输出：$\boldsymbol{S}\in\mathbb{R}^{n\times m}$ 和 $\boldsymbol{W}\in\mathbb{R}^{n\times d}$。

1：计算：$\boldsymbol{\Sigma}=\left(\boldsymbol{V}-\frac{1}{d}\boldsymbol{V}\boldsymbol{1}_d\boldsymbol{1}_d^{\mathrm{T}}\right)\left(\boldsymbol{V}-\frac{1}{d}\boldsymbol{V}\boldsymbol{1}_d\boldsymbol{1}_d^{\mathrm{T}}\right)^{\mathrm{T}}$。
2：执行特征分解：$\boldsymbol{D}\boldsymbol{\Lambda}\boldsymbol{D}^{\mathrm{T}}=\boldsymbol{\Sigma}$。
3：基于式(12-5)计算 $\boldsymbol{W}$。
4：同标准的线性(卷积)模块一样计算 $\boldsymbol{S}$。

算法 12.2 正交线性模块的反向传播计算

输入：损失函数对于激活值的导数$\frac{\partial \mathcal{L}}{\partial \boldsymbol{S}}\in\mathbb{R}^{n\times m}$以及前向推理计算保存的相关变量。
输出：$\{\frac{\partial \mathcal{L}}{\partial \boldsymbol{H}}\in\mathbb{R}^{d\times m}\}$，$\{\boldsymbol{V}\in\mathbb{R}^{n\times d}\}$ 和 $\boldsymbol{b}\in\mathbb{R}^{n\times 1}$。

1：同标准的线性(卷积)模块一样计算：$\frac{\partial \mathcal{L}}{\partial \boldsymbol{W}}$，$\frac{\partial \mathcal{L}}{\partial \boldsymbol{b}}$，$\frac{\partial \mathcal{L}}{\partial \boldsymbol{H}}$。
2：按照式(12-7)计算$\frac{\partial \mathcal{L}}{\partial \boldsymbol{V}}$。
3：更新 $\boldsymbol{V}$ 和 $\boldsymbol{b}$。

1. 卷积层的处理

对于卷积层，其权重矩阵通常为四维张量形式 $\boldsymbol{W}^c\in\mathbb{R}^{n\times d\times F_h\times F_w}$，其中 F_h 和 F_w 是过滤器的高度和宽度，其输入的特征映射形式为 $\boldsymbol{X}\in\mathbb{R}^{d\times h\times r}$，$h$ 和 r 分别是相应的特征映射的高度和宽度。OLM 采用将 $\boldsymbol{W}^c$ 展开成二维张量 $\boldsymbol{W}\in\mathbb{R}^{n\times p}$，其中 $p=d\cdot F_h\cdot F_w$，进而基于展开的权重矩阵 $\boldsymbol{W}\in\mathbb{R}^{n\times(d\cdot F_h\cdot F_w)}$ 进行正交标准化操作。

2. 基于组的正交权重标准化方法

在之前的讨论中，我们假设 $n\leqslant d$，能够求解多个依赖的 Stiefel 流优化问题，保证 $\boldsymbol{W}$ 的

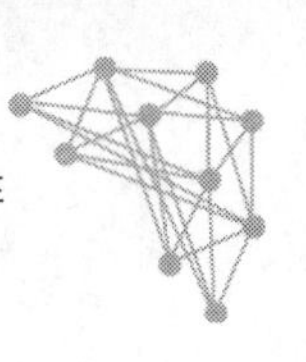

行向量是正交的。为了处理 $\boldsymbol{n}>d$ 的情形，本部分介绍使用基于组的正交权重标准化方法。该方法将权重向量 $\{w_i\}_{i=1}^{n}$ 划分成组，每组的向量个数为 $N_G \leqslant d$，然后正交化操作是分别基于每组进行的，这样保证了每个组的权重向量(过滤器)都是正交的。

基于组的正交权重标准化方法有一个非常好的属性，那就是能够使用组大小 N_G 控制规整化网络的程度。假设 n 能被 N_G 整除，那么使用基于组的正交权重标准化方法使得权重矩阵的自由度为 $nd-n(N_G+1)/2$。如果使用 $N_G=1$，该方法就会退化为权重标准化(weight normalization，WN)。

此外，基于组的正交权重标准化方法在真实的应用场景中也比较实用，其能够减少计算花费。诚然，在 GPU 上对高维的矩阵进行特征值分解非常耗时，然而当使用比较小的组时(如每组 64 个过滤器)，相对于卷积操作来说，特征值分解已经不是整个网络的瓶颈。因而，这样的基于组的策略能使得所提出的正交线性模块应用于非常深以及高维的卷积神经网络中。

3. 计算复杂性

这部分分析了正交权重标准化的计算复杂性。以卷积网络为例，对于卷积层的权重矩阵 $\boldsymbol{W} \in \mathbb{R}^{n \times d \times F_h \times F_w}$，以及 m 个训练样例 $\{\boldsymbol{x}_i \in \mathbb{R}^{d \times h \times w}\}_{i=1}^{m}$，考虑组大小为 N_G 的封装了基于组的正交权重标准化方法的正交线性模块，其每一次迭代的计算复杂性为 $O(nN_G dF_h F_w + nN_G^2 + nmdhwF_h F_w)$。在实际应用中，如果使用一个小的 $N_G \ll mhw$，其计算复杂度将接近标准的卷积操作的复杂度 $O(nmdhwF_h F_w)$。

12.4　实验与分析

本节首先设计了实验来分析采用不同的方法求解多个依赖的 Stiefel 流优化问题的效果，探究黎曼优化方法是否能够有效地求解多个依赖的 Stiefel 流优化问题，以此说明本章提出的正交权重标准化方法在求解该问题时的必要性。然后探究了正交权重标准化方法在提高神经网络训练方面的效果，采用的网络架构包括多层感知机和卷积神经网络。

12.4.1　求解多个依赖的 Stiefel 流优化问题方法比较

这一小节将探究 3 个广泛使用的黎曼优化方法来求解多个依赖的 Stiefel 流优化问题，看其是否有效。本小节在 MNIST 数据集上做了大量的实验来比较求解多个依赖的 Stiefel 流优化问题的相关基准方法，主要比较的方法包括：①EI＋QR，即使用基于欧几里得内积定义的黎曼梯度以及使用 QR-retraction；②CI＋QR，即使用基于标准内积定义的黎曼梯度以及使用 QR-retraction；③CayT，即使用 Cayley 变换；④QR，即一种启发式方法，基于正常的欧几里得空间梯度 $\dfrac{\partial \mathcal{L}}{\partial \boldsymbol{W}}$ 进行更新，然后通过 QR 分解将结论投影到 Stiefel 流形 $\mathbb{M}$ 上；⑤OLM$_{\text{var}}$，即使用正交变换 $\boldsymbol{P}_{\text{var}}=\boldsymbol{\Lambda}^{-\frac{1}{2}}\boldsymbol{D}^{\mathrm{T}}$；⑥OLM，即使用正交变换方法 $\boldsymbol{P}^{*}=\boldsymbol{D}\boldsymbol{\Lambda}^{-\frac{1}{2}}\boldsymbol{D}^{\mathrm{T}}$，其最小化了代理参数矩阵和权重参数矩阵的 2-范数距离。另外一个基准方法是没有使用任何正交限制的网络，本节使用 plain 指代。

本书在含有 4 个隐藏层的多层感知机上进行了实验，其中每层含有的神经单元数目为

100。实验中使用随机梯度下降(stochastic gradient descent,SGD)优化方法训练网络,其中小批量训练数据的数目为1024。对于超参数学习率的设置,本书搜索了很大的范围,包括{0.0005,0.001,0.005,0.01,0.05,0.1,0.5,1,5}。

本章首先探究了基于黎曼优化方法求解多个依赖的Stiefel流优化问题的效果。图12-2(a)、(b)和(c)分别给出了不同学习率设置下的EI+QR、CI+QR和CayT的训练损失曲线(其中也画出了plain在最好学习率下的结果)。从图12-2中可以看出,在大的学习率下(如大于0.05时),这些黎曼优化方法虽然在初始的一些迭代中有比较好的效果,但之后均经历了严重的不稳定,并且基本上都没有收敛。使用小的学习率时,其能够缓慢地收敛,但其最终的效果比基准方法plain差很多。

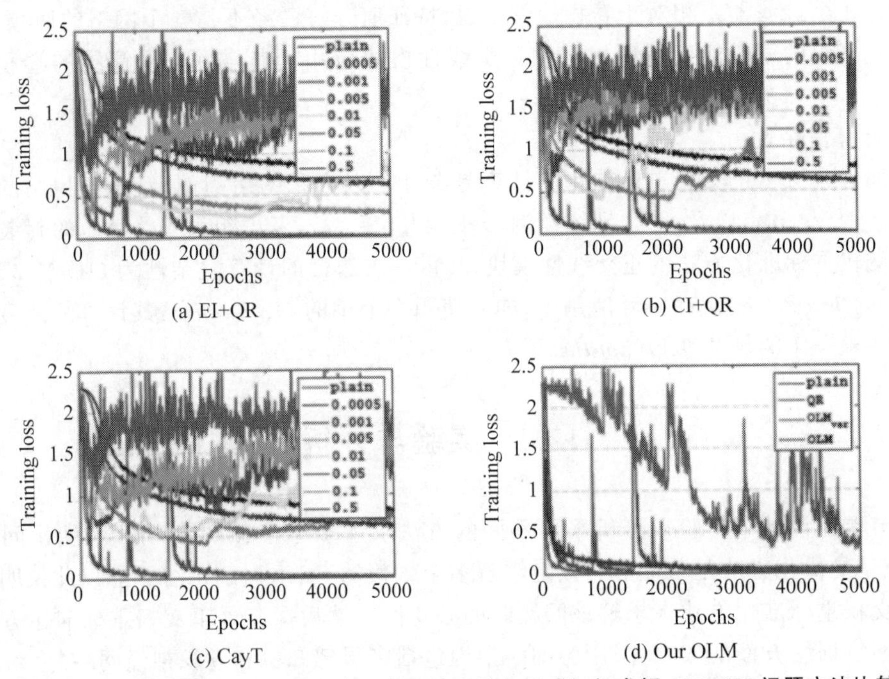

(a) EI+QR (b) CI+QR (c) CayT (d) Our OLM

图12-2 MNIST数据集上基于含有4个隐藏层的多层感知机求解OMDSM问题方法比较

然后比较了正交权重标准化方法同plain和QR的效果差异,该实验报道了所有方法在最优学习率配置下的训练损失曲线(见图12-2(d))。结果发现,QR能够稳定地收敛,然而其最终的训练损失仍然比plain差一些。这意味着,这种保持正交矩阵的方法并没有提高优化效率。导致该问题的一个可能原因是当执行QR操作时,每次更新的方向不再是沿着负的梯度方向,因此,这样的处理方式有可能损害优化效率。

正交权重标准化方法OLM不仅能够比其他方法更快且稳定地收敛,而且获得了最低的损失值。除此之外,OLM_{var}同样也经历了严重的不稳定性,这意味着要想保证稳定地求解OMDSM问题,简单地采用重参数化方法构造正交变换也不一定有效,对其正交变换时,最小化其代理参数矩阵和权重参数矩阵之间的距离(见式(12-4))对训练稳定性至关重要。

12.4.2 多层感知机实验

本小节实验探究OLM应用于多层感知机上的效果。本书在经过裁剪处理的PIE人脸

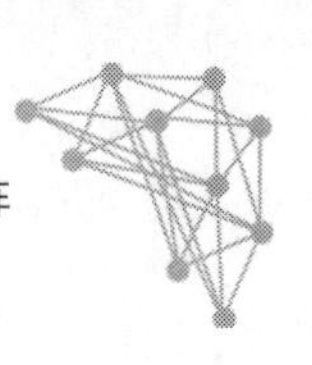

识别数据集的子集上进行了实验。该数据集共有 11 554 幅图像来自 68 个类别。本书采样了 1340 幅图像作为测试集，其他的图像作为训练集。本书比较了使用权重标准化（weight normalization，WN）的网络以及网络中没有进行任何标准化操作的网络（用 plain 指代）。WN 与本章提出的方法最相关，其通过重参数化技术限制每个神经单元的权重为单位长度 1，并且加入了可学习的参数进一步微调每个神经单元最终激活值的范数，然而其没有引入正交性限制。事实上，基于组的正交权重标准化方法，如果使用组大小为 1 时，即退化为权重标准化。

对所有的方法，本书训练了 6 层的多层感知机，其隐藏层的神经单元数目均为 128。本书使用 ReLU 作为非线性激活函数，使用小批量训练数据数目为 256，计算训练错误曲线以及测试错误曲线来评估效果。

1. 组大小效果实验

本部分实验探究了正交权重标准化方法中组大小 Ng 对网络训练的效果。在该实验中，使用随机梯度下降（stochastic gradient descent，SGD）训练网络，关于参数学习率的最优值从{0.05，0.1，0.2，0.5，1}中，通过验证集（本书使用训练集中 10%的样例作为验证集）上的评估来选择。图 12-3 给出了 OLM 使用不同的组大小 Ng 的结果，同时也给出了另外两个基准方法 plain 和 WN 的结果。

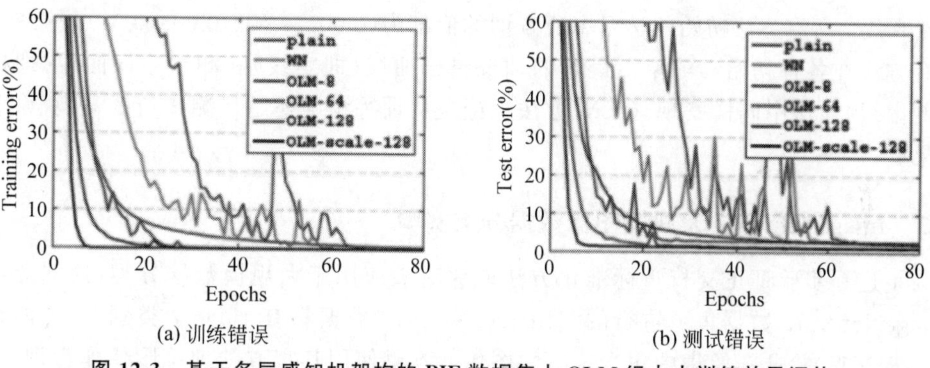

图 12-3　基于多层感知机架构的 PIE 数据集上 OLM 组大小训练效果评估

从结果中可以发现，OLM 较 plain 和 WN 有更好的效果，这表明，在神经网络中引入正交的权重矩阵能够提高神经网络的训练效果。另外一个观察是，组大小 Ng 太大（如 128），出现了退化的性能。主要原因在于，大的组虽然体现了更多的正交性，但对神经网络施加了更多的约束，会降低模型的表达能力，因而出现了退化的问题。如之前章节所讨论，简单地增加额外的可学习参数（用"OLM-scale-128"指代），能在一定程度上修复模型的表达能力，例如，在该实验中，"OLM-scale-128"获得了最好的性能。

2. 结合批量标准化

批量标准化（batch normalization，BN）是一种非常有效的提高神经网络训练效果的实用技术。这部分通过设计实验表明 OLM 能够和批量标准化模块很好地协同工作，并且能够进一步提高批量标准化的效果。在该实验中，BN 模块如其原始论文中所推荐的，放置在神经网络的非线性单元的前面。本书将含有 BN 模块的网络指代为 batch。WN 和 BN 结合的网络用"WN＋batch"表示，OLM 和 BN 结合的网络用"OLM＋batch"表示。

图 12-4(a)给出了训练错误曲线(即实线)和测试错误曲线(即标有三角形的虚线),其横坐标为训练 Epochs。从结果中可以发现,“WN＋batch”没有提高原始的批量标准化(batch)的效果,然而 OLM 通过与批量标准化结合,能够显著提高训练效果。

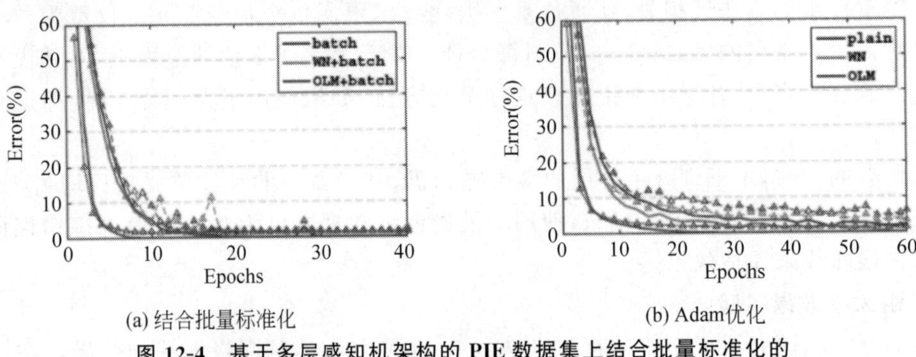

图 12-4 基于多层感知机架构的 PIE 数据集上结合批量标准化的模型以及使用 Adam 优化训练效果评估

3. Adam 优化

由于 Adam 优化方法在训练神经网络方面取得了非常不错的效果,因此本书也考虑使用 Adam 优化方法训练网络,看在 Adam 优化的框架下,本章提出的正交权重标准化方法是否仍然有效。所有方法初始的学习率所查询的值都为(0.001,0.002,0.005,0.01),图 12-4 给出了所有方法在各种初始学习率下最好的训练错误曲线(即实线)和测试错误曲线(即标有三角形的虚线)。从中同样发现,OLM 方法无论是从训练角度还是从测试角度,都获得了较好的效果。

12.4.3 ImageNet 2012 大规模图像数据分类实验

为了进一步验证正交权重标准化方法能够有效应用于大规模数据分类,这部分实验是在 ImageNet 2012 数据集上进行的。ImageNet 2012 数据集有 1000 个类别,官方的训练图像有 128 万幅,验证图像集中包含 5 万幅图像。本书使用其官方的训练图像作为训练集,在其验证集上评估了 top-5 分类错误,并且使用了单个模型以及单次裁剪测试。

该实验使用的网络包括著名的 AlexNet (本书在原始的 AlexNet 中加入了批量标准化)、BN-Inception、34 层的残差网络,以及它的更先进的版本,即预激活残差网络(pre-activation residual network)。在 AlexNet 和 BN-Inception 上,OLM 指代使用正交线性模块替换所有的卷积模块,在残差网络和预激活残差网络上,本书仅替换第一层的卷积。为了确保公平比较,本书按照公开的 Torch 实现的超参数配置,且保证了所有的实验设置都一致(例如,使用随机梯度下降训练网络,动量和权重衰减值分别为 0.9 和 0.0001,初始的学习率为 0.1)。由于考虑到一个 GPU 上的显存限制以及运行的时间太长,因此使用的是小批量训练数目(即 64),且只运行了 50 个 epochs。考虑到学习率 annealing 方法,本书每隔一个 epoch 进行学习率指数衰减,到结束训练时衰减到 0.001。最终的测试结果见表 12-1。从中可以发现,本章提出的 OLM 方法在这 4 个网络上相对于基准的网络来说均有更好的效果。这充分说明了在深度神经网络中学习正交过滤器的有效性。

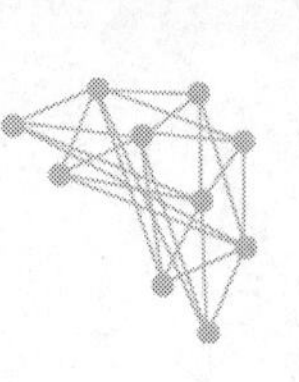

表 12-1　ImageNet 2012 数据集上的 Top-5 测试错误比较(%)

	AlexNet	BN-Inception	ResNet	Pre-ResNet
plain	20.91	12.5	9.84	9.79
OLM	20.43	9.83	9.68	9.45

12.5　总　　结

本章阐述了在神经网络中学习矩形正交矩阵，并且将此学习问题建模为多个依赖的 Stiefel 流优化，阐明了这样的矩形正交矩阵能够使得网络的激活值的分布更稳定，同时也能够用来规整化模型，以提高其泛化能力。经实验发现传统的黎曼优化方法对于多个依赖的 Stiefel 流优化问题的求解非常不稳定，但基于重参数化方法的正交权重标准化技术能够对该优化问题进行稳定求解。基于重参数化方法的正交权重标准化技术具体采用基于代理参数执行正交变换获得正交权重矩阵，并确保梯度信息在反向传播时能通过该正交变换，进而确保每次迭代的参数更新是基于代理参数执行的。为了确保该方法的稳定性，在构建代理参数和权重矩阵的正交变换时，最小化两者之间的距离至关重要。除此之外，本章也从实用的角度介绍了如何设计正交线性模块(orthogonal linear module，OLM)用来学习正交的过滤器组，其在使用时可用来替换标准的线性(卷积)模块。

课后习题

1. 什么是神经网络的梯度爆炸、梯度消失？梯度爆炸、梯度消失会带来什么影响？

2. 为什么要对神经网络进行正交规范化？

3. 正交权重矩阵具有哪些特性？

4. 自选数据集，参照本章所述正交线性模块构建过程，编程实现正交线性模块，并比较加入模块前后模型性能的差异。

第13章 强化学习

引　言

AlphaGo(阿尔法围棋)技术被誉为人工智能研究的一项标志性成果。AlphaGo 是由 Google Deepmind 开发的人工智能围棋软件,其 2015 年以 5∶0 击败欧洲围棋冠军,2016 年以 4∶1 击败世界冠军李世石九段,2017 年公布的更强 AlphaGo Zero。AlphaGo 与传统围棋算法的核心区别在于增强学习或者强化学习,以及深度学习技术的使用,通过使用蒙特卡罗树搜索和增强学习技术,构建了估值网络与走棋网络两种深度神经网络,提升了下棋的效率。强化学习(reinforcement learning),又称增强学习,是一种重要的机器学习方法,在智能控制机器人及分析预测等领域有许多应用。

13.1　AlphaGo 技术

AlphaGo 为了应对围棋的复杂性,结合了监督学习和强化学习的优势,战胜人类的围棋冠军,如图 13-1 所示,其相关工作发表在 *Nature* 期刊上。它通过训练形成一个策略网络(policy network),将棋盘上的局势作为输入信息,并对所有可行的落子位置生成一个概率分布。然后,训练出一个价值网络(value network)自我对弈,预测所有可行落子位置的结果。这两个网络自身都十分强大,而 AlphaGo 将这两种网络整合进基于概率的蒙特卡罗树搜索(monte carlo tree search,MCTS)中,实现了它真正的优势。新版的 AlphaGo 产生大量自我对弈棋局,为下一代版本提供了训练数据,此过程循环往复。在获取棋局信息后,AlphaGo 会根据策略网络探索哪个位置同时具备高潜在价值和高可能性,进而决定最佳落子位置。在分配的搜索时间结束时,模拟过程中被系统最频繁考察的位置将成为 AlphaGo 的最终选择。经先期的全盘探索和过程中对最佳落子的不断揣摩后,AlphaGo 的搜索算法就能在其计算能力上加入近似人类的直觉判断。AlphaGo 系统主要由以下几部分组成。

图 13-1　AlphaGo 是人工智能领域的里程碑

策略网络(policy network):给定当前局面,预测/采样下一步的走棋。

快速走子(fast rollout)：目标和走棋网络一样，但在适当牺牲走棋质量的条件下，速度要比走棋网络快 1000 倍。

价值网络(value network)：给定当前局面，估计是白胜还是黑胜。

蒙特卡罗树搜索(MCTs)：是 AlphaGo 系统的核心算法，形成一个完整的系统。

围棋棋盘是 19×19 路，一共是 361 个交叉点，每个交叉点有 3 种状态，可以用 1 表示黑子，用 −1 表示白子，用 0 表示无子。考虑到每个位置还可能有落子的时间、这个位置棋有无棋子等其他信息，可以用一个 $361\times n$ 维的向量表示一个棋盘的状态。我们把一个棋盘状态向量记为 s，当状态 s 下，暂时不考虑无法落子的地方，可供下一步落子的空间也是 361 个。下一步的落子行动也用 361 维的向量表示，记为 a。设计一个围棋人工智能的程序，就转换成为任意给定一个 s 状态，寻找最好的应对策略 a，让程序按照这个策略走，最后获得棋盘上最大的地盘。

下面介绍 AlphaGo 三大核心技术。如图 13-2 所示(参考相关互联网资料)，AlphaGo 结合了三大核心技术：先进的搜索算法、机器学习算法(即强化学习)以及深度神经网络，这三者的关系可以理解如下。

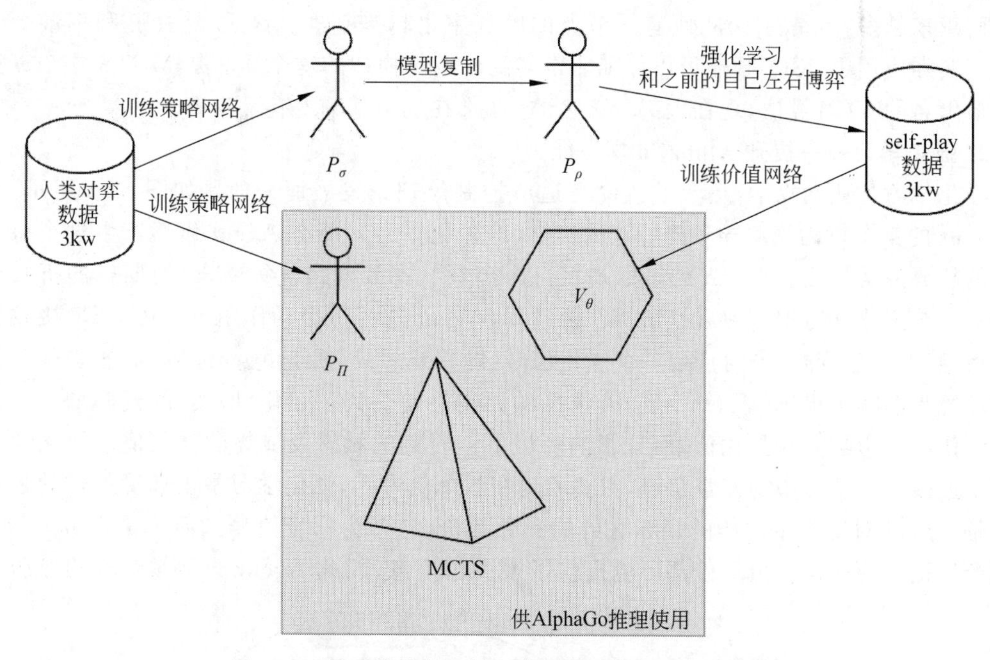

图 13-2　基于蒙特卡罗树和增强学习策略下的围棋框架

1. 蒙特卡罗树搜索(MCTS)——围棋软件的框架

蒙特卡罗树搜索实质上可以看成一种强化学习，它会逐渐建立一棵不对称的树，可以分为 4 步并反复迭代，感兴趣的读者可参考本书提供的课件或通过互联网了解更多细节。

(1) 选择。

从根节点(也就是要做决策的局面 R)出发向下选择一个最需要被拓展的节点 T；局面 R 是第一个被检查的节点，被检查的节点如果存在一个没有被评价过的招式 m，那么被检查

的节点在执行 m 后得到的新局面就是我们所需展开的 T；如果被检查的局面所有可行的招式都已经被评价过了，那么利用置信区间上界（upper confidence bound，UCB）算法就会得到一个拥有最大 UCB 值的可行招式，并且对这个招式产生的新局面再次进行检查；如果被检查的局面是一个游戏已经结束的游戏局面，那么直接执行步骤（4）；反复进行检查，最终得到一个在树的最底层的最后一次被检查的局面 c 和它的一个没有被评价过的招式 m，执行步骤（2）。

（2）拓展。

对于此时存在于内存中的局面 c，添加一个子节点。这个子节点由局面 c 执行招式 m 而得到，也就是 T。

（3）模拟。

从局面 T 出发，双方开始随机地落子，最终得到一个结果（win/lost），以此更新 T 节点的胜利率。

（4）反向传播。

在 T 模拟结束之后，它的父节点 c 以及其所有的祖先节点依次更新胜利率。一个节点的胜利率为这个节点所有的子节点的平均胜利率，并从 T 开始，一直反向传播到根节点 R，因此路径上所有节点的胜利率都会被更新。之后，重新从第一步开始，不断迭代，使得添加的局面越来越多，于是对于 R 所有子节点的胜利率也越来越准。最后，选择胜利率最高的招式。实际应用中，MCTS 还可以伴随非常多的改进。描述的这个算法是 MCTS 这个算法族中最出名的 UCB 算法，现在大部分著名的 AI 都在这个基础上有了改进。

2. 强化学习——提升 AlphaGo 学习能力

强化学习是从动物学习、参数扰动自适应控制等理论发展而来的。如图 13-3 所示，如果 Agent 的某个行为策略导致环境正的奖赏（即强化信号），那么 Agent 以后产生这个行为策略的趋势便会加强。Agent 的目标是在每个离散状态发现最优策略，以使期望的折扣奖赏和最大。强化学习把学习看作试探评价过程，Agent 选择一个动作用于环境，环境接收该动作后，状态发生变化，同时产生一个强化信号（即奖或惩）反馈给 Agent，Agent 根据强化信号和环境当前状态再选择下一个动作，选择的原则是使受到正强化（即奖）的概率增大。选择的动作不仅影响立即强化值，而且影响环境下一时刻的状态及最终的强化值。强化学习不同于连接主义学习中的监督学习，主要表现在教师信号上，强化学习中由环境提供的强化信号是 Agent 对所产生动作的好坏进行的一种评价（通常为标量信号），而不是告诉 Agent 如何产生正确的动作。由于外部环境提供了很少的信息，因此 Agent 必须靠自身的经历进

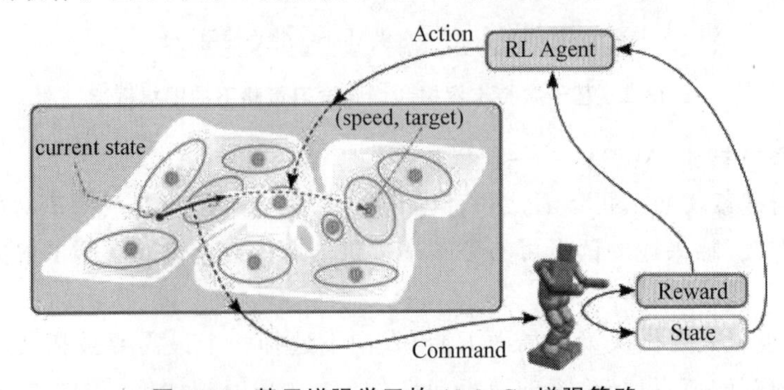

图 13-3　基于增强学习的 AlphaGo 增强策略

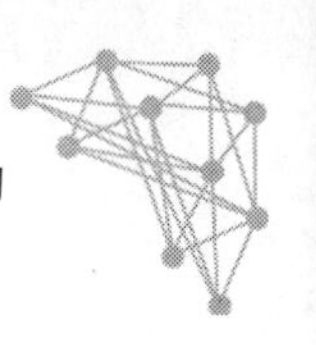

行学习。通过这种方式，Agent 在行动——评价的环境中获得知识，改进行动方案，以适应环境。

强化学习系统的学习目标是动态地调整参数，以达到强化信号最大。若已知 r/A 梯度信息，则可直接使用监督学习算法。因为强化信号 r 与 Agent 产生的动作 A 没有明确的函数形式描述，所以无法得到梯度信息 r/A。因此，在强化学习系统中，需要某种随机单元，使用这种随机单元，Agent 在可能动作空间中进行搜索并发现正确的动作。

3. 深度神经网络(DNN)——用来拟合局面评估函数和策略函数

深度神经网络，也被称为深度学习，是人工智能领域的重要分支，深度学习可以提升 AlphaGo 的学习效率，避免过多的树搜索过程。根据麦卡锡(人工智能之父)的定义，人工智能是创造像人一样的智能机械的科学工程。通过比较当前网络的预测值和我们真正想要的目标值，再根据两者的差异情况更新每一层的权重矩阵。比如，如果网络的预测值高了，就调整权重让它预测低一些，不断调整，直到能够预测出目标值，因此就需要先定义"如何比较预测值和目标值的差异"，这便是损失函数或目标函数(loss function)，用于衡量预测值和目标值的差异的方程。损失函数的输出值越高，表示差异性越大。那神经网络的训练就变成了尽可能地缩小 loss 的过程。通常的方法是梯度下降(gadient descent)：通过使 loss 值向当前点对应梯度的反方向不断移动，降低 loss。一次移动多少是由学习速率(learning rate)控制的。这三大技术都不是 AlphaGo 或者 DeepMind 团队首创的技术。但是，强大的团队将这些结合在一起，配合 Google 公司强大的计算资源，成就了历史性的飞跃。AlphaGo 的深度增强学习框架如图 13-4 所示。

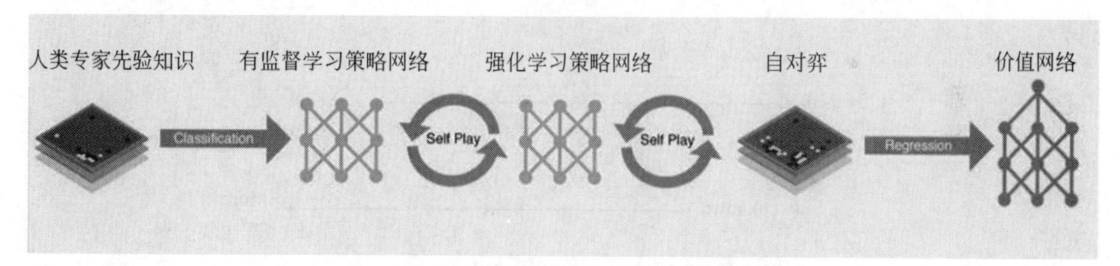

图 13-4　AlphaGo 的深度增强学习框架

13.2　强化学习概述

强化学习是指从环境状态到行为映射的学习，以使系统行为从环境中获得的累积奖励值最大。在强化学习中，我们设计算法把外界环境转化为最大化奖励量的方式的动作。我们并没有直接告诉主体要做什么或者要采取哪个动作，而是主体通过看哪个动作得到了最多的奖励来自己发现。主体的动作的影响不只是立即得到的奖励，而且还影响接下来的动作和最终的奖励。试错搜索(trial-and-error search)和延期强化(delayed reinforcement)这两个特性是强化学习中重要的特性。强化学习讲的是从环境中得到奖励，根据奖励执行相应的动作，通过不断地收敛数据，从而达到最优的目的策略。根据自身的理解，描绘出强化学习的学习策略框图，如图 13-5 所示。

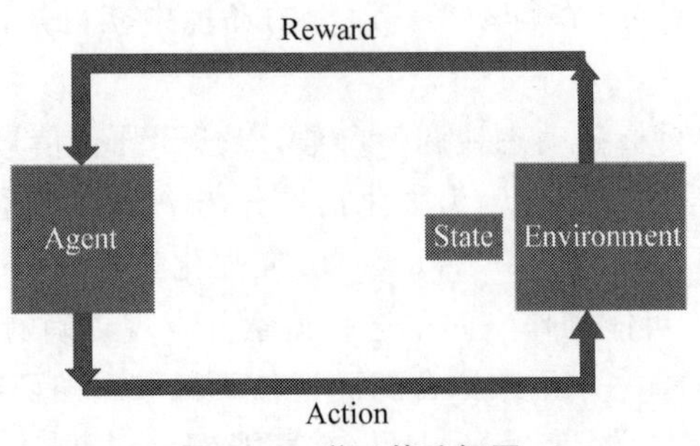

图 13-5　学习策略框图

强化学习就是执行机构与环境之间的交互，根据获得的奖励（Reward）的大小选择执行不同的动作（Action），最后最大化所获得的奖励。而我们根据不同的奖励安排不同的策略（policy），因此，根据交互模型，画出要素图，如图 13-6 所示。

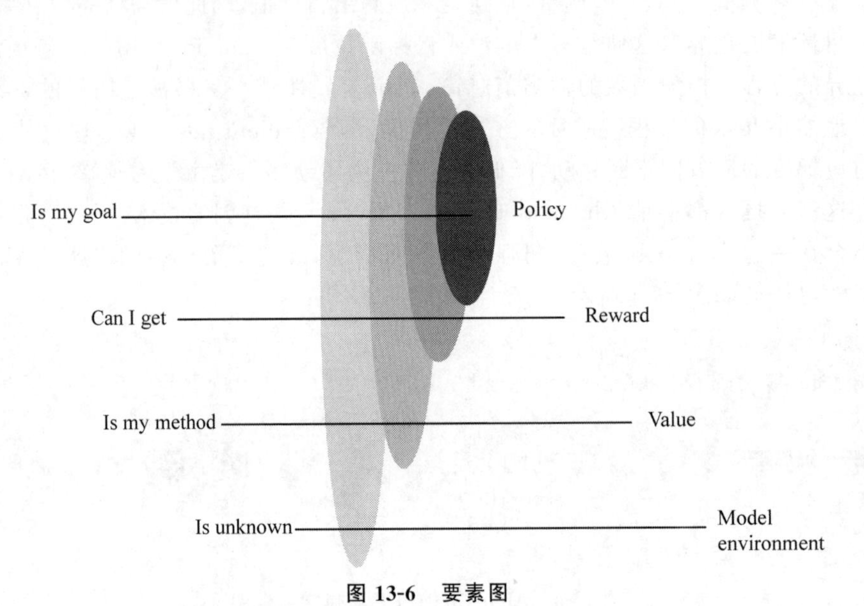

图 13-6　要素图

根据 Richard S.Sutton 的 Reinforcement learning 所述，强化学习的要素为：一个策略（Policy）、一个奖励函数（Reward function）、一个估价函数（value function）和一个环境模型（a model of the environment）。

13.3　强化学习过程

13.3.1　马尔可夫性

马尔可夫性（Markov property）因俄罗斯数学家 Andrei Markov（安德烈·马尔可夫）得名，是数学中具有马尔可夫性质的离散时间随机过程。该过程中，在给定当前知识或信息的情况下，只有当前的状态用来预测将来，过去（即当前以前的历史状态）对于预测将来（即当前以后的未来状态）是无关的。而对于强化学习，有

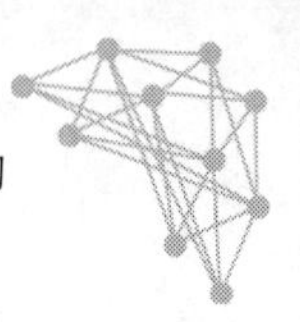

$$
\begin{aligned}
&P_r\{s_{t+1}=s',r_{t+1}=r \mid s_t,a_t,r_t,s_{t-1},a_{t-1},r_{t-1},\cdots,r_1,s_0,a_0\}\\
&\quad =P_r\{s_{t+1}=s',r_{t+1}=r \mid s_t,a_t\}
\end{aligned}
$$

而根据 Rreward 的反馈做出的决策过程也是马尔可夫决策过程(Markov decision processes)。

13.3.2　奖励

奖励由环境给出，根据每次执行动作的不同获得的奖励不同，而我们定义期望反馈奖励(expected return)为 R_t，如下所示，即

$$R_t=r_{t+1}+r_{t+2}+r_{t+3}+\cdots+r_T \tag{13-1}$$

但是，由于越往后决策过程中对该 t 时刻下的影响越来越小，因此，重新定一个带有削减比例(discount rate)的过程，即

$$R_t=r_{t+1}+\gamma r_{t+2}+\gamma^2 r_{t+3}+\cdots+r_T \tag{13-2}$$

13.3.3　估价函数

估价函数(value function)的确定是根据以下的简化决策过程提炼而出的，其策略简化图如图 13-7 所示。每个状态 S 可以执行 a_1,a_2,a_3，而执行每个动作后产生 S 的概率是 $P_{ss'}^{a}$，计算 Value 的公式如下。

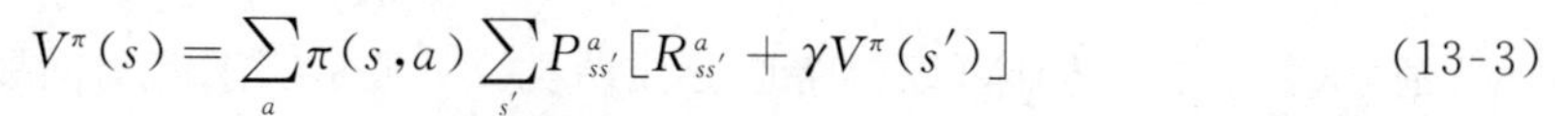

$$V^{\pi}(s)=\sum_{a}\pi(s,a)\sum_{s'}P_{ss'}^{a}[R_{ss'}^{a}+\gamma V^{\pi}(s')] \tag{13-3}$$

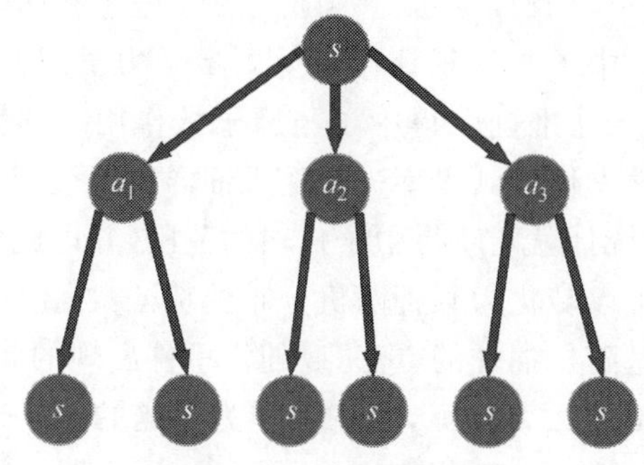

图 13-7　策略简化图

13.3.4　动态规划

动态规划(dynamic programming，DP)是强化学习的一个重要的进步，是将所有的未来的动态过程全部建模，在所有的状态和动作已知的前提下，根据最后得到的奖励返回以往所有的每个状态的 Value 值，其效果图如图 13-8 所示。

因此，动态规划的效果是可以不断地迭代到最优的效果，但是付出的代价是必须建模所有的状态和所有的动作，对于难以建模以及状态和动作很多的过程无法实现，因此出现了下一种方式，即蒙特卡罗方法(Monte Carlo methods)。

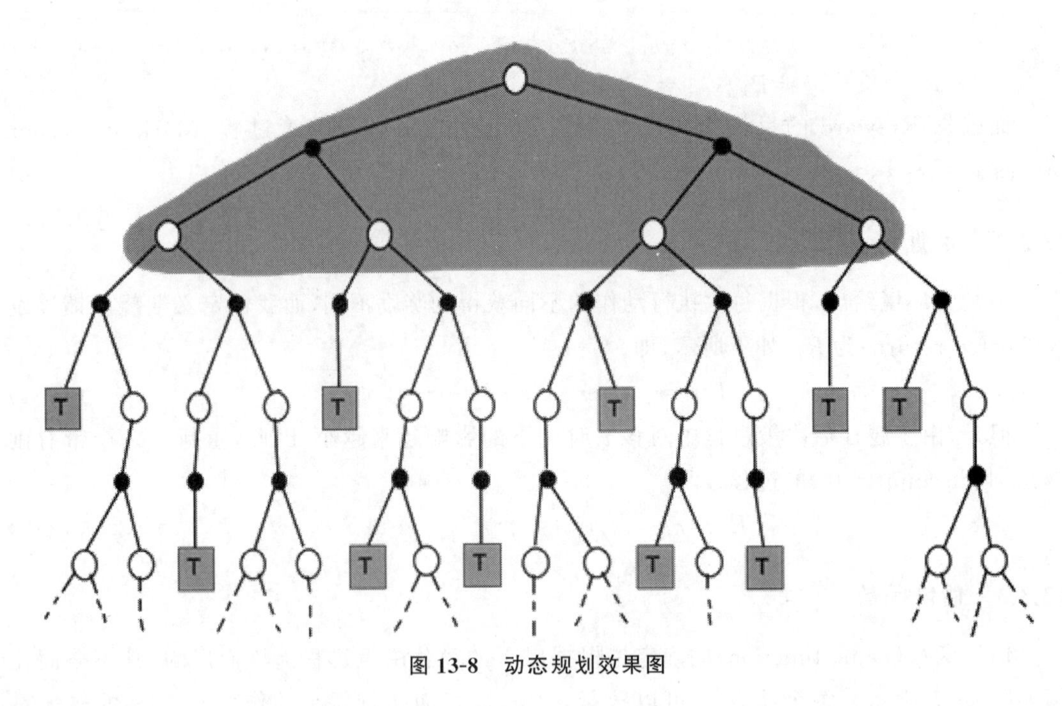

图 13-8 动态规划效果图

13.3.5 蒙特卡罗方法

通常,蒙特卡罗方法可以粗略地分成两类:一类是所求解的问题本身具有内在的随机性,借助计算机的运算能力可以直接模拟这种随机的过程。例如,在核物理研究中,分析中子在反应堆中的传输过程。中子与原子核作用受到量子力学规律的制约,人们只能知道它们相互作用发生的概率,却无法准确获得中子与原子核作用时的位置以及裂变产生的新中子的行进速率和方向。科学家依据其概率进行随机抽样得到裂变位置、速度和方向,这样模拟大量中子的行为后,经过统计就能获得中子传输的范围,并以此作为反应堆设计的依据。

另一类是所求解问题可以转化为某种随机分布的特征数,比如随机事件出现的概率,或者随机变量的期望值。通过随机抽样的方法,以随机事件出现的频率估计其概率,或者以抽样的数字特征估算随机变量的数字特征,并将其作为问题的解。这种方法多用于求解复杂的多维积分问题。假设要计算一个不规则图形的面积,那么图形的不规则程度和分析性计算(如积分)的复杂程度是成正比的。蒙特卡罗方法基于这样的思想:假想有一袋豆子,把豆子均匀地朝这个图形上撒,然后数图形中有多少颗豆子,豆子的数目就是图形的面积。当豆子颗粒越小,撒的豆子数量越多的时候,结果越精确。借助计算机程序可以生成大量均匀分布的坐标点,然后统计图形内的点数,通过它们占总点数的比例和坐标点生成范围的面积就可以求出图形面积。

而将蒙特卡罗方法应用在强化学习中时,我们使用的采样方法为重采样方法。这是一种基于采样和实例的方法对模型进行估计,并非对所有的过程进行模型建立,只是对采样最大化建立的 Value 值进行贪婪采样或者采取其他方式进行采样,并且存在 on-policy 和 off-policy 两种方法,它们的区别这里不再赘述。蒙特卡罗策略效果图如图 13-9 所示。

其 Value 状态的更新公式如下。

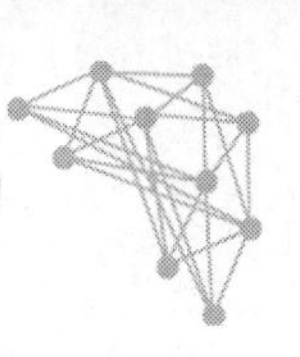

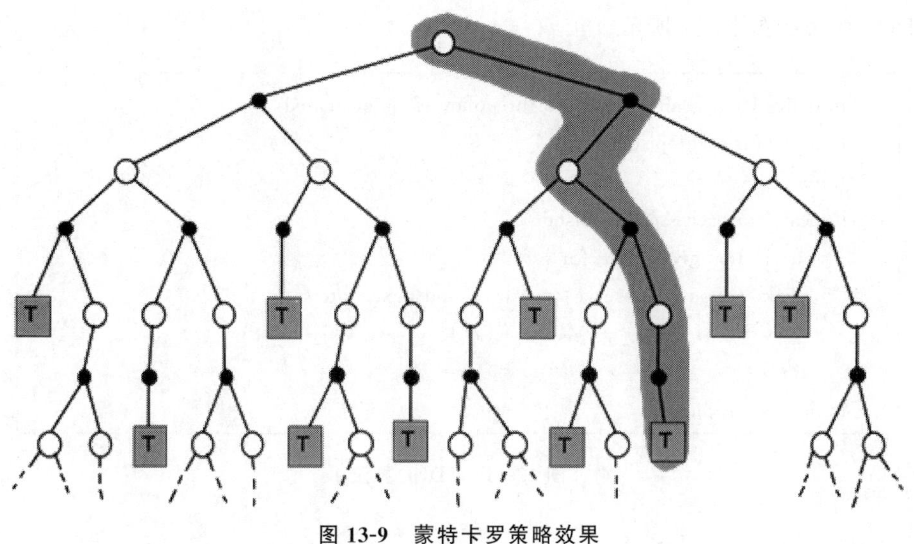

图 13-9　蒙特卡罗策略效果

$$V(s_t) \leftarrow E_\pi\{r_{t+1} + \gamma V(s_{t+1})\} \tag{13-4}$$

13.3.6　时序差分学习

时序差分算法，简称 TD 算法，是 MC 和 DP 的融合，与 MC 相似的是，它可以直接从原始经验学起，完全不需要外部环境的动力学信息。根据不同的更新公式，可以得到不同的 TD 学习算法，其中最简单的 TD 算法是 TD(0)算法，其修正公式如下。

$$V(s_t) \leftarrow V(s_t) + \alpha[r_{t+1} + \gamma V(s_{t+1}) - V(s_t)] \tag{13-5}$$

式(13-5)中，参数 α 称为学习率(或学习步长)，γ 为折扣率。这里，TD 的目标是 $r_{t+1} + \gamma V(s_{t+1})$，$V(s_t)$的更新是在 $V(s_{t+1})$的基础上，就像动态规划对某一状态值函数进行计算时依赖于其后续状态的值函数一样，可以说是一种步步为营的方法。

在 TD(0)策略赋值中，类似于 MC 利用样本回报值作为目标值，只不过 TD(0) 不需要等到一个片段结束才对值函数进行更新，它在下一时刻点就可以利用下一状态的值函数与即时报酬之和 $r_{t+1} + \gamma V(s_{t+1})$作为目标值进行更新。TD 算法中最简单的 TD(0)算法的回溯图如图 13-10 所示。

图 13-10　TD(0)算法回溯图

TD(0)算法如图 13-11 所示。

```
Initialize V(s) arbitrarily, π to the policy to be evaluated
Repeat (for each episode):
Initialize s
Repeat (for each step of episode):
    a ← action given by π for s
    Take action a; observe reward r, and next state s'
    V(s) ← V(s) + α[r + γV(s) − V(s)]
    s ← s'
until s is terminal
```

图 13-11　TD(0)算法

13.4　*Q* 学习算法

Q 学习(Q-learning)是强化学习经典算法，Q 即 $Q(s,a)$，就是在某一时刻的 s 状态下($s\in S$)，采取动作 $a(a\in A)$能够获得收益的期望，环境会根据 Agent 的动作反馈相应的回报 Reward r，所以算法的主要思想就是将 State 与 Action 构建成一张 Q-table 来存储 Q 值，然后根据 Q 值选取能够获得最大收益的动作。强化学习是从动物学习、参数扰动自适应控制等理论发展而来的。

Q 学习的核心是 $\boldsymbol{Q}$ 矩阵。到底什么是 Q 矩阵？首先给出定义以及解释，后续的实例可以更好地理解这一核心公式，即

$$\boldsymbol{Q}(\text{state},\text{action})=\boldsymbol{R}(\text{state},\text{action})+\gamma\cdot\text{Max}[\boldsymbol{Q}(\text{next state},\text{all actions})] \tag{13-6}$$

其中，$\boldsymbol{R}$ 矩阵代表环境本身的回报，是对环境基于回报的一种最初的描述，代表了最直接的回报。$\boldsymbol{Q}$ 是基于行为的一种回报表示，考虑了行为和环境一起作用的回报。具体来说，当前一个动作的回报，不仅与当前状态有关，还与其对未来的影响有关。可以设想一下：即使今天我们在学校学习，从挣钱的角度没有回报；但是如果毕业了，今天在学校学习对于未来仍然是有回报的，只是这个回报是间接的，这里先给出 Q 学习算法。

13.4.1　*Q* 学习算法介绍

算法如下：

输入：状态/动作-回报矩阵($\boldsymbol{R}$)，目标状态 Goal。

输出：从任何初始状态到目标状态的最小路径($\boldsymbol{Q}$)。

1. 设置学习率 γ，环境汇报矩阵 $\boldsymbol{R}$。
2. $\boldsymbol{Q}=0$。
3. 进行迭代循环。

(1) 随机选择初始状态。

(2) 如果不是目标状态：

续表

• 选择所有可能的动作进行测试。 • 选择 Q 值最大的状态进行 Q 值更新，计算公式如下所示。 $\boldsymbol{Q}(\text{state},\text{action}) = \boldsymbol{R}(\text{state},\text{action}) + \gamma \cdot \text{Max}[\boldsymbol{Q}(\text{next state},\text{all actions})]$ 如果 Q 值稳定了，则结束循环，否则继续迭代。

Q 学习算法的流程中比较重要的一点是随机选择一个状态和动作，这对理解问题本身很重要；另外一点就是需要进行迭代更新。读者还需要想一想为什么是强化学习的过程。可以看到，迭代公式左右两端都存在同一个变量，进行自我迭代以更新增强。

13.4.2　奖励

奖励由环境给出，根据每次执行动作的不同，获得的奖励不同，这是 Q 学习的基础。这里通过一个机器人路径规划的例子讲解该算法，首先给出如图 13-12 所示的基于奖励或者回报的图表示（见图 13-13）。

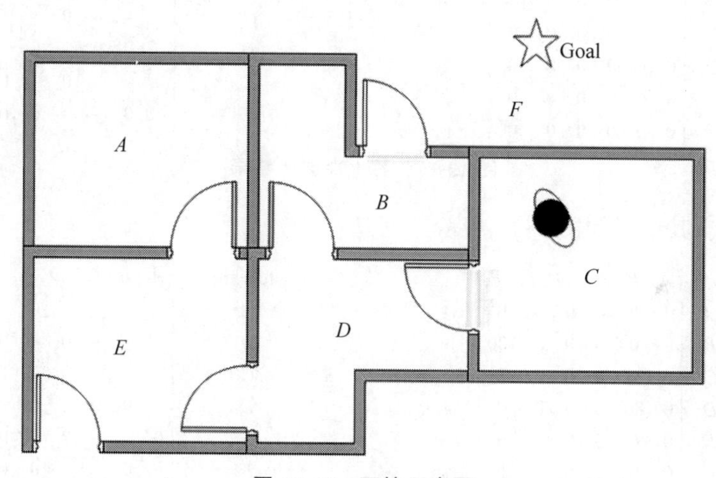

图 13-12　环境示意图

图 13-13 等价的矩阵表示形式如图 13-14 所示。

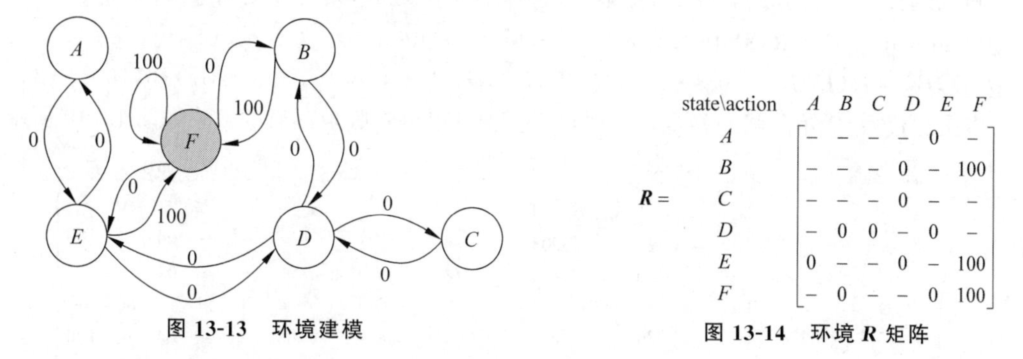

$\boldsymbol{R}$ =

state\action	A	B	C	D	E	F
A	–	–	–	–	0	–
B	–	–	–	0	–	100
C	–	–	–	0	–	–
D	–	0	0	–	0	–
E	0	–	–	0	–	100
F	–	0	–	–	0	100

图 13-13　环境建模　　**图 13-14　环境 $\boldsymbol{R}$ 矩阵**

为了更好地理解 Q 学习算法，这里给出一个算法运算实例，并给出其中一些关键步骤。第 1 次迭代，随机选择 B 作为第一个随机的状态，如图 3-15 所示。

$$
\begin{array}{c|cccccc|}
 & A & B & C & D & E & F \\
\hline
A & 0 & 0 & 0 & 0 & 0 & 0 \\
B & 0 & 0 & 0 & 0 & 0 & 100 \\
\boldsymbol{Q}=C & 0 & 0 & 0 & 0 & 0 & 0 \\
D & 0 & 0 & 0 & 0 & 0 & 0 \\
E & 0 & 0 & 0 & 0 & 0 & 0 \\
F & 0 & 0 & 0 & 0 & 0 & 0
\end{array}
\qquad
\boldsymbol{R}=
\begin{array}{c|cccccc|}
\text{state\textbackslash action} & A & B & C & D & E & F \\
\hline
A & - & - & - & - & 0 & - \\
B & - & - & - & 0 & - & 100 \\
C & - & - & - & 0 & - & - \\
D & - & 0 & 0 & - & 0 & - \\
E & 0 & - & - & 0 & - & 100 \\
F & - & 0 & - & - & 0 & 100
\end{array}
$$

图 13-15 第 0 次迭代结果

在 B 状态下，随机选择一个动作，根据收益最大，选择为 F，则有

$$\boldsymbol{Q}(\text{state},\text{action})=\boldsymbol{R}(\text{state},\text{action})+\gamma\cdot\text{Max}[\boldsymbol{Q}(\text{next state},\text{all actions})]$$

$$\boldsymbol{Q}(B,F)=\boldsymbol{R}(B,F)+0.8\cdot\text{Max}\{\boldsymbol{Q}(F,B),\boldsymbol{Q}(F,E),\boldsymbol{Q}(F,F)\}=100+0.8\cdot 0=100$$

可以得到 $\boldsymbol{Q}$ 的结果如图 3-16 所示。

$$
\begin{array}{c|cccccc|}
 & A & B & C & D & E & F \\
\hline
A & 0 & 0 & 0 & 0 & 0 & 0 \\
B & 0 & 0 & 0 & 0 & 0 & 100 \\
\boldsymbol{Q}=C & 0 & 0 & 0 & 0 & 0 & 0 \\
D & 0 & 0 & 0 & 0 & 0 & 0 \\
E & 0 & 0 & 0 & 0 & 0 & 0 \\
F & 0 & 0 & 0 & 0 & 0 & 0
\end{array}
\qquad
\boldsymbol{R}=
\begin{array}{c|cccccc|}
\text{state\textbackslash action} & A & B & C & D & E & F \\
\hline
A & - & - & - & - & 0 & - \\
B & - & - & - & 0 & - & 100 \\
C & - & - & - & 0 & - & - \\
D & - & 0 & 0 & - & 0 & - \\
E & 0 & - & - & 0 & - & 100 \\
F & - & 0 & - & - & 0 & 100
\end{array}
$$

图 13-16 第 1 次迭代结果

第 2 次迭代，其结果如图 3-17 所示。

$$
\begin{array}{c|cccccc|}
 & A & B & C & D & E & F \\
\hline
A & 0 & 0 & 0 & 0 & 0 & 0 \\
B & 0 & 0 & 0 & 0 & 0 & 100 \\
\boldsymbol{Q}=C & 0 & 0 & 0 & 0 & 0 & 0 \\
D & 0 & 80 & 0 & 0 & 0 & 0 \\
E & 0 & 0 & 0 & 0 & 0 & 0 \\
F & 0 & 0 & 0 & 0 & 0 & 0
\end{array}
\qquad
\boldsymbol{R}=
\begin{array}{c|cccccc|}
\text{state\textbackslash action} & A & B & C & D & E & F \\
\hline
A & - & - & - & - & 0 & - \\
B & - & - & - & 0 & - & 100 \\
C & - & - & - & 0 & - & - \\
D & - & 0 & 0 & - & 0 & - \\
E & 0 & - & - & 0 & - & 100 \\
F & - & 0 & - & - & 0 & 100
\end{array}
$$

图 13-17 第 2 次迭代结果

随机选择一个状态 D，根据回报最大，选择的动作为 B，则可以更新 $\boldsymbol{Q}$ 如下。

$$\boldsymbol{Q}(\text{state},\text{action})=\boldsymbol{R}(\text{state},\text{action})+\gamma\cdot\text{Max}[\boldsymbol{Q}(\text{next state},\text{all actions})]$$

$$\boldsymbol{Q}(D,B)=\boldsymbol{R}(D,B)+0.8\cdot\text{Max}\{\boldsymbol{Q}(B,D),\boldsymbol{Q}(B,F)\}=0+0.8\cdot\text{Max}\{0,100\}=80$$

多次迭代后，$\boldsymbol{Q}$ 矩阵状态稳定，经过归一化后，可以得到收敛以后的结果如图 13-18 所示。

$$
\boldsymbol{Q}=
\begin{array}{c|cccccc|}
\text{state\textbackslash action} & A & B & C & D & E & F \\
\hline
A & - & - & - & - & 400 & - \\
B & - & - & - & 320 & - & 500 \\
C & - & - & - & 320 & - & - \\
D & - & 400 & 256 & - & 400 & - \\
E & 320 & - & - & 320 & - & 500 \\
F & - & 400 & - & - & 400 & 500
\end{array}
\qquad
\hat{\boldsymbol{Q}}=
\begin{array}{c|cccccc|}
\text{state\textbackslash action} & A & B & C & D & E & F \\
\hline
A & - & - & - & - & 80 & - \\
B & - & - & - & 64 & - & 100 \\
C & - & - & - & 64 & - & - \\
D & - & 80 & 51 & - & 80 & - \\
E & 64 & - & - & 64 & - & 100 \\
F & - & 80 & - & - & 80 & 100
\end{array}
$$

图 13-18 收敛以后的结果

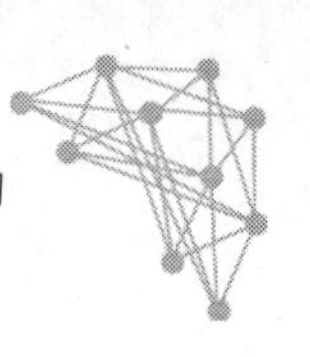

读者可以基于以下环境(见图 13-19),给出 **R** 矩阵和计算 **Q** 矩阵。

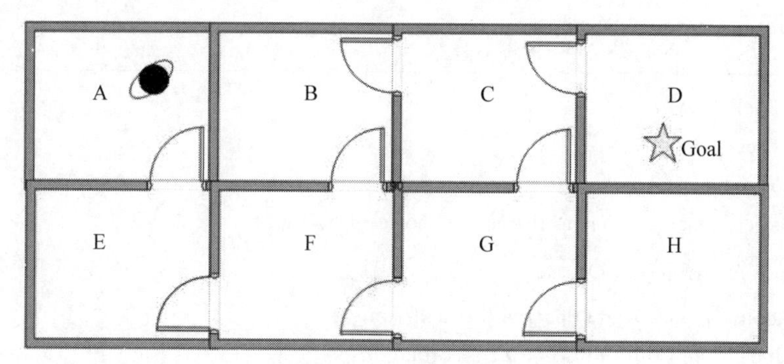

图 13-19　环境示意图

13.4.3　Q 学习算法的改进

Q 学习的目标是学习在动态环境下如何根据外部评价信号选择较优动作或者最优动作,其本质是一个动态决策的学习过程。当 Agent 对环境的知识一点也不了解时,它必须通过反复试验的方法学习,算法的效率不高。有时,在未知环境中的学习也会冒一定的风险,减少这种风险的一种方法就是利用环境模型。而环境模型可以利用以前执行相关任务时获得的经验建立,利用环境模型,可便于动作的选择,而不冒被伤害的危险。

环境模型是从状态和动作(s_t,a)到下一状态及强化值(s_{t+1},r)的函数。模型的建立有以下两种方法:一是在学习的初始阶段,Agent 利用提供的数据离线地建立模型;二是 Agent 在与环境交互过程中在线地建立或完善环境模型。基于经验知识的 Q 学习算法是在标准的 Q 学习算法中加入具有经验知识的函数 $E:S\times A\rightarrow R$,此函数影响学习过程中 Agent 动作的选择,从而加速算法收敛速度。经验(experience)用一个四元组表示$\{s_t,a_t,s_{t+1},r_t\}$,它表示在状态 s_t 时执行一个动作 a_t,产生一个新的状态 s_{t+1},同时得到一个强化信号 r_t。

改进算法中的经验函数 $E(s,a)$中记录状态 s 下有关执行动作 a 的相关的经验信息。在算法中加入经验函数的最重要的问题是如何在学习的初始阶段获得经验知识,即如何定义经验函数 $E(s,a)$。这主要取决于算法应用的具体领域。例如,在 Agent 路径寻优环境中,当 Agent 与墙壁发生碰撞时,就可获取到相应的经验知识,即 Agent 在与环境交互过程中在线地获得关于环境模型的经验知识。

基于经验知识的 Q 学习算法(见图 13-20)将经验函数主要应用在 Agent 行动选择规则中,动作选择规则如下:

$$\pi(s_t)=\arg\max_{a_t}[\hat{Q}(s_t,a_t)+\varepsilon E_t(s_t,a_t)] \tag{13-7}$$

其中,ε 为一常数,代表经验函数的权重。以上首先介绍了几种主流的强化学习的方式,当然后来会有所改进,但是主流的仍旧是这几种方式,并介绍了强化学习的基本原理、结构和特点,以及大多数经典强化学习算法所依赖的马尔可夫决策过程(MDP)模型。接着介绍了强化学习系统的主要组成元素,即 Agent、环境模型、策略、奖赏函数和值函数。当环境的当前状态向下一状态转移的概率和奖赏值只取决于当前的状态和选择的动作,而与历史状态和历史动作无关时，环境就拥有马尔可夫属性，满足马尔可夫属性的强化学习任务就是马尔可夫决策过程。

Initialize $Q(s, a)$.

Repeat:

Visit the s state.

Select an action a using the action choice rule

$\pi(s_t)=\arg\max_{a_t}[\hat{Q}(s_t,a_t)+\dot{\varepsilon} E_t(s_t,a_t)]$

Receive $r(s, a)$ and observe the next state s'

Update the values of $Q(s, a)$ according to:

$Q(s, a)\leftarrow Q(s, a)+\alpha[r+\gamma \max Q_{a'}(s',a')-Q(s, a)]$

Update the s to s' state.

Until some stop criteria is reached.

Where: $s=s_t, s'=s_{t+1}, a=a_t, d=a_{t+1}$

图 13-20　基于经验知识的 Q 学习算法

强化学习的主要算法有 DP、MC、TD、Q-learning、Sarsa。如果在学习过程中 Agent 无须学习马尔可夫决策模型知识(即 T 函数和 R 函数)，而直接学习最优策略，那么通常将这类方法称为模型无关法(model-free)；而在学习过程中先学习模型知识，然后根据模型知识推导优化策略的方法，称为基于模型法(model-base)。常见的强化学习算法中的 DP 和 Sarsa 是基于模型的，MC、TD、Q-learning 都属于典型的模型无关法。最近几年又出现了关于多机器学习的强化学习，因此强化学习虽然发展较早，但仍旧有很大的发展前景。

13.5　程序实现

基于 Sutton 的 *reinforcement learning* 一书，从中找出一个例子通过 MATLAB 实现如下。

1. 问题描述

BlackJack 问题，即 21 点问题，下面简单介绍一下 21 点规则。21 点一般用到 1～8 副牌。庄家给每个玩家发两张明牌，牌面朝上；给自己发两张牌，一张牌面朝上(叫明牌)，一张牌面朝下(叫暗牌)。大家手中扑克点数的计算规则是：K、Q、J 和 10 牌都算作 10 点。A 牌既可算作 1 点，也可算作 11 点，由玩家自己决定。其余所有 2～9 牌均按其原面值计算。首先玩家开始要牌，如果玩家拿到的前两张牌是一张 A 和一张 10 点牌，就拥有黑杰克(BlackJack)；此时如果庄家没有 BlackJack，玩家就能赢得 2 倍的赌金(1 赔 2)。如果庄家的明牌有一张 A，则玩家可以考虑买不买保险，保险金额是赌金的一半。如果庄家是 BlackJack，那么玩家拿回保险金并且直接获胜；如果庄家没有 BlackJack，则玩家输掉保险金并继续游戏。没有 BlackJack 的玩家可以继续拿牌，可以随意要牌的张数。其目的是尽量往 21 点靠，靠得越近越好，最好就是 21 点。在要牌的过程中，如果所有牌加起来超过 21 点，玩

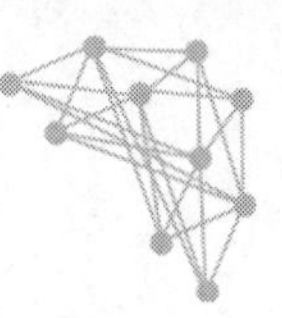

家就输了——叫爆掉(Bust),游戏也就结束了。假如玩家没爆掉,又决定不再要牌了,这时庄家就把他的那张暗牌打开。一般到 17 点或 17 点以上不再拿牌,但也有可能到 15 或 16 点甚至 12 或 13 点就不再拿牌,或者到 18 或 19 点继续拿牌。假如庄家爆掉了,那他就输了。假如他没爆掉,那么你就与他比点数大小,点数大者赢。点数一样则为平手,你可以把自己的赌注拿回来。

2. 程序实现

根据 21 点规则进行编程,使用强化学习的方式,编写 MATLAB 程序如下。

```
%使用蒙特卡罗策略解决 BlackJack 问题
Current_sum=zeros(1,100)+12;
Dealer_show=0;
action=1;%0=stick 1=hit
Reward=0;
sum=10;
card=10;
i=1;
j=1;
Value_eval=zeros(sum,card);
Value_num=zeros(sum,card);
Valueval=0;
time=0;
for i=1:500000
%如果动作标志为 1,则继续动作
while action==1
time=time+1;
j=j+1;
%庄家离场
dealtplayer=randsrc(1,1,1:13);
if dealtplayer>=10
dealtplayer=10;
end
%获得王牌,判断当前总分
if (dealtplayer==1)&&((11+Current_sum(j))>21)
Current_sum(j+1)=Current_sum(j)+dealtplayer;
else if (dealtplayer==1)&&((11+Current_sum(j))<=21)
Current_sum(j+1)=Current_sum(j)+11;
else
Current_sum(j+1)=Current_sum(j)+dealtplayer;
end
end
if Current_sum(j+1)==20
action=0;
else
if Current_sum(j+1)==21
action=0;
Reward=1;
```

```
else if Current_sum(j+1)>21
action=0;
Reward=-1;
Current_sum(j+1)=12;
else
action=1;
end
end
end
end
%庄家继续
dealtshow1=randsrc(1,1,1:13);
if dealtshow1>=10
dealtshow1=10;
end
dealtshow2=randsrc(1,1,1:13);
if dealtshow2>=10
dealtshow2=10;
end
if Reward~ =-1

if (dealtshow1==1)||(dealtshow2==1)
dealtshow2=11;
end
dealtershow=dealtshow1+dealtshow2;
if dealtershow==Current_sum
Reward=0;
else if dealtershow>Current_sum
Reward=-1;
else
Reward=1;
end
end
end
%ti sum of the Value
for j=1:100
Value_eval(Current_sum(j)-11,dealtshow1)=Value_eval(Current_sum(j)-11,
dealtshow1)+Reward;
Value_num(Current_sum(j)-11,dealtshow1)=Value_num(Current_sum(j)-11,
dealtshow1)+1;
end
Reward=0;
action=1;
j=1;
Current_sum=zeros(1,100)+12;
end
%aveage of the sum
```

```
Value_eval=Value_eval./Value_num;
```

3. 结果判读

一个 Dealer 和一个 Player 的动作(投注)可以绘制 10×9 的矩阵,根据判断得到每个状态的 Value,根据以上程序可以获得如下图形的 Value 值,效果如图 13-21 所示。

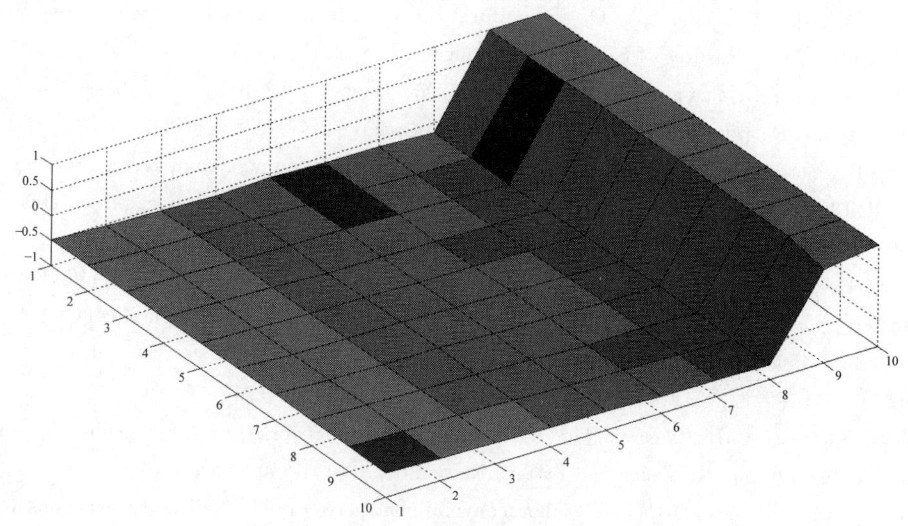

图 13-21　BlackJack Value MATLAB 仿真图

图 13-21 与 Sutton 的 *reinforcement learning* 一书中的图基本一致,符合 BlackJack 的方法要求。

课后习题

1. 强化学习的基本思想和原理是什么? 它和常规的监督学习、无监督学习的区别是什么?

2. HMM 隐马尔可夫模型的参数估计方法是什么?

3. value-based 和 policy-based 的区别是什么?

4. 在 ε 贪心动作选择中,在有两个动作及 ε=0.5 的情况下,贪心动作被选择的概率是多少?

参考文献

[1] 张宝昌,鲍宇翔,王润琪,等. 基于协同梯度下降的可信学习方法[M]. 中国科学：技术科学,2022.

[2] Vapnik V N,Chervonenkis A Y. On the uniform convergence of relative frequencies of events to their probabilities[M]. Measures of complexity. Springer,Cham,2015：11-30.

[3] Wang R, Yang L, Zhang B, et al. Confidence Dimension for Deep Learning based on Hoeffding Inequality and Relative Evaluation[J]. arXiv preprint arXiv：2203.09082,2022.

[4] Zhang B,Chen X,Shan S,et al. Nonlinear face recognition based on maximum average margin criterion [C]. IEEE Computer Society Conference on Computer Vision & Pattern Recognition. IEEE,2005, 554-559.

[5] Zhang B, Perina A, Murino V, et al. Sparse representation classification with manifold constraints transfer[C]//2015 IEEE Conference on Computer Vision and Pattern Recognition (CVPR). IEEE, 2015：4557-4565

[6] 王晓迪. 深度神经网络的模型压缩与实现[D]. 北京航空航天大学,2019.

[7] Wang X, Zhang B, Li C, et al. Modulated convolutional networks[C]//Proceedings of the IEEE Conference on Computer Vision and Pattern Recognition. 2018：840-848.

[8] Luan S, Chen C, Zhang B, et al. Gabor convolutional networks[J]. IEEE Transactions on Image Processing,2018,27(9)：4357-4366.

[9] Gu J,Li C,Zhang B,et al. Projection convolutional neural networks for 1-bit cnns via discrete back propagation[C]//Proceedings of the AAAI conference on artificial intelligence. 2019, 33 (01)： 8344-8351.

[10] Zhang B,Chen C,Ye Q,et al. Calibrated stochastic gradient descent for convolutional neural networks [C]//Proceedings of the AAAI conference on artificial intelligence. 2019,33(01)：9348-9355.

[11] Huang L, Yang D, Lang B, et al. Decorrelated batch normalization[C]//Proceedings of the IEEE Conference on Computer Vision and Pattern Recognition. 2018：791-800.

[12] Huang L, Liu X, Lang B, et al. Orthogonal weight normalization：Solution to optimization over multiple dependent stiefel manifolds in deep neural networks [C]//Proceedings of the AAAI Conference on Artificial Intelligence. 2018,32(1).